U0415625

天基探测与应用前沿技术丛书

主编 杨元喜

地球静止轨道高分辨率光学卫星遥感影像处理理论与技术

Geostationary High-resolution Optical Satellite Remote Sensing Image Processing Theory and Technology

王密 谢广奇 常学立 皮英冬 刘方坚 著

国防工业出版社

·北京·

内容简介

本书针对静止轨道高分辨率光学卫星的新型成像技术，以星地一体化为主线，系统阐述了静止轨道高分辨率光学卫星辐射与几何处理的模型、方法和关键技术。全书共7章，主要内容包括静止轨道光学成像相对辐射定标及处理方法、静止轨道光学成像在轨几何定标模型与方法、静止轨道光学成像高精度传感器校正模型与方法、静止轨道光学成像多模态和序列影像高精度配准方法、静止轨道光学成像多载荷序列影像时空谱融合方法、静止轨道光学定点观测成像区域网平差方法。

本书可供遥感科学与技术、地球空间信息科学、航空航天等领域的工程技术人员、科研人员、管理人员阅读参考，也可作为相关专业研究生的教材。

图书在版编目（CIP）数据

地球静止轨道高分辨率光学卫星遥感影像处理理论与技术 / 王密等著. -- 北京 : 国防工业出版社, 2024. 7. --(天基探测与应用前沿技术丛书 / 杨元喜主编).
ISBN 978-7-118-13094-2

Ⅰ. TP751

中国国家版本馆 CIP 数据核字第 20245X4B62 号

※

国防工業出版社 出版发行

（北京市海淀区紫竹院南路 23 号　邮政编码 100048）

雅迪云印（天津）科技有限公司印刷

新华书店经售

*

开本 710×1000　1/16　**印张** 16　**字数** 296 千字

2024 年 7 月第 1 版第 1 次印刷　**印数** 1—1500 册　**定价** 138.00 元

国防书店：(010) 88540777　　书店传真：(010) 88540776

发行业务：(010) 88540717　　发行传真：(010) 88540762

丛 书 序

天高地阔、水宽山远、浩瀚无垠、目不能及，这就是我们要探测的空间，也是我们赖以生存的空间。从古人眼中的天圆地方到大航海时代的环球航行，再到日心学说的确立，人类从未停止过对生存空间的探测、描绘与利用。

摄影测量是探测与描绘地理空间的重要手段，发展已有近 200 年的历史。从 1839 年法国发表第一张航空像片起，人们把探测世界的手段聚焦到了航空领域，在飞机上搭载航摄仪对地面连续摄取像片，然后通过控制测量、调绘和测图等步骤绘制成地形图。航空遥感测绘技术手段曾在 120 多年的时间长河中成为地表测绘的主流技术。进入 20 世纪，航天技术蓬勃发展，而同时期全球地表无缝探测的需求越来越迫切，再加上信息化和智能化重大需求，“天基探测”势在必行。

天基探测是人类获取地表全域空间信息的最重要手段。相比传统航空探测，天基探测不仅可以实现全球地表感知（包括陆地和海洋），而且可以实现全天时、全域感知，同时可以极大地减少野外探测的工作量，显著地提高地表探测效能，在国民经济和国防建设中发挥着无可替代的重要作用。

我国的天基探测领域经过几十年的发展，从返回式卫星摄影发展到传输型全要素探测，已初步建立了航天对地观测体系。测绘类卫星影像地面分辨率达到亚米级，时间分辨率和光谱分辨率也不断提高，从 1∶250000 地形图测制发展到 1∶5000 地形图测制；遥感类卫星分辨率已逼近分米级，而且多物理原理的对地感知手段也日趋完善，从光学卫星发展到干涉雷达卫星、激光测高卫星、重力感知卫星、磁力感知卫星、海洋环境感知卫星等；卫星探测应用技术范围也不断扩展，从有地面控制点探测与定位，发展到无需地面控制点支持的探测与定位，从常规几何探测发展到地物属性类探测；从专门针对地形测量，发展到动目标探测、地球重力场探测、磁力场探测，甚至大气风场探测和海洋环境探测；卫星探测载荷功能日臻完善，从单一的全色影像发展到多光谱、高光谱影像，实现“图谱合一”的对地观测。当前，天基探测卫星已经在国土测绘、城乡建设、农业、林业、气象、海洋等领域发挥着重要作用，取得了系列理论和应用成果。

任何一种天基探测手段都有其鲜明的技术特征，现有天基探测大致包括几何场探测和物理场探测两种，其中诞生最早的当属天基光学几何探测。天基光学探测理论源自航空摄影测量经典理论，在实现光学天基探测的过程中，前人攻克了一系列技术难关，《光学卫星摄影测量原理》一书从航天系统工程角度出发，系统介绍了航天光学摄影测量定位的理论和方法，既注重天基几何探测基础理论，又兼顾工程性与实用性，尤其是低频误差自补偿、基于严格传感器模型的光束法平差等理论和技术路径，展现了当前天基光学探测卫星理论和体系设计的最前沿成果。在一系列天基光学探测工程中，高分七号卫星是应用较为广泛的典型代表，《高精度卫星测绘技术与工程实践》一书对高分七号卫星工程和应用系统关键技术进行了总结，直观展现了我国 1:10000 光学探测卫星的前沿技术。在光学探测领域中，利用多光谱、高光谱影像特性对地物进行探测、识别、分析已经取得系统性成果，《高光谱遥感影像智能处理》一书全面梳理了高光谱遥感技术体系，系统阐述了光谱复原、解混、分类与探测技术，并介绍了高光谱视频目标跟踪、高光谱热红外探测、高光谱深空探测等前沿技术。

天基光学探测的核心弱点是穿透云层能力差，夜间和雨天探测能力弱，而且地表植被遮挡也会影响光学探测效能，无法实现全天候、全时域天基探测。利用合成孔径雷达（SAR）技术进行探测可以弥补光学探测的系列短板。《合成孔径雷达卫星图像应用技术》一书从天基微波探测基本原理出发，系统总结了我国 SAR 卫星图像应用技术研究的成果，并结合案例介绍了近年来高速发展的高分辨率 SAR 卫星及其应用进展。与传统光学探测一样，天基微波探测技术也在不断迭代升级，干涉合成孔径雷达（InSAR）是一般 SAR 功能的延伸和拓展，利用多个雷达接收天线观测得到的回波数据进行干涉处理。《InSAR 卫星编队对地观测技术》一书系统梳理了 InSAR 卫星编队对地观测系列关键问题，不仅全面介绍了 InSAR 卫星编队对地观测的原理、系统设计与数据处理技术，而且介绍了双星“变基线”干涉测量方法，呈现了当前国内最前沿的微波天基探测技术及其应用。

随着天基探测平台的不断成熟，天基探测已经广泛用于动目标探测、地球重力场探测、磁力场探测，甚至大气风场探测和海洋环境探测。重力场作为一种物理场源，一直是地球物理领域的重要研究内容，《低低跟踪卫星重力测量原理》一书从基础物理模型和数学模型角度出发，系统阐述了低低跟踪卫星重力测量理论和数据处理技术，同时对低低跟踪重力测量卫星设计的核心技术以及重力卫星反演地面重力场的理论和方法进行了全面总结。海洋卫星测高在研究地球形状和大小、海平面、海洋重力场等领域有着重要作用，《双星跟飞海洋测高原理及应用》一书紧跟国际卫星测高技术的最新发展，描述了双星跟飞卫星测高原理，并结合工程对双星跟飞海洋测高数据处理理论和方法进行了全面梳理。

天基探测技术离不开信息处理理论与技术，数据处理是影响后期天基探测产品成果质量的关键。《地球静止轨道高分辨率光学卫星遥感影像处理理论与技术》一书结合高分四号卫星可见光、多光谱和红外成像能力和探测数据，侧重梳理了静止轨道高分辨率卫星影像处理理论、技术、算法与应用，总结了算法研究成果和系统研制经验。《高分辨率光学遥感卫星影像精细三维重建模型与算法》一书以高分辨率遥感影像三维重建最新技术和算法为主线展开，对三维重建相关基础理论、模型算法进行了系统性梳理。两书共同呈现了当前天基探测信息处理技术的最新进展。

本丛书成体系地总结了我国天基探测的主要进展和成果，包含光学卫星摄影测量、微波测量以及重力测量等，不仅包括各类天基探测的基本物理原理和几何原理，也包括了各类天基探测数据处理理论、方法及其应用方面的研究进展。丛书旨在总结近年来天基探测理论和技术的研究成果，为后续发展起到推动作用。

期待更多有识之士阅读本丛书，并加入到天基探测的研究大军中。让我们携手共绘航天探测领域新蓝图。

杨元喜

2024年2月

前　言

1957 年第一颗人造地球卫星发射成功，使得卫星遥感成为可能。地球静止轨道卫星是一种在特定轨道上运行相对地球静止的人造地球卫星，自 1963 年第一颗静止轨道卫星发射升空以来，静止轨道上的卫星逐年增加，其应用的领域也越来越广泛。

我国《国家中长期科学和技术发展规划纲要（2006—2020 年）》将“高分辨率对地观测系统”列入国家重大专项（简称“高分专项”），在高分专项中部署研制 14 颗遥感卫星，其中包括 2 颗地球静止轨道高分辨率光学遥感卫星。2015 年 12 月，我国首颗地球静止轨道高分辨率对地观测卫星高分四号成功发射，具备可见光、多光谱和红外成像能力，通过灵活的指向控制，可以实现对中国及周边地区的观测。

本书是由作者及研究团队根据所承担的高分专项中静止轨道高分辨率卫星地面处理算法项目的研究成果和系统研制经验撰著而成。全书共 7 章：第 1 章综述近年来国内外静止轨道高分辨率光学卫星的技术发展现状和未来发展趋势；第 2 章阐述静止轨道卫星面阵相机的非均匀性校正原理与方法，介绍了适应于面阵相机硬件结构的相对辐射定标方法及系统噪声去除算法；第 3 章阐述静止轨道面阵相机几何定标模型与方法，分析了影响几何精度的误差源，构建了适用于面阵相机的在轨几何定标模型；第 4 章介绍静止轨道光学卫星传感器校正模型与方法，对传感器校正产品进行了定义，并介绍了静止轨道面阵相机传感器校正模型的原理和流程；第 5 章介绍静止轨道卫星多载荷序列影像配准方法，提出了基于虚拟平面的多载荷影像配准方法与基于云掩膜的序列影像亚像素精配准方法；第 6 章论述静止轨道卫星多载荷序列影像时空谱融合的原理与方法，利用丰富的时空谱信息进行融合超分辨，以获取突破硬件限制的高质量超分辨率时空谱融合产品；第 7 章从区域网平差的三个重要环节——建模、构网及求解出发，围绕静止轨道卫星的独特几何特性，介绍了定点观测成像区域网平差方法。

本书是作者及研究团队近 10 年来承担我国高分专项中 2 颗地球静止轨道高分辨率卫星影像地面数据处理软件研制工作的总结，同时也吸收了本领域国内外同行的研究成果和经验。感谢项目组的相关老师和博士生对本书所做的大量工作，感谢中国资源卫星应用中心等用户单位相关项目的支持。本书的研究工作得到了国家自然科学基金项目（项目编号：61825103）的资助，在此一并致谢！

限于作者及研究团队的专业范围和水平，错漏之处在所难免，敬请读者批评指正。

作　者

2023 年 9 月

目　录

第1章　绪　论

1.1　地球静止轨道卫星遥感发展现状

1.1.1　地球静止轨道卫星发展及特点

1957年第一颗人造地球卫星发射成功，使得卫星遥感成为可能，地球静止轨道卫星是一种在特定轨道上运行相对地球静止的人造地球卫星，在轨道设计、成像特点、成像模式和运行环境方面都有其独特的特点。自1963年第一颗静止轨道卫星发射升空以来，静止轨道上的卫星逐年增加，其应用的领域也越来越广泛。

静止轨道卫星非常适合于对地进行长期的连续观测和快速访问成像，但由于轨道高，成像物距是低轨卫星相机的几十倍。早期，受限于光学成像载荷技术的发展，静止轨道光学遥感卫星主要用于气象和预警领域，空间像元分辨率在千米级，这样的空间分辨率在陆地观测、海洋观测、灾害观测等应用上有很大的局限性[1]。近年来，随着光学成像载荷技术、卫星轨道控制技术和姿态控制技术的发展，许多国家和卫星研制公司已经开始该类卫星的研制与发展。2015年12月，我国首颗地球静止轨道高分辨率对地观测卫星高分四号成功发射，具备可见光、多光谱和红外成像能力，通过灵活的指向控制，可以实现对中国及周边地区的观测。

1.1.1.1　轨道特点

地球同步轨道是距地面高度约为36000km、运行周期为23h56min04s的人造地球卫星轨道，运行在该轨道上的卫星与地面的位置保持不变。地球静止轨道是一种特殊的同步轨道，与同步轨道相比具有相同点也有不同点。地球静止轨道处于赤道面上，即轨道面与赤道面夹角为零。从观测者的角度来说，地球同步轨道卫星每天的同一时刻会出现在相同的方向上，但在一段连续的时间内相对于观察者可以是运动的；而地球静止轨道卫星每天任何时刻都处于相同地方的上空，地面观察者看到卫星始终位于某一位置，保持静止不动。另外地球同步轨道卫星的星下点轨迹是一条 8 字形的封闭曲线，而地球静止轨道卫星的星下点轨迹是一个点。

1.1.1.2 成像特点

地球静止轨道卫星运行在相对于地面静止的轨道上，受限于面阵探测器的发展水平，且扫描式光学遥感器技术比较成熟，因此传统的地球静止轨道卫星大多数都是扫描式遥感器，但因其运行轨道高，扫描式遥感器会对卫星姿态控制提出高稳定度和高精度要求，不仅使卫星的姿态控制难度增大，也不利于图像质量的提高。随着面阵器件水平的提高，面阵凝视型成像仪的发展有了前提和保障。就目前面阵器件发展程度而言，与扫描型成像仪相比，面阵凝视型成像仪具有体积小、质量小、光机结构简单、功耗低等优点，是获取高时间分辨率和高空间分辨率图像的有效手段。随着面阵器件水平的进一步提高，面阵凝视型成像仪呈现出巨大的发展潜力，必将成为静止轨道遥感卫星的重要有效载荷，例如我国高分四号卫星就是采用的面阵 CMOS 图像传感器。

1）面阵几何成像方式

与低轨线阵推扫仪相比，面阵成像仪具有体积小、质量小和光机结构简单等特点，是获取高时间分辨率和高空间分辨率图像的有效手段。从几何成像方式上，由于静止轨道卫星相机采用面阵排列，在成像方式上类似于航空面阵相机（图 1.1），本质上属于中心投影，在一次对地成像的过程中，满足共线方程，因此，在严格几何成像模型的建立上，可以借鉴航空面阵相机的模型构建方法。

静止轨道高分辨率卫星与静止轨道气象卫星相比，一个重要的特点就是空间分辨率高，但高空间分辨率又会带来成像区域与面阵像元数量之间的矛盾。在同一空间分辨率成像的要求下，如果同时获取较大地面覆盖范围，在像元尺寸大小一定的情况下，必然需要加大面阵的像元规模，而面阵像元的规模又受限于图像传感器器件的发展技术[2-5]。

静止轨道光学遥感器的体积、重量因二维视场的要求会相应增大。由于相机视场难以做得很大，因此要对一个较大的范围成像，就必须对观察的范

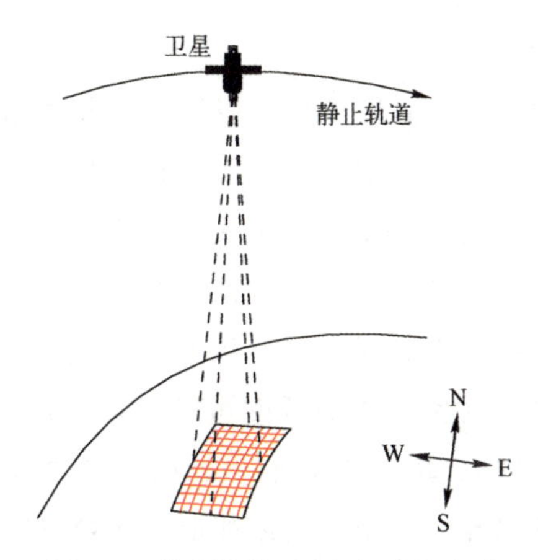

图 1.1　静止轨道面阵相机成像方式

围进行分幅成像。为了保证较宽的地面覆盖，线阵推扫相机采用多线阵视场拼接或者光学拼接的方法，而航空面阵相机则采用多镜头拼接的方式进行。和传统的遥感器一样，静止轨道高分面阵相机将采用多面阵拼接的方式，进而在同一时间内获取足够大的地面覆盖。但同为面阵拼接，静止轨道面阵相机的多面阵与航空面阵相机存在着很大不同，主要体现在：航空面阵相机的拼接一般采用多镜头拼接，各个镜头属于各自的相机系统，如图 1.2 所示；静止轨道面阵相机的多面阵一般属于一个相机系统，共用一个相机的主点和焦距。因此，在后续的传感器校正中，需要针对静止轨道面阵相机自身的特点，选择相应的处理模型进行多面阵的无缝拼接处理。

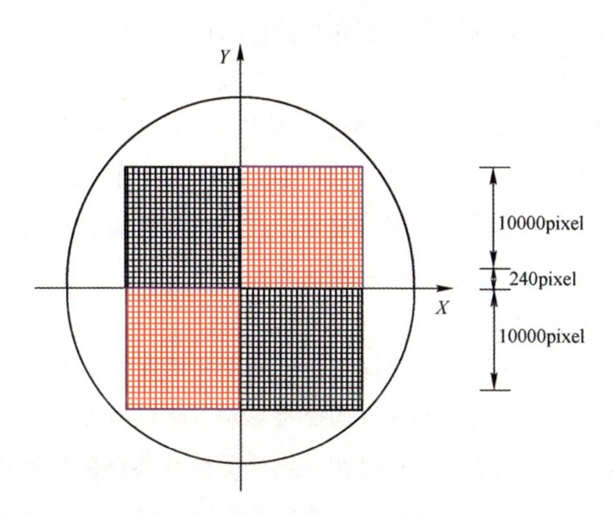

图 1.2　静止轨道高分辨相机 4 块面阵拼接焦平面示意图

2）长焦距与窄视场

传统的航空相机和低轨卫星平台一般运行在几百米到几百千米的轨道上，通常使用短焦距或者标准焦距的镜头进行对地观测。然而对于静止轨道卫星对地成像，如果仍然采用短焦距或标准焦距的镜头，则会导致空间分辨率过低，从而无法满足对地观测的精度要求，所以静止轨道卫星相机通常采用长焦距对地观测以提高空间分辨率，这会导致相机视场角的急剧变小。以高分四号卫星为例，所搭载的可见光近红外相机视场角仅 0.8°，焦距可达 6600mm。这种长焦距窄视场的设计会导致相机的内部参数与相机外部参数之间存在高耦合，为相机定标和地面区域网平差带来参数方程奇异等问题。

3）大幅宽

静止轨道光学卫星运行轨道高，成像视场小，与同等分辨率的低轨卫星相比，能获取较大的成像幅宽。根据欧洲研究人员的分析，静止轨道光学卫星每天可实现的地面覆盖约为传统低轨卫星对地观测的 2.5 倍。大幅宽影像提升了数据获取的完整性，例如对于灾区的观测，在单景影像中便可获得全灾区完整观测的数据。同时，大幅宽观测也降低了数据预处理工作的数量，易于提升数据的处理时效。

4）高时间分辨率

静止轨道光学卫星可以对同一区域进行凝视成像，各帧图像之间的时间间隔只受积分时间、数据采集速度和数据传输能力的限制，可以达到很高的时间分辨率，使得获取影像的时间间隔非常高。例如，我国高分四号卫星可见光–近红外波段的重访周期短至 5s，中波红外波段重访周期仅为 1s，而传统低轨光学卫星多星组网在多数情况下重复观测的最短周期也要 1 天左右时间。相比之下，静止轨道卫星的时间分辨率具有明显的优势，其高时间分辨率的特点非常利于长期连续监视和跟踪观测。

5）复杂空间运行环境

与低轨道航天器一样，地球静止轨道凝视相机在轨工作时同样要长期经受太阳辐射和空间冷热沉、黑热沉的交替影响，相机温度会发生周期性的剧烈变化。同时，静止轨道凝视相机所处热环境也有其自身的特点，例如与太阳同步轨道不同，地球静止轨道上地球红外辐射和地球反照的影响对太阳辐射而言可忽略不计。在每日的循环中，光学系统直接面对太阳照射时间长达

4h，即使在午夜前后太阳辐射也可以通过入光口直接照射到凝视相机遮阳罩内部的光学组件上，春分日和秋分日前后几天中存在最长72min的地球全阴影区[6-8]。因而静止轨道面阵相机热控和抑制杂光的难度大，温度的变化不仅会导致相机与星敏感器安装关系的变化，也会影响静止轨道面阵相机的几何定位。

1.1.1.3 成像模式

凝视成像模式是目前静止轨道光学卫星的主要成像模式。静止轨道卫星在对地观测时与地球保持静止，成像过程中不改变成像姿态与成像范围，探测器的积分时间可以不受卫星运动速高比和地面分辨率的限制，且各帧图像之间的时间间隔只受积分时间、数据采集速度和数据传输能力的限制，因而凝视成像可以达到很高的时间分辨率。

以我国高分四号静止轨道对地观测卫星为例，除了凝视成像模式外，还有区域成像模式、区域普查成像模式和机动巡查成像模式。其中，区域成像用于小范围重点区域成像，通过小角度改变成像侧摆角与俯仰角来覆盖小范围区域；区域普查成像主要用于大区域成像普查、详查，通过大角度改变成像侧摆角与俯仰角来覆盖大范围区域；机动巡查成像主要针对特定运动目标进行成像，根据目标的运动情况来改变成像姿态实现对运动目标的追踪。图1.3显示了地球静止轨道面阵相机成像模式。

1.1.1.4 成像范围

地球静止轨道上运行的卫星始终位于赤道某地的上空，相对于地球表面是静止的。这种轨道卫星的地面高度约为36000km。它的覆盖范围很广，利用均布在地球赤道上的3颗这样的卫星就可以实现除南北极很小一部分地区外的全球观测。当卫星侧摆约8.7°时，卫星的成像范围已接近地球两极。由于轨道高度很高，当卫星侧摆或俯仰成像时，对成像范围的影响很显著。

图1.4是静止轨道卫星侧摆成像时的示意图，A为成像平面，当卫星侧摆角α成像时，地面点M和投影中心S与地心O的夹角为β，p_x为高程误差导致的像移，dh为相对于地面的高差。

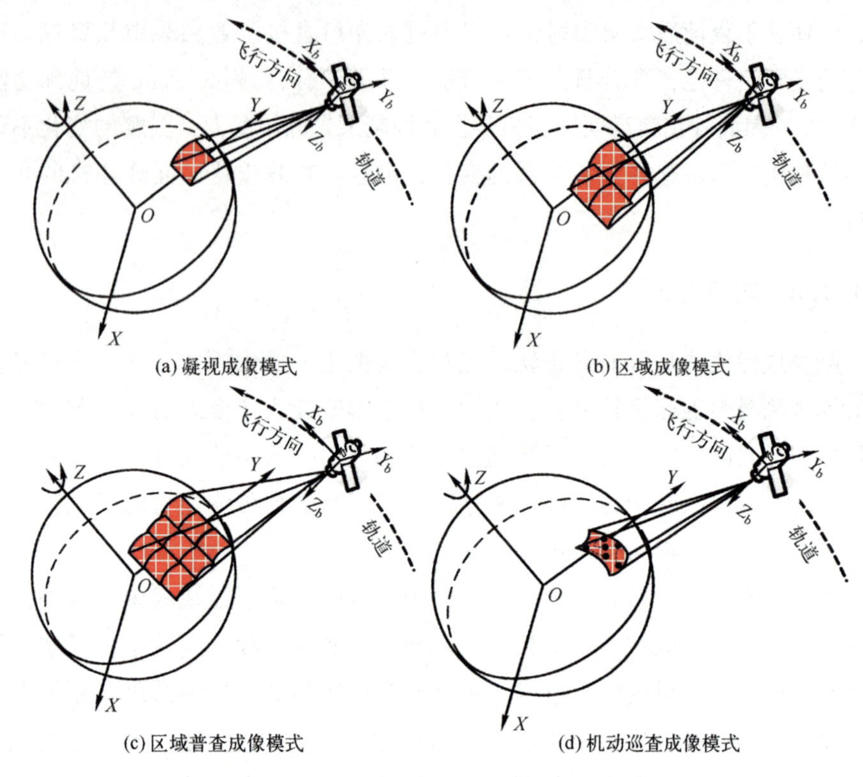

图 1.3　静止轨道光学卫星数据获取模式

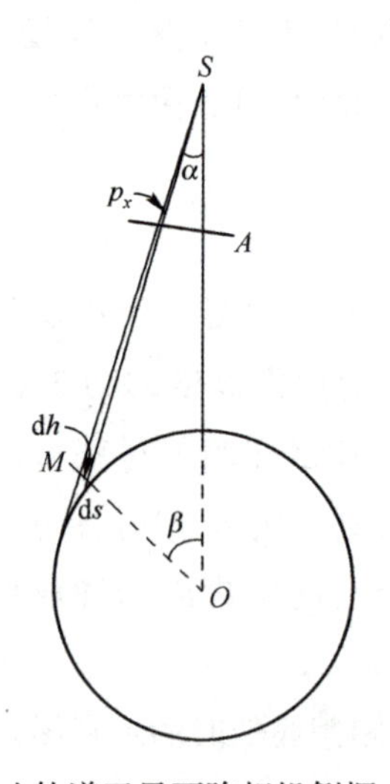

图 1.4　静止轨道卫星面阵相机侧摆成像示意图

1.1.2 国外地球静止轨道卫星发展

目前，国际上静止轨道遥感卫星需求迫切，应用也从初期的气象和预警领域向高分辨率对地观测和静止轨道微波遥感等多个领域[9]拓展。

中分辨率静止轨道遥感卫星主要包括美国的 GOES 系列卫星、韩国的 COMS 卫星、欧洲空间局（ESA）的 Meteosat、日本的 MTSAT、印度的 GEO-HR 等。这些静止轨道光学卫星可以实现千米及百米级的空间分辨率，主要用于气象预报和观测[10-13]。其中，韩国 COMS 卫星搭载的海洋水色成像仪（GOCI）是世界首颗静止轨道海洋水色卫星，可以用于海洋环境、海洋灾害的检测[14]。

1.1.2.1 美国 GOES 系列卫星

在静止轨道气象卫星方面，最早发展的是美国的 GOES 系列卫星，从 1975 年 10 月 17 日开始发射 GOES-A 至目前的 GOES-R 经历了三代卫星。第一代 GEOS 卫星一共发射了 14 颗，均采用自旋稳定平台。第二代 GOES 卫星包括 GEOS-I～P，其中：GEOS-I～GOES-M 的姿态采用三轴稳定方式，主要探测仪器为 5 波段成像仪和 19 通道垂直探测仪；GEOS-N～GOES-P 卫星配置了高精度、高稳定度姿控系统，GEOS-N 于 2006 年发射，采用三轴稳定平台，光谱响应覆盖可见光、红外等 10 个通道，其中可见光空间分辨率为 1km。

第三代（新一代）GOES 卫星较第二代 GOES 的改进参数对照表如表 1.1 所列，新一代的首颗星——GOES-R 于 2016 年 11 月 19 日发射，如图 1.5 所示，该卫星在到达预定轨道后被命名为地球静止环境业务卫星-16，在加入 GOES 星座后提供西半球天气以及空间气象监测。与现有在轨气象卫星相比，GOES-R 的空间分辨率提高了 4 倍，扫描速度提高了 5 倍。该卫星每隔 15min 生成西半球的完整图像，每 5min 生成美国大陆的完整图像，每 30s 更新一次特定风暴区的信息。新一代卫星能显著提升美国的气象观测能力，让人们获得更精确、更及时的预报和警告。新一代 GOES 卫星共包括 4 颗卫星（GOES-R/S/T/U），全部部署完毕后，“地球静止环境业务卫星”系统业务的服务期限可延至 2036 年。该系列卫星具有更高空间分辨率和更快速覆盖的增强成像能力，可用于更精确的气象预报和闪电活动的实时制图，提高对太阳风暴活动的监测水平，因此将显著提高对环境现象的探测和观测水平，这将对公众安全、财产保护以及国家经济健康和繁荣产生直接影响。

表 1.1 GOES 第二代与第三代改进参数对照表

项 目	第 二 代	第 三 代
可见光分辨率/km	1	0.5
红外分辨率/km	4~8	1~2
全盘成像时间/min	30	5~15
通道数	5	16
闪电探测	无	有
数据传输速率/(Mbit/s)	2.6	75

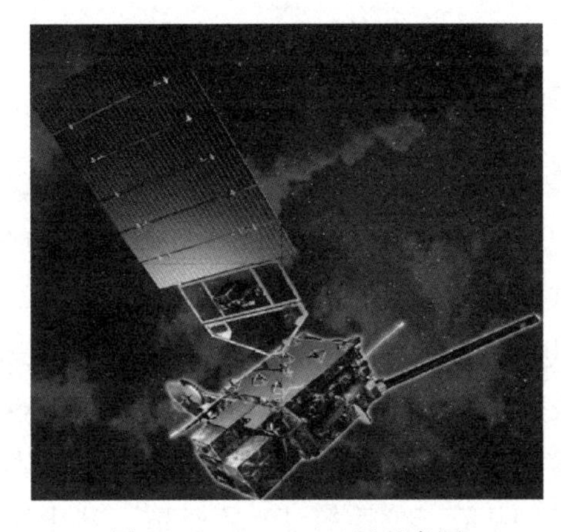

图 1.5 GOES-R 卫星示意图

1.1.2.2 韩国 COMS/GK-1 卫星和 GK-2A 卫星

1）韩国 COMS/GK-1 卫星

韩国航空航天研究所（KARI）和欧洲阿斯特留姆（Astrium）公司合作研制了首颗静止轨道海洋观测卫星 COMS，该卫星于 2010 年 6 月通过阿里安 5（Ariane5）V195 火箭发射成功。

COMS 卫星搭载了地球静止轨道海洋水色成像仪（GOCI），可用来监测朝鲜半岛周边海域水色情况。GOCI 载荷地面像元分辨率 500m，幅宽 500km，共 8 个谱段，光谱分辨率 10~40nm，平均信噪比优于 1000。GOCI 载荷质量 83.3kg，峰值功耗 106W，是 COMS 卫星的 3 个载荷之一。在 GOCI 载荷取得成功的同时，韩国宇航局提出了 GOCI-2 载荷的研制计划，其地面像元分辨率提高到 250m，谱段数增加到 13 个。

COMS 卫星，又名“千里眼”卫星，后更名为 GK-1，已于 2019 年 5 月 8

日停止运行，该星测试寿命约 7 年，实际寿命约 9 年。韩国政府随后立即启动了其后续项目——地球静止轨道-韩国多用途卫星 2（GK-2），它包含 1 颗气象卫星 GK-2A 和 1 颗海洋与环境卫星 GK-2B。

2）韩国 GK-2A 卫星

2019 年 6 月 27 日，韩国气象厅披露，韩国新一代地球静止轨道气象卫星 GK-2A（图 1.6）经过约 6 个月的在轨试验，正式交付使用，其主要技术参数如表 1.2 所列。该卫星全名为地球静止轨道-韩国多用途卫星 2A（GK-2A），是 2010 年发射的“通信、海洋和气象卫星”（GK-1）的后续星，于 2018 年 12 月 5 日搭乘 Ariane 5 ECA 火箭在库鲁航天发射场成功发射，并于 2019 年 1 月 26 日发回首批图像。GK-2A 卫星性能先进，与欧美第三代静止轨道气象卫星基本处于同一水平。

图 1.6　GK-2A 卫星在轨图像

表 1.2　GK-2A 卫星主要技术参数

参　　数	技术指标
发射质量/kg	3420
设计寿命/年	10
卫星功率/kW	2.6
卫星尺寸	2.9m×2.4m×4.6m（发射时）； 3.8m×8.9m×4.6m（在轨）
姿态控制	三轴稳定
测控传输	L 频段，S 频段，X 频段
有效载荷	先进气象成像仪； 韩国空间环境监测仪

GK-2A 卫星发射质量约 3400kg，设计寿命 10 年，卫星总功率 2.6kW，搭载“先进气象成像仪”（AMI）和“韩国空间环境监测仪”（KSEM）2 个有效载荷，其中 AMI 分辨率较高，其主要技术参数如表 1.3 所列。卫星总体为箱型结构，携带单翼太阳电池阵。GK-2A 卫星性能较 COMS 卫星有较大提升，全圆盘成像时间由 30min 缩短至 10min，最高空间分辨率也由 1km 提升至 0.5km。

表 1.3　GK-2A 卫星 AMI 载荷的主要技术参数

参　数	技术指标
质量/kg	338
功率/W	450
数据传输速率/(Mbit/s)	66
光谱范围/μm	0.47~13.3
空间分辨率/km	1（可见光，最高 0.5km（0.64μm））； 2（红外）
光谱分辨率/mm	400~1000
辐射成像通道/个	16
观测模式	全盘；北半球；东北亚；朝鲜半岛
观测周期	每小时 6 次（10min）（全盘）； 每小时 120 次（0.5min）（朝鲜半岛）
每个周期的观测时间/s	356（全盘）； 38（朝鲜半岛）

1.1.2.3　日本 MTSAT 卫星和 Himawari-9 卫星

1）日本 MTSAT 卫星

日本自 1977 年 7 月 14 日发射第一颗地球静止气象卫星以来，已发射了 5 颗第一代气象卫星。卫星采用双自旋稳定方式，装载 1 台成像仪用于气象观测。日本新一代地球静止气象卫星 MTSAT（图 1.7）是气象与航空管制共用的多用途卫星，基本指标与美国 GOES-I~M 系列相同，采用三轴稳定方式。第一颗 MTSAT-1 于 1999 年发射失败，2005 年 3 月 25 日发射了 MTSAT-1R，装载了雷神公司研制的 5 波段成像仪，可见光空间分辨率提高至 0.5km，红外空间分辨率提高至 2km，光学系统采用离轴三反系统，有效改善了午夜太阳直照的影响。MTSAT-2 已于 2006 年 2 月 18 日成功发射。

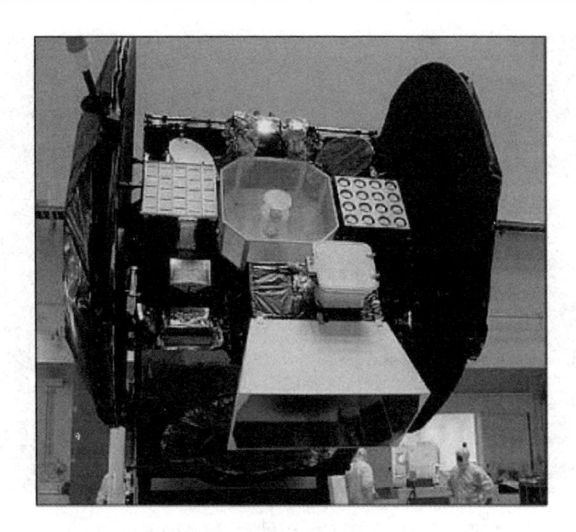

图1.7 MTSAT卫星外形

2）日本Himawari-9卫星

2016年11月2日，H2A运载火箭将“向日葵9号”（Himawari-9）卫星送入太空，进入了高度约36000km的地球同步轨道。

此前，代表着日本新一代静止气象卫星最高水平的是“向日葵8号”，它于2014年发射，是世界上首颗拍摄彩色图像的地球同步轨道气象卫星。如图1.8所示，“向日葵9号”与“向日葵8号”属于同一类型，到达指定地点后作为“向日葵8号”的备用卫星使用。按照计划，“向日葵9号”于2022年起代替“向日葵8号”进行气象观测。

这两颗新一代的静止气象卫星定位于东经140°，采用三轴稳定方式，装有先进的葵花成像仪（AHI），与美国地球静止环境业务卫星GOES-R的先进基线成像仪（ABI）相似。该系列卫星通过葵花成像仪正常扫描全圆盘图的时间小于10min，也可以在选定的时间对特定区域进行扫描，每2.5min能够获得一幅区域图像，它的在轨工作寿命预期为8年。

葵花成像仪还拥有16个观测通道，可见光的高空间分辨率达到0.5~1km，红外高空间分辨率达到1~2km，再加上成像速度快，观测区域和时间灵活可变等特点，使日本气象厅得以改进和生成很多新的气象产品，包括大气运动向量、晴空辐射、云网格信息、洋面温度等。以有重大改进的大气运动向量气象产品为例，更高的空间分辨率和更频繁的观测给大气运动目标跟踪提供了更高的精度。

图 1.8 日本“向日葵 8 号”和“向日葵 9 号”

1.1.2.4 欧洲 MSG 卫星

欧洲气象卫星组织（EUMETSAT）自 1977 年 11 月发射了第一颗地球同步气象卫星（Meteosat）后，迄今已经发展到第二代静止气象卫星——MSG 卫星。MSG 卫星采用自旋稳定，设计寿命为 7 年，有效载荷为 12 波段成像仪，并具有准垂直探测功能。其可见光空间分辨率为 1km，红外空间分辨率为 3km，比第一代气象卫星有较大提高，成像时间由第一代气象卫星的 30min 缩短为 15min。ESA 自 2001 年开始第三代地球静止气象卫星 MTG 的研究，如图 1.9 所示。MTG 卫星采用三轴稳定方案，由成像卫星（16 波段成像仪+闪电成像仪）和探测卫星（红外大气垂直探测仪）组成，设计寿命为成像卫星 7.75 年、探测卫星 8.25 年。

图 1.9 MTG 卫星外形

1.1.2.5 印度 GEO-HR 卫星

2007年印度在“十一五”航天发展规划中提出了发展GEO高分辨率光学成像卫星的计划，星上搭载“先进宽视场遥感器”，覆盖可见光、近红外和短波红外谱段，其中：可见光-近红外高分辨率多光谱（HRMX-VNIR）成像通道，其空间分辨率可达50m；可见光-近红外高光谱（HYS-VNIR）成像通道，分辨率为320m；短波红外高光谱（HYS-SWIR）成像通道，分辨率为192m；热红外高分辨率多光谱（HRMX-TIR）成像通道，分辨率为5km。卫星幅宽大于400km，每半小时以50m分辨率覆盖一次印度全境，主要用于农作物监测、资源调查和灾害监测等领域。

1.1.2.6 欧洲 GEO-AFRICA 卫星和 GEO-OCULUS 卫星

欧洲静止轨道光学遥感卫星发展起步略晚，开始于21世纪初。欧洲的新型光学成像技术大多参考美国，在技术攻坚的过程中，欧洲同样难以攻克稀疏孔径成像技术和基于编队飞行的光学干涉合成孔径成像技术，例如达尔文（DARWIN）计划被取消。

欧洲单体大口径反射成像系统发展较为顺利，2009年成功发射了口径达3.5m的赫歇尔（Herschel）空间天文望远镜，然后以此为基础，积极发展静止轨道光学遥感卫星成像载荷，同时发展具有高姿态控制精度和高敏捷性能的静止轨道光学遥感卫星平台。

在静止轨道高分辨率光学成像技术领域，欧洲Astrium公司实力最强，开展了一系列卫星的研制，表1.4所列为欧洲Astrium公司面向地球静止轨道高分卫星工程化的发展计划。

表1.4 欧洲Astrium公司面向地球静止轨道高分卫星工程化的发展计划

卫　星	空间分辨率/m	相机装配的主反射镜口径/m	备　注
COMS-1	500	0.14	已于2010年发射，法国帮助韩国研制。有效载荷设计为Geo-OCULUS进行了技术铺垫
Geo-AFRICA	25	0.9	2010年完成预研，并宣布完全有能力制造
Geo-OCULUS	10	0.9	2009年完成预研，目前部分技术尚不成熟
HRGeo	3	4	计划2020年后发射，于2013年4月对应用需求进行了论证

1）GEO-AFRICA 卫星

如图 1.10 所示，GEO－AFRICA 静止轨道卫星是 Astrium 公司基于 Eurostar3000 通信平台研制，卫星上搭载 10 个可见近红外谱段、1 个全色谱段和 1 个短波谱段，其中全色谱段空间分辨率可达 25m，幅宽 300km×300km，短波谱段空间分辨率为 75m，其光学调制传递函数（MTF）优于 0.1。该卫星具有“步进”和“凝视”两种成像模式。

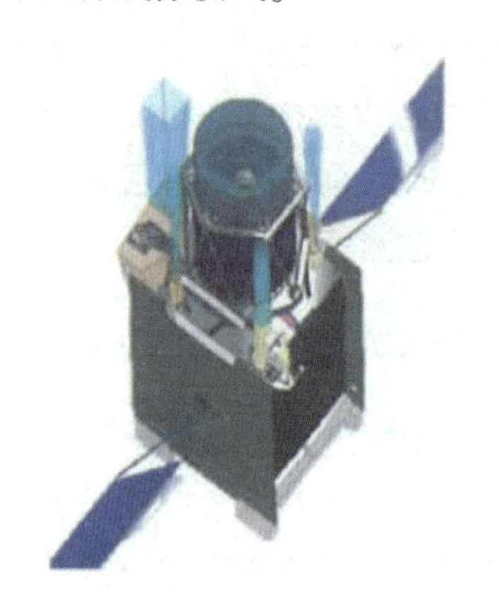

图 1.10　GEO-AFRICA 卫星示意图[9]

2）GEO-OCULUS 卫星

图 1.11 所示 GEO-OCULUS 卫星由欧洲 Astrium 公司研制，整星发射质量为 3652kg，光学相机口径为 1.5m。卫星采用分光加滤光片轮的方式设计了 5 个成像通道，包含从紫外到长波红外共 27 个探测谱段，其中可见光和近红外谱段的 3 个焦面采用大面阵 CMOS 探测器，短波和中红外焦面采用碲镉汞

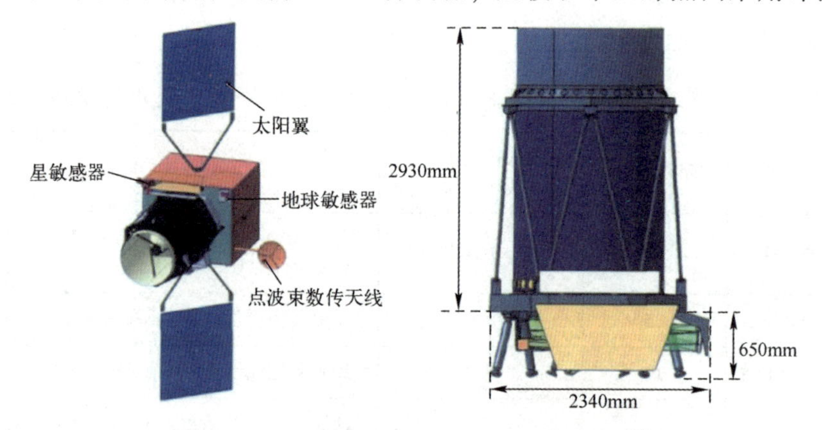

图 1.11　GEO-OCULUS 卫星及其相机示意图[9]

（HgCdTe）探测器，长波红外焦面采用量子阱（QWIP）或 HgCdTe 探测器。卫星相机利用口径 1.5m 的 Korsch 光学成像系统，通过图像去卷积技术提高系统 MTF，可以使可见光谱段空间分辨率达到 10m，瞬时视场 100km×100km。卫星可以通过姿态控制系统对姿态快速调整，能够在 1min 内观测任意目标[15]。

表 1.5 所列为 GEO-OCULUS 卫星所搭载载荷的通道数量、地面采样间距和对应视场大小。

表 1.5 GEO-OCULUS 相机各波段的视场

名　称	通　道	通道数量	地面采样间距/m	视场
灾害监视	全色	1	21.0	157km×157km
	紫外-蓝光	4	40	300km×300km
	红光-近红外	8	40	
火情监视	红光-近红外	2	40	300km×300km
	短波/中波红外	2	300	
	远红外	2	750	
海洋应用	紫外-蓝光	7	80	300km×300km
	红光-近红外	10	80	
	短波/中波红外	2	300	
	远红外	2	750	

3）HRGeo 卫星

HRGeo 卫星是欧洲 Astrium 公司面向静止轨道高分卫星工程计划 2020 年后发射的卫星，用于在静止轨道上进行对地静态和视频成像。相机口径约 4.1m，星下点地面像元分辨率约为 3m。卫星具有 3 个视频工作模式，其中："突发"模式是在极短时间内以 1Hz 或更高的帧速率拍摄视频，该模式用于快速获取时敏目标的速度、方向等瞬时特性；"持续视频"模式是以数分钟的采样时间间隔拍摄视频；"时延视频"模式是以更长的时间间隔（如数小时，或数天）拍摄视频。后两者可用于长期获取海洋环境等长时间演化特性。与机载视频系统不同，GOES 卫星的视频模式具有长时间、宽覆盖的优势，且无法被目标发现。

1.1.3 地球静止轨道卫星未来发展

国内静止轨道气象卫星主要有风云二号（FY-2）系列卫星、风云四号

(FY-4) 系列卫星。静止轨道高分辨率光学对地观测卫星主要有高分四号卫星。

1) 风云二号静止轨道气象卫星

风云二号静止轨道气象卫星是我国第一代静止气象卫星[16]，包括风云二号 A/B 试验星、风云二号 C/D/E/F 业务星和风云二号后续 G/H 星。其中，风云二号 A 星于 1997 年 6 月 10 日发射，风云二号 B 星于 2000 年 6 月 25 日发射，风云二号 C 星、D 星、E 星和 F 星已分别于 2004 年 10 月 19 日、2006 年 12 月 8 日、2008 年 12 月 23 日和 2012 年 1 月 13 日发射，风云二号 G/H 星于 2014 年 12 月 31 日、2018 年 6 月 5 日发射。

风云二号 A/B 星都属于试验卫星，为静止轨道卫星的运行积累了大量的经验，其中风云二号 B 星所搭载的扫描辐射计的性能指标如表 1.6 所列。

表 1.6　风云二号 B 星所搭载的扫描辐射计性能指标

项　目	可　见　光	水　汽	红　外
波段光谱范围/μm	0.5~1.05	6.3~7.6	10.5~12.5
通道数	4	1	1
星下点分辨率/km	1.25~1.44	5~5.75	5~5.75
量化等级	6 LSB	8LSB	8LSB
数码传输速率/(Mbit/s)	14	14	14

风云二号 C 星 (FY-2C) 是我国第一代静止气象卫星中第一颗业务星，相比于风云二号 B 星，所搭载的扫描辐射计通道数目由 3 个通道扩充到 5 个通道。该星定位于 150°E 的赤道上空，在设计性能上较 A/B 星有比较大的改进和提高，如表 1.7 所列。

表 1.7　风云二号 C 星所搭载的扫描辐射计性能指标

项　目	可　见　光	红外 1	红外 2	红外 3
波段光谱范围/μm	0.55~0.9	10.3~11.3	11.5~12.5	3.5~4.0
瞬时视场角/μm	35	140	140	140
扫描行数	10000	2500	2500	2500
量化等级	6	10	10	10

风云二号F星搭载扫描辐射计和空间环境检测器两个主要载荷，其中扫描辐射计包括1个可见光通道和4个红外通道，可实现非汛期每小时、汛期每半个小时获取覆盖地球表面1/3圆盘图像。相比风云二号系列前几颗卫星，风云二号F星还具备更灵活的扫描能力，具有高时间分辨率的特点，能够针对灾害性天气进行重点监测，所搭载的空间环境检测器可以对太阳X射线、高能电子、高能质子等多能段进行监测，用于开展空间天气监测和预报业务[17-18]。

风云二号H星是我国第一代静止轨道气象卫星的最后一颗，将与在轨的风云二号E、F、G星开展组网观测，主要载荷为扫描辐射计和空间环境监测器，可为用户提供实时可见光、红外和水汽云图，空间天气和卫星所处空间环境的相关产品。扫描辐射计包括1个可见光通道和4个红外通道，可实现非汛期每小时、汛期每半小时获取覆盖地球表面约1/3的全圆盘图像，能对台风、强对流等灾害性天气进行重点观测，将在气象灾害监测预警、防灾减灾工作中发挥重要作用。空间环境监测器能够对太阳X射线、高能质子、高能电子和高能重粒子流量实行多能段监测，用于开展空间天气监测、预报和预警业务。

与美国、日本等第一代静止轨道气象卫星一样，风云二号系列卫星也采用自旋姿态稳定的方式，可以连续对中国及其周边区域进行天气状况的实时监测，大大提高了我国对各种尺度天气系统的监测能力。

2）风云四号静止轨道气象卫星

如图1.12所示，风云四号气象卫星是我国第二代静止轨道气象卫星，采用三轴稳定控制方案，将接替自旋稳定的风云二号卫星，其连续、稳定运行将大幅提升我国静止轨道气象卫星探测水平[19]。

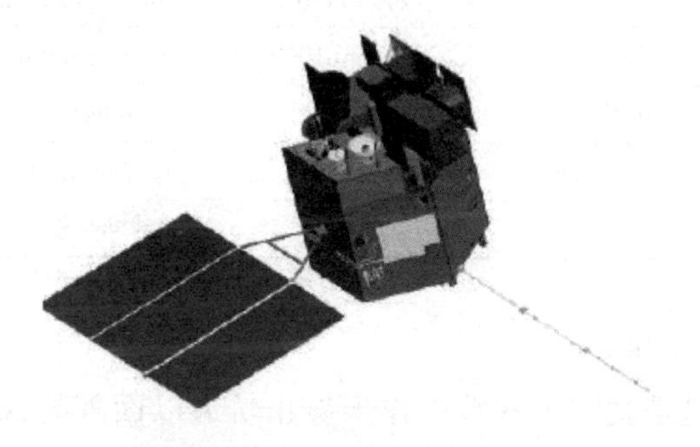

图1.12 风云四号卫星示意图

作为新一代静止轨道定量遥感气象卫星，风云四号卫星的功能和性能实现了跨越式发展。卫星的辐射成像通道由风云二号G星的5个增加为14个，覆盖了可见光、短波红外、中波红外和长波红外等波段，接近欧美第三代静止轨道气象卫星的16个通道。星上辐射定标精度0.5K、灵敏度0.2K，可见光空间分辨率0.5km，与欧美第三代静止轨道气象卫星水平相当。同时，风云四号卫星还配置了912个光谱探测通道的干涉式大气垂直探测仪，光谱分辨率达到0.8cm^{-1}，可在垂直方向上对大气结构实现高精度定量探测，这是欧美第三代静止轨道单颗气象卫星不具备的。2017年9月25日，风云四号正式交付用户投入使用，标志着中国静止轨道气象卫星观测系统实现了更新换代。2018年5月8日零时起，中国以及亚太地区用户可正式接收风云四号A星数据。

风云四号卫星的主要性能指标见表1.8。风云四号卫星已实现的技术指标充分体现了“高、精、尖”特色，如扫描控制精度、姿态测量精度、微振动抑制能力、星上实时导航配准精度、星敏感器支架温控精度等，多项技术指标挑战了我国现有的工业基础能力。

表1.8　风云四号卫星主要性能指标

名称		指标要求
扫描辐射计	空间分辨率	0.5~1.0km（可见光），2.0~4.0km（红外）
	成像时间	15min（全圆盘），3min（1000km×1000km）
	定标精度	0.5~1.0K
	灵敏度	0.2K
干涉式大气垂直探测仪	空间分辨率	2.0km（可见光），16.0km（红外）
	光谱分辨率	700~1130cm^{-1}；0.8cm^{-1}；1650~2250cm^{-1}；1.6cm^{-1}
	探测时间	35min(10000km×1000km);67min(5000km×5000km)
闪电成像仪	空间分辨率	7.8km
	成像时间	2ms(4680km×3120km)
轨道		地球同步轨道

3）高分四号卫星

高分四号卫星是我国第一颗工作于静止轨道以面阵凝视方式成像获取图像的光学遥感凝视卫星，也是我国重大科技项目高分辨率对地观测卫星中的一颗型号卫星，可实时、定点对视场内发生的现象进行连续的观测，也可以根据用户需求直接定制连续的观测，其灵活连续的观测方式能获得比传统对地观测卫星更多的关于“感兴趣目标地区”的动态信息，实现分钟级的高时间分辨率对地遥感监测。高分四号卫星搭载可见光近红外和中波红外 6 个通道，其中可见光近红外通道空间分辨率可达 50m，具体的相机参数表如表 1.9 所列。

表 1.9　高分四号相机参数表

项　　目	可见光近红外通道	中波红外通道
光谱范围	B1：450~900nm	B6：3.5~4.1μm
	B2：450~520nm	
	B3：520~600nm	
	B4：630~690nm	
	B5：760~900nm	
焦距	6600mm	1350mm
像元大小	9μm	15μm
探测器	10000×10000pixel 面阵 CMOS 器件	1000×1000pixel 中波红外器件
地面瞬时视场	50m	400m
成像区域	500km×500km	400km×400km
视场角（FOV）	0.8°×0.8°	0.66°×0.66°
量化位数	10bit	12bit

高分四号相机采用面阵凝视成像方式，采用大规模面阵探测器以满足大观测幅宽要求。可见光近红外谱段采用了 10000×10000pixel 的面阵 CMOS 探测器，中波红外谱段采用了 1000×1000pixel 的面阵碲镉汞探测器。相机光学系统采用 RC 双反结合透镜组消像差的结构形式，在次镜后采用分色片实现可见光近红外成像通道和中波红外成像通道的分离，如图 1.13 所示。相机在轨运行模式分为可见光近红外通道和中波红外通道两种在轨运行模式，彼此独立，可以组合使用。同时，相机可见光近红外通道采用旋转滤光片组件进行成像谱段的设置，实现多光谱谱段的分时成像，即单谱段单次成像、全谱段单次成像、单谱段连续成像和全谱段连续成像。高分四号是我国目前在轨的唯一一颗民用领域的地球静止轨道高分辨率光学卫星，具有极高的实验与研究价值。本书后续相关实验基于高分四号开展，但相关算法具有一定的通用性，可以应用于其他静止轨道高分辨率光学卫星。

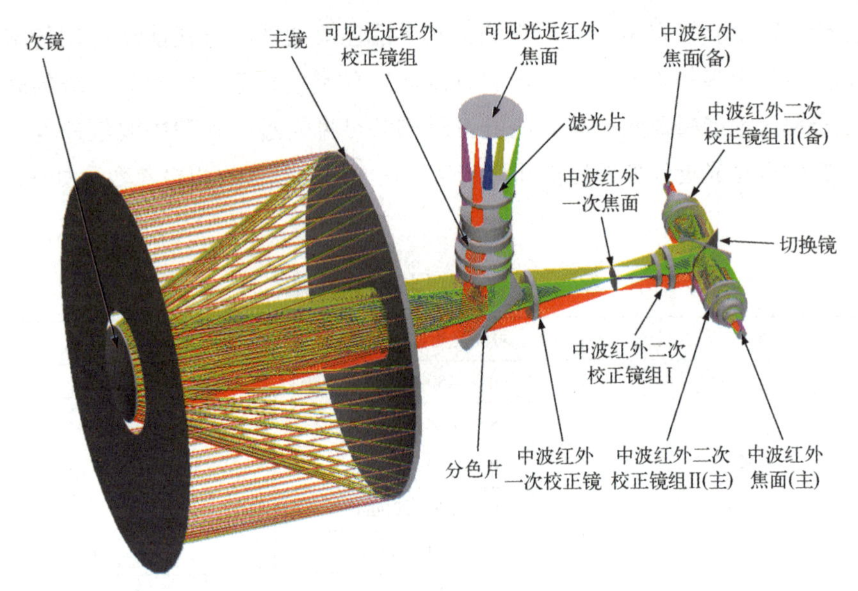

图 1.13　高分四号相机光学系统构型布局图[20]

1.2　地球静止轨道卫星未来发展趋势

目前，静止轨道光学卫星的空间分辨率最优能达几十米（如高分四号卫星分辨率为 50m），但与低轨光学卫星亚米级分辨率（如 WorldView-3 卫星分辨率为 0.31m）相比，静止轨道光学卫星的空间分辨率仍有很大的上升空间。根据欧洲 Astrium 公司面向静止轨道高分辨率光学卫星工程的发展计划（表 1.4），计划发射的 HRGeo 静止轨道卫星的空间分辨率能达 3m。为了满足快速响应、高重访、近实时和高空间分辨率的对地观测任务需求，静止轨道高分辨率光学成像技术对于新型成像技术及载荷与平台一体化设计技术的要求越来越高。图 1.14 为静止轨道高分辨率光学成像技术发展趋势。

1.2.1　新型成像技术

由于受发射平台载荷舱体积和质量、光学材料、制造工艺、机械结构、成本等诸多因素的限制，光学系统口径大于 4m 后已经无法进一步增大。因此，对于在地球静止轨道发展分辨率高于 5m 的对地观测系统，必须寻求传统的整体式主镜之外的技术途径。为此，欧美从 20 世纪 90 年代开始启动各种新型成像系统的研究工作，以满足静止轨道高分辨率成像的需要。先后提出

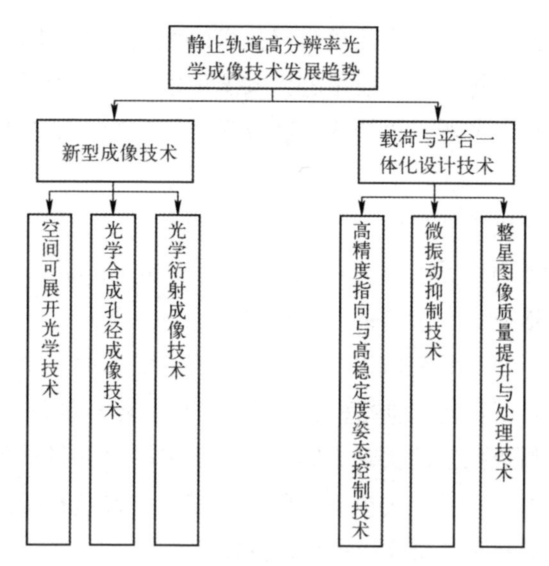

图1.14 静止轨道高分辨率光学成像技术发展趋势

的研究方案很多，主要包括空间可展开光学系统、光学合成孔径成像系统、光学衍射成像系统等，与此相应的技术如下：

1）空间可展开光学技术

在众多的新技术中，可展开光学系统是实现大口径空间光学系统的主要技术途径之一。可展开光学系统是指在发射时折叠为一个可接受的尺寸，到达预定轨道后再展开的光学系统。该光学系统的主镜由一些较小尺寸的超轻、主动控制的分块镜组成，发射后在轨道上按要求的方式展开、锁定，在自适应光学系统的控制下“拼接”成一个共相位主镜。可展开光学系统有效地解决了整体式大口径光学系统研制和发射中难以克服的各种问题，使轻量化、大口径遥感器的实现成为可能[21]。

美国和ESA都十分重视可展开光学系统的研制。美国国家侦察局于2004年夏天探讨了可展开式望远镜概念，并计划在未来20年内造出这样的侦察卫星：它在发射时可容身于直径5m的整流罩内，进入太空后可展开其口径约30m的望远镜。ESA在2005年防务会议上明确提出要研发可展开光学系统应用于对地观测。

2）光学合成孔径成像技术

光学合成孔径成像技术是一种基于中小口径光学镜片或子望远镜系统，利用光学方法实现等效大口径光学系统的新型成像技术，其系统成像必须满足等光程条件，即物理光学上的共相位，也称为稀疏孔径望远镜系统。与传统的光学系统相比，光学合成孔径成像技术的优点在于：降低了光学元件的加工难度；光学元件体积小，质量轻；系统可以设计成为折叠式，有利于降低发射体积和质量，节约发射费用；系统设计和组装灵活多变，特别适用于各种空间光学系统。

光学合成孔径成像系统包括分块成像系统和稀疏孔径成像系统。目前光学合成孔径技术受到世界各国的重视，美国、ESA 和俄罗斯均投入了大量的人力物力，特别是以美国为首的发达国家，投入巨资进行研究与开发，并且在该领域取得了一定的研究成果。目前，即使美国在此领域的研究处于世界领先水平，但也停留在技术研究和演示验证阶段，还不具备工程化应用能力。在方案设想上，稀疏孔径的实现方案既有基于单星多孔径的方案，也有基于多星编队，进而形成多孔径的方案。但总体来说，稀疏孔径的技术实现难度仍然很大，还停留在理论研究和地面试验阶段。

3）光学衍射成像技术

衍射成像系统一般由物镜和目镜系统组成，是具有微结构的新一代光学系统。其中，物镜为超大口径衍射透镜，目镜系统一般包括中继光学系统和色差校正系统。其工作原理是首先通过衍射透镜汇聚光线，然后由位于其焦点处的中继光学系统进行色差校正以增大带宽，最后成像到焦平面上。衍射光学元件是利用厚度为波长量级的表面浮雕结构对光波进行控制，元件本身具有轻而薄的特点。衍射光学元件通常制作在几十微米的薄膜基底上，由于是透射元件，只要基底材料做到等厚，与反射镜相比其面形精度可以降低 4 个数量级[22]。

与传统的反射式光学系统相比，衍射成像技术具有独特的技术特点。首先，衍射成像器件若使用薄膜材料，将使光学系统质量小很多，在实现相同分辨率的前提下，光学衍射成像系统质量仅为反射式光学系统的 1/7，大幅降低了对火箭承载能力的要求；其次，可采取发射时折叠、入轨后展开的方式，易于实现天基超大光学口径成像系统；再次，衍射薄膜镜面形精度要求是反射镜的 1/3~1/2，降低了制造难度，且薄膜镜易于复制和批量化生产，有望大幅降低系统开发成本。综上所述，光学衍射成像系统有望成为未来大口径、高分辨率光学系统的一个重要发展方向。

4）新型成像技术总结

大口径单镜面成像系统自身质量极大，无法在发射时折叠装载，因此在现有运载火箭承载能力的限制下，这种方案不适于口径大于 4m 的空间望远镜，但是随着具有大口径整流罩的重型运载火箭的发展，这种类型的望远镜有潜力成为大口径空间望远镜的解决方案，技术难度也比空间分块可展开望远镜的低得多。空间分块可展开望远镜系统的优点是可以利用比较成熟的小口径反射镜拼接成一个大口径望远镜，但其面形控制要求、共相位要求是极其严格的，相应的成本也极高。

对于光学干涉合成孔径技术来说，由于各子孔径的同相位要求，使得空间机械结构调整、系统稳定性和大气扰动等因素引起的波动的总效应需控制在光波长的数量级内。具体地说，光学干涉合成孔径技术一般是利用若干个卫星编队飞行以实现长基线干涉，从而达到高分辨率的要求，但其卫星编队飞行的控制精度要求极高，工程实现难度巨大。同时，稀疏孔径使用分离的光学系统，是以牺牲通光量为代价实现高分辨率，在技术上还存在一系列尚待解决的问题。另外，分块可展开和稀疏孔径的成像系统自身的质量仍然会限制口径的扩大。

光学衍射成像技术为解决静止轨道高分辨率对地观测问题提供了一种新思路，它具有可实现大口径、所用材料面密度极轻、面形控制要求低和生产工艺相对较容易等特点，但衍射成像系统的效率比较低，目前其主镜最高只能达到约 40%的衍射效率，而整体系统的效率更低。同时，光学衍射成像系统的带宽普遍较窄，支撑衍射薄膜的平台结构的稳定性也是很复杂的问题。

总之，这些技术各有利弊，要综合实际的使用情况进行取舍。

1.2.2 载荷与平台一体化设计技术

随着静止轨道高分辨率光学成像卫星的发展和应用，基于传统的“卫星平台搭载一台合适的载荷”理念开发研制的卫星很难满足用户的多种高标准要求，因而为提升系统使用效能、实现高性能和高稳定性在轨成像能力而进行的一体化设计是现代高性能卫星研制所必需的。

静止轨道高分辨率光学成像卫星的一体化设计需求主要有：有效载荷尺寸和规模的增大需求；更高的图像质量需求；更高的智能化需求。因此，载荷与平台的一体化设计，不但要解决载荷与卫星平台在整星结构、热控以及电接口等方面的一体化设计需求，而且更需要关注高精度指向与高稳定度姿态控制技术、微振动抑制技术、整星图像质量提升和处理技术。

1）高精度指向与高稳定度姿态控制技术

由于静止轨道高分辨率光学成像卫星的轨道很高，若要比较准确地定位地球表面的目标以及获取高质量的遥感影像，要求卫星必须具有良好的姿态指向精度、准确的姿态确定精度和高稳定的姿态。姿态确定与控制系统是其中的一个关键组成部分，它决定了姿态的指向精度和稳定度。由于姿态确定中需要利用轨道信息，故轨道的确定与控制对姿态控制系统也很重要。

目前国外的星敏感器技术日趋成熟，并已在多种卫星上应用。以美国的GOES-N 气象卫星为例，该卫星采用陀螺/星敏感器组合定姿方法，控制系统包含三个星敏感器，其中两个用于精确姿态确定，另外一个作为冗余备份，但如果同时使用三个则可以提高系统性能。星敏感器的光轴在卫星本体坐标系与 $-Y$ 轴的夹角为35°，视场为8°×8°，能同时跟踪5颗六等星，观测误差为8μrad。每个星敏感器的质量小于9kg，功耗小于15W。星敏感器的性能主要取决于标定误差而不是噪声，目前标定误差的精度低于1″（3σ）[23-24]。

2）微振动抑制技术

对于静止轨道高分辨率光学成像卫星，采用面阵凝视成像体制，其积分时间可调是优势。通常情况下，静止轨道高分辨率光学成像卫星的积分时间是低轨观测卫星的数十倍乃至数百倍，如此长时间的积分对平台提供的力学环境要求也越来越高。从欧美卫星发展情况来看，为实现高分辨率遥感，减振隔振技术是具有决定性的关键技术之一。

1990 年美国发射的哈勃（Hubble）望远镜用于对太空进行科学观测，其光学相机对航天器指向精度与稳定度的要求非常高。在调整匹配轴承滚珠、降低电机驱动电路电子噪声等措施的基础上，研制人员为每个姿态控制飞轮设计安装了被动隔振装置，以减小飞轮产生的振动对图像质量的影响[25]。隔振装置设计主要用于对飞轮轴向振动进行隔离，频率为18～20Hz，阻尼比约4%。

1999 年美国发射的钱德勒（Chandra）X 射线空间望远镜用于观测宇宙空间的 X 射线以研究超新星与类星体，其焦距为10m。在 Chandra X 射线空间望远镜研制阶段进行的仿真分析表明，姿态控制飞轮产生的振动经中央承力筒传递至望远镜的高分辨率镜头组，将导致图像质量无法满足设计要求。为此，研制人员为望远镜上的6个姿态控制飞轮设计安装了固有频率约9Hz、阻尼比约5%的飞轮隔振装置（图1.15），使镜头组件的振动量级满足设计要求并且具有一定的裕度。在轨飞行数据表明，安装了飞轮隔振装置的 Chandra X 射线空间望远镜指向性能显著优于设计要求。

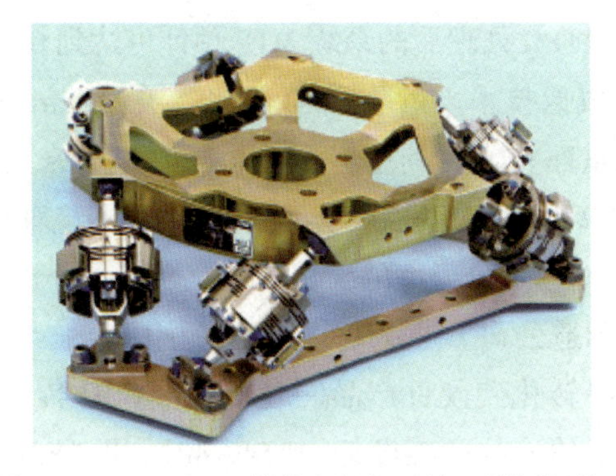

图 1.15　Chandra X 射线空间望远镜飞轮隔振装置

3）整星图像质量提升与处理技术

地球静止轨道成像任务中，图像质量是系统设计所关注的重要指标。空间相机多采用大 F 数设计，焦距长、MTF 低，加上由卫星姿态振动、大气消光、探测器采样等因素造成的图像退化，严重影响了图像质量。利用卫星在成像过程中的测量信息来进行图像质量提升处理、补偿 MTF，不仅可以大大提高卫星的成像效果，也可以为合理安排载荷的设计指标、降低设计难度、减少制造成本等提供定量化依据。

（1）图像质量退化复原。国外研究表明，分辨率相同的优化设计的光学遥感器经过调制传递函数补偿（MTFC）后的图像质量要优于大相对孔径的遥感器，例如：IKONOS-2 卫星于 2000 年和 2001 年进行的在轨测试获得全色谱段成像系统 MTF 为 0.02~0.07，经地面 MTFC 精处理后，系统 MTF 达 0.14~0.15；Orbview-3 卫星在轨测试获得全色谱段成像系统的 MTF 为 0.10，经地面 MTFC 处理后，系统 MTF 达到 0.15；KOMPSAT-2 卫星复原后的 MTF 从 0.08 提升到 0.12（图 1.16），Pleiades 卫星相机 MTF 的设计值仅为 0.07，经

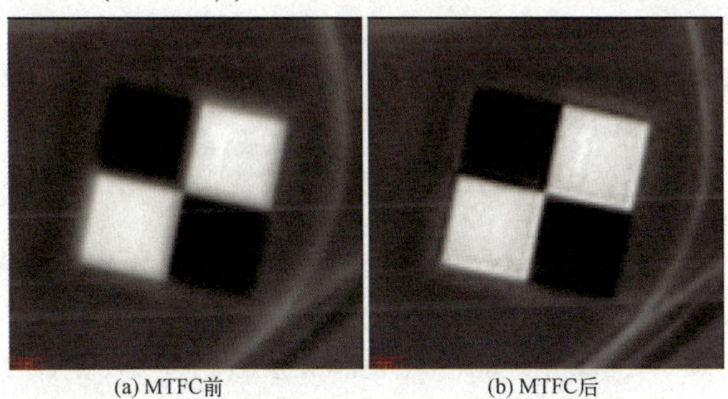

(a) MTFC前　　(b) MTFC后

图 1.16　KOMPSAT-2 卫星 MTFC 校正结果

仿真试验表明地面 MTFC 处理后的系统 MTF 预计可达到 0.3。

（2）超分辨率成像技术。目前法国 SPOT、美国 EarthSAT 等公司已能够采用超分辨率图像重建技术，利用多个卫星同时成像来重建高分辨率图像。美国 Dayton 大学和 Wright 实验室在美国空军的支持下，对红外 CCD 相机进行了机载试验，利用 20 幅低分辨率的红外图像，取得了分辨率提高近 5 倍的试验结果。光学仪器制造公司 Leica/Hellawa 和法国国家航天研究中心已经把该领域的理论研究成果转化到硬件产品——亚像元 CCD 传感器阵列的设计中，并已将其分别应用于他们的遥感设备“ADS-40”和“SPOT-5”卫星，取得了相当理想的效果。其中，SPOT-5 卫星采用亚像元技术，从 SPOT-4 卫星的地元分辨率 5m 提高到了 2.5m，而综合分辨率提高为原来的 1.7 倍。

参考文献

[1] 陶家生，孙治国，孙英华，等．静止轨道高分辨率光学遥感探索［J］．光电工程，2012，39（6）：1-6.

[2] 龚学艺．空间大面阵凝视成像若干关键技术研究［D］．北京：中国科学院大学，2014.

[3] 张德新．面阵航侦 CCD 相机系统设计及其图像拼接技术研究［D］．哈尔滨：哈尔滨工业大学，2011.

[4] 林宗坚，宣文玲，孙杰，等．由小面阵 CCD 组合构成宽角航空相机［J］．测绘科学，2005，30（1）：94-98.

[5] 陈旭南，马文礼．多片面阵 CCD 图像传感器焦平面光学拼接技术［J］．光电工程，1992，19（4）：23-29.

[6] 张月，王超，苏云，等．地球静止轨道甚高分辨率成像系统热控方案［J］．红外与激光工程，2014，43（9）：3116-3121.

[7] 张庞岭．光学系统热环境对尺寸稳定性影响研究［D］．西安：西安电子科技大学，2008.

[8] 方宝东，张建刚，申智春，等．航天器蜂窝夹层结构复合材料热变形分析［J］．航天返回与遥感，2007，28（3）：44-48.

[9] 于龙江，刘云鹤．GEO 中高分辨率民用光学对地观测卫星发展研究［J］．航天器工程，2013，22（1）：106-112.

[10] 徐建平，张志清．各国静止气象卫星的发展［J］．气象科技，2001，29（2）：

11-20.

[11] MURPHY-MORRIS J E, HINKAL S W. GOES Sounder overview [C] //SPIE's 1996 International Symposium on Optical Science, Engineering, and Instrumentation. International Society for Optics and Photonics, 1996: 174-181.

[12] KELLY K A, HUDSON J F, PINKINE N. GOES-8 and-9 image navigation and registration operations [C] //SPIE's 1996 International Symposium on Optical Science, Engineering, and Instrumentation. International Society for Optics and Photonics, 1996: 777-788.

[13] HURSEN K A, ROSS R. GOES imager: overview and evolutionary development [C] //SPIE's 1996 International Symposium on Optical Science, Engineering, and Instrumentation. International Society for Optics and Photonics, 1996: 160-173.

[14] 王泉斌，秦平，赵晓晨. 世界首颗静止轨道海洋水色卫星应用研究进展 [J]. 海岸工程，2017 (2): 71-78.

[15] 林剑春，孙丽崴，陈凡胜. 静止轨道高分辨率相机 Geo-Oculus 方案论证研究 [J]. 红外，2012，33 (5): 1-6.

[16] 李卿. 中国气象卫星技术成就与展望（下）[J]. 中国航天，2008 (7): 3-7.

[17] 何正华. 气象卫星的发展 [J]. 中国空间科学技术，1992，12 (5): 34-39.

[18] 李卿，董瑶海. 中国气象卫星技术成就与展望 [J]. 上海航天，2008，25 (1): 1-10.

[19] 董瑶海. 风云四号气象卫星及其应用展望 [J]. 上海航天，2016，33 (2): 1-8.

[20] “高分四号”卫星凝视相机设计与验证 [J]. 航天返回与遥感，2016，37 (4): 32-39.

[21] DOYLE K B, GENBERG V L, MICHELS G J. Integrated optomechanical analysis [M]. BellingHam: SPIE PRESS, 2002: 160.

[22] ROUSSET G, MUGNIER L M. Imaging with multi-aperture optical telescopes and an application [J]. Comptes Rendusdel Academic des Sciences Seriesiv Physics, 2001, 2 (1): 17-25.

[23] HYDE R. Eyeglass: a very large aperture diffractive space te1escope [J]. SPIE, 2002, 4849: 28-39.

[24] SAXENA A K, LANCELOT J P, SAMSON J P A. Development of an active optics system for 27 inch thin mirror [J]. Spies International Symposium on Optics, 1993, 51 (5): 848-853.

[25] 陈银超，王志刚，陈士橹. 轨道运动对高轨卫星成像的影响及补偿 [J]. 飞行力学，2009，27 (3): 86-89.

第2章　静止轨道光学成像相对辐射定标及处理方法

静止轨道卫星定轨于赤道上方36000km处的地球同步轨道，装备的是面阵CMOS相机，存在瞬时视场角小、接收能量弱、受平台运动影响大、信噪比低、图像质量退化严重等问题，为相对辐射定标与图像复原增加了很多困难。

相对辐射校正，也称为非均匀性校正，是指校正探测器不同探元间的响应非均匀性，使得探测器所有探元被纳入到统一的响应函数。相对辐射校正主要可以分为定标法与自适应算法两类。定标法通过实验室积分球数据、在轨数据、星上定标数据等计算得到传感器固定的定标系数，并以此校正原始影像。自适应算法是在未知传感器状态的情况下，依据一定的数学模型对原始影像进行校正。一般而言，定标法具有更好的校正效果，而自适应算法则更具灵活性，适应范围更广。

针对线阵相机的相对辐射定标方法较为成熟，主要应用的是统计法。统计法是利用大数定律，通过数据量的积累，使每个探元的直方图趋于稳定，以综合直方图为基准，将每个探元的直方图与其进行匹配，从而获得对应的相对辐射定标系数。统计法的定标效果依赖于数据量的大小及有效性。单次成像中，线阵相机的每个探元有上千个输出信号值，而面阵相机的每个探元只有一个输出信号值。因此，统计法并不适应于面阵相机的相对辐射定标。对于面阵相机而言，可行的定标方法包括实验室定标，场地定标和交叉定标。这三种方法各有优劣，但也具有难以克服的问题。其具体情况在2.1节中进行介绍。

静止轨道卫星在地球同步轨道搭载面阵成像通道对地进行大幅宽成像，其标准景范围在几百千米以上，造成静止轨道卫星影像中不可避免地存在大量云区。云区的反射率大幅偏离正常地物，导致最终的统计结果受云区干扰严重。为此，需要从重叠区中排除云区干扰。此外，多片拼接的面阵成像通道，相邻片会有所重叠，需要进行基于重叠区域的平差匀色和羽化处理。其具体情况在 2.2 节中进行介绍。

推扫式卫星装备的是线阵相机，以推扫方式对地面进行扫描成像，探元响应非均匀性在图像上具体表现为条带噪声。静止轨道卫星装备的是面阵相机，在一定积分时间内对地面进行凝视成像，探元响应非均匀性在图像上具体表现为点状噪声。在不改变图像清晰度的前提下消除点状噪声，是另一种针对面阵相机相对辐射校正的思路。基于该思路，提出了一种面阵相机系统噪声去除方法。其具体情况在 2.3 节中进行介绍。

静止轨道卫星瞬时视场角小，对平台振动极为敏感。卫星平台震颤是指卫星在轨运行期间，卫星平台的姿态调整、指向控制太阳帆板调整、星上运动部件周期性运动等因素引发的扰动，使星体产生的一种幅值较小的颤振响应。卫星平台震颤传递到像面引起的振动称为振动像移。振动像移引起的图像降质具有空间不变性，即对于静止轨道卫星影像而言，卫星平台震颤引起的图像降质可以由单一的退化函数进行描述。根据这一特性，在获得成像时刻卫星震颤的方向与速度的前提下，可以推算得到图像退化函数，并以维纳滤波、约束最小二乘方滤波等算法重建复原图像。其具体情况在 2.4 节中进行介绍。

本章后续的内容组织如下：2.1 节介绍相对辐射定标的基本原理，以及三种适合面阵相机的定标方法，包括实验室定标、场地定标和交叉定标；2.2 节介绍基于辐射“空三”的大视场面阵整体辐射处理方法；2.3 节介绍一种面阵相机系统噪声去除方法；2.4 节介绍面阵影像复原和增强处理方法；2.5 节对整章进行了总结。

2.1　面阵成像相对辐射定标方法

2.1.1　相对辐射定标基本原理

响应非均匀性来源于器件本身的非均匀性、器件工作时引入的非均匀性、外界输入相关的非均匀性和光学系统的影响。由于多种因素耦合，其具体建模较为复杂与困难，但是这些影响因素可以被整体归纳为乘性噪声与加性噪

声[1]。对于空间相机而言，有

$$\boldsymbol{Y}=\boldsymbol{K}\odot\boldsymbol{X}+\boldsymbol{B} \tag{2.1}$$

式中：$\boldsymbol{Y}$ 为噪声信号；$\boldsymbol{X}$ 为无噪信号；$\boldsymbol{K}$ 为乘性噪声矩阵；$\boldsymbol{B}$ 为加性噪声矩阵；$\odot$为哈达玛积。显然，如果有两组已知 $\boldsymbol{X}$ 和 $\boldsymbol{Y}$ 的不相关方程，就可以解算得到 $\boldsymbol{K}$ 和 $\boldsymbol{B}$。由于噪声信号 $\boldsymbol{Y}$ 已知，而无噪信号 $\boldsymbol{X}$ 未知，因此相对辐射定标的关键就在于如何构造模拟无噪信号（标准信号）$\hat{\boldsymbol{X}}$。

对于线阵相机而言，$\boldsymbol{X}$ 和 $\boldsymbol{Y}$ 是 $1\times N$ 的向量，其中 N 是探测器探元数量。根据模拟无噪信号$\hat{\boldsymbol{X}}$的构造方式，可以将相对辐射定标方法分为以下几种[2]。

（1）实验室定标[3]：采用“标准灯-漫反射板”或者“积分球-待测相机”方案进行定标数据采集，此时$\hat{\boldsymbol{X}}$是完全已知的。

（2）统计定标[4]：通过数据量的积累，地形、光照、大气等随机因素被逐渐抵消，区域统计均值，$\hat{\boldsymbol{X}}$近似于一条直线。

（3）偏航定标[1]：将相机旋转 90°，使得每个探元在短时间内经过同一地物，此时$\hat{\boldsymbol{X}}$近似于一条直线。

（4）场地定标[5]：由于均匀场景的灰度变化窄，图像列均值波动较小，将图像整体均值可以近似地被视为$\hat{\boldsymbol{X}}$。

（5）星上定标[6]：在卫星上布置定标器，通过标准光源（内置灯、太阳等）获得定标数据，此时的环境近似于实验室定标。

（6）交叉定标[7]：利用定标精度相对较好的其他卫星的数据作为参考构建$\hat{\boldsymbol{X}}$。

表 2.1 对上述 6 种定标方法做了比较。就定标精度而言，实验室定标>星上定标>偏航定标>统计定标>场地定标>交叉定标。但是实验室定标系数在卫星发射后会失效，只能用于传感器的地面分析；星上定标依赖于卫星硬件，成本很高，且硬件老化后失效；场地定标的拍摄条件较为苛刻，尤其是大幅宽相机无法找到合适的定标地点；交叉定标的数据获取条件更为苛刻，需要成像时间、载荷光谱响应区间、拍摄角度等处于相近状态。因此，在实际应用中偏航定标和统计定标是应用最为广泛的两种方法。

现有卫星出于成本的考虑已基本不再搭载星上定标器，因此无法使用星上定标；面阵相机不符合偏航定标的前提条件，因此无法使用偏航定标；面阵相机的拍摄数量对于统计定标所需的数据量而言远远不够，因此无法使用统计定标。综合而言，只有实验室定标、场地定标和交叉定标仍然具有一定的可行性。

表 2.1　相对辐射定标方法比较

定标方法	定标精度排名	应用条件	缺　点
实验室定标	1	实验室条件，无外部干扰	卫星发射后传感器状态发生变化、系数失效，只能用于传感器状态分析与初步处理
星上定标	2	卫星需要装备星上定标器	成本高、器件老化后失效
偏航定标	3	卫星装备的是线阵相机，平台具备偏航能力，姿态控制精确，几何上能保证所有探元经过同一地点	不适用于大幅宽相机、面阵相机
统计定标	4	数据量足够大，数据间的相关性低，覆盖地形多样	依赖于数据的数量、质量
场地定标	5	能拍摄到高、中、低不同亮度的均匀场景	拍摄地点、天气条件苛刻
交叉定标	6	具有同时过境，拍摄角度相似、传感器相似的其他卫星的数据	条件苛刻，不易满足

2.1.2　实验室定标

实验室定标是指卫星发射前，在实验室环境中利用光谱、辐射等定标系统（如光谱扫描定标、积分球定标源等）对传感器进行定标。实验室定标是不可或缺的技术环节，不同传感器的定标内容与其工作方式有关，其步骤为：

（1）在实验室以积分球作为定标源，分 k 级辐射出均匀一致的光照、透过光学系统，投射到传感器上，设定一个标准幅的测量时段，按飞行的积分时间采样，经过后电路链的处理，转换成灰度值，记录下它们各自的输出量。

（2）测量记录没有光照输入（全暗状态）的输出量，即暗噪声，也按飞行时的积分时间采样，记录一个标准幅以上的数据量。

（3）计算每一个像素在入射辐照度时的原增益值。

（4）调节改变积分球的出射辐照度，重复步骤（1）和（3），得到每一个像素在新的辐照度的原灰度值和新的原增益值。如果系统线性好，重复两次乃至多次。对于不同的输入，原增益应该相等。

（5）如有必要，以入射辐照度为横坐标，以输出的灰度值为纵坐标作图，做出每一个像素的响应曲线。

（6）建立相对辐射校正库表，库表的内容应包括像素号、暗噪声值、入射辐照度值及所对应输出的灰度值。

从上述步骤中可以发现，发射前实验室的相对辐射定标主要是确定相对辐射校正系数求取所依赖的数学模型，该模型主要由相机各探元的光电响应模式来确定。

为了确定探元的光电响应模式，需要先对各探元的光电响应模式进行分析，主要进行的工作包括线性度分析。线性度是指在整个工作范围内实际响应曲线与理想直线保持一致的逼近程度，通常用距离理想直线的偏差或非线性度衡量。一般情况下，可以取各个测量点的连线作为实际响应曲线，采用最小二乘法对测量点拟合出的直线作为理想直线。从物理意义上讲，探元的线性度分析应建立输出灰度值与输入辐亮度之间的关系。但若探元线性度分析的目的是进行非均一化校正，即单个探元与整个线阵探元之间的均一化校正，则可以将输入和输出分别转化为某个探元在不同辐亮度级时的亮度值（DN 值）和对应的整个线阵的平均 DN 值，这样就可以建立不同辐亮度级别下某个探元的 DN 值与对应的整个线阵平均 DN 值之间的关系，如图 2.1 所示。

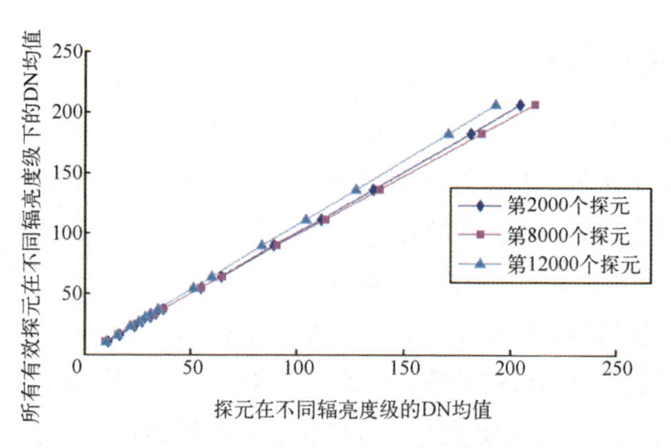

图 2.1　探元线性度分析结果图

2.1.3　场地定标

卫星在轨运行期间，对典型的均匀场景（海洋、沙漠、冰盖等，如图 2.2 所示）进行成像，能够从时间序列影像中获得各个探元对均匀场景的响应，根据各个探元的响应进行相对辐射定标。在均匀场景的选择上，选择场景单一的地区，如降水量较少的沙漠、厚云层、平坦的地面以及深海场景，由于这些场景辐亮度信息较为稳定，均可作为伪不变场，且全球分布区域比较多，根据卫星的飞行轨道，可以比较容易地实现这些场景的拍摄。

(a) 海洋

(b) 沙漠

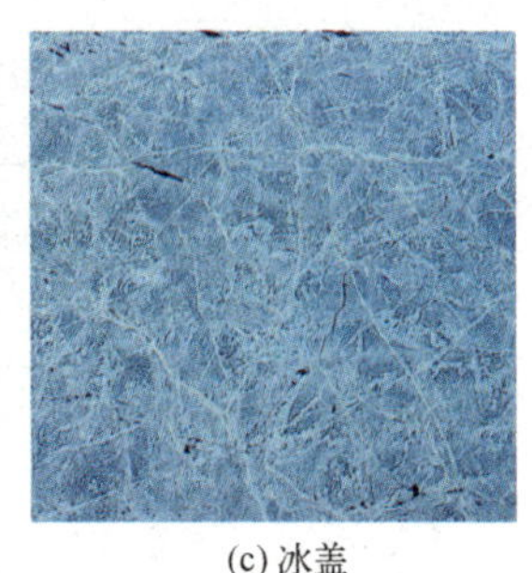

(c) 冰盖

图 2.2　均匀场景

在采集一段时间序列影像后，对序列图像逐个像元进行平均处理，计算各个像元的平均灰度响应，通过该方法消除地物的纹理信息引起的像元响应差异，以及相机非稳定性对相对辐射定标的影响。对获取的全部影像取平均值，获得平均灰度响应，再根据逐个像元的灰度响应与整体的平均灰度响应，解算相对辐射定标系数。由于拍摄的图像为均匀场景，单个像元的灰度分布近似服从高斯分布，为了保证相对辐射定标系数解算的可靠性，需要将像元响应偏离较大的粗差进行剔除。在具体解算过程中，可以将单个像元的灰度响应超出其平均灰度响应 3σ 的值剔除。

在均匀场景在轨相对辐射定标算法中，需要足够多的图像数据消除图像高频纹理，使得平均图像反映相机在均匀光照射下的灰度分布，从而保证解算相对辐射定标系数的精度。

2.1.4　交叉定标

交叉定标是利用定标精度较高的参考卫星传感器来对待定标的卫星传感器进行定标的一种方法。它的基本过程是，当参考卫星传感器与待定标的卫星传感器在同时观测同一目标时，利用参考卫星传感器的信息来对待定标卫星传感器进行交叉定标。在进行交叉定标的时候，参考传感器与待定标的传感器获得同一目标成像的时间差异、观测路径的差异以及光谱之间的差异都会影响待定标传感器的定标精度。交叉相对辐射定标就是利用定标结果较好的在轨卫星影像获得相机的入瞳辐亮度，并将参考及待定标两个传感器光谱通道设置差异考虑在内，计算出两幅影像对应的光谱通道的光谱匹配因子，在修正了光谱差异及其进行一定的空间匹配的基础上，计算得到待定标传感器对应的辐亮度值，再据此计算出非均匀性系数，从而实现在轨交叉相对辐射定标处理。交叉定标基本流程图如图 2.3 所示。

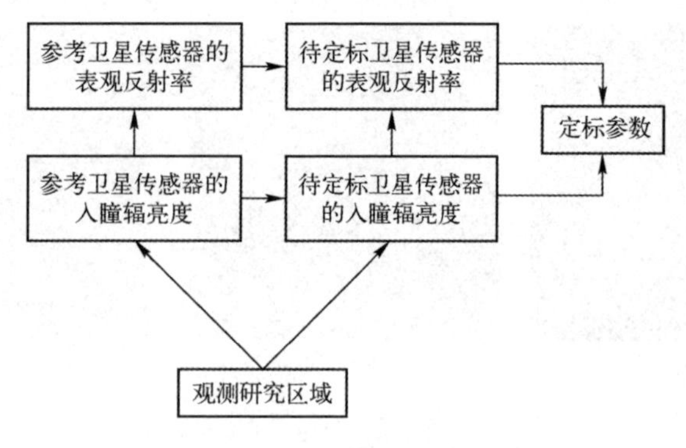

图 2.3　交叉定标基本流程图

由于交叉定标不需要对辐射校正场的同步数据进行观测，所以可以对以往的历史数据进行辐射定标。一般的交叉定标过程如下：①对待定标传感器及其参考传感器选择的对同一地物同时成像的影像进行影像配准操作，在配准的过程中，一般是选择具有明显地面特征（边界线、拐点等）的地面控制点实现小视场与大视场传感器的配准；②通过裁剪获取两个传感器对应图像相同大小的研究区域范围；③通过参考传感器影像，已知其影像 DN 值与辐亮度或者反射率之间的函数关系，经过计算之后得到其辐亮度或者反射率；④计算出两个传感器之间的光谱匹配因子，实现光谱归一化来消除传感器之间光谱以及观测几何差异的影响，进而求出待定标传感器影像的地表反射率或者辐亮度值；⑤利用求出的地表反射率或者入瞳辐亮度与 DN 值之间的关系，求出绝对或者相对辐射定标系数，对图像进行定标。

2.2　基于辐射“空三”的大视场面阵整体辐射处理方法

2.2.1　重叠区有效样本筛选方法

静止轨道卫星在地球同步轨道搭载面阵成像通道对地进行大幅宽成像，造成静止轨道卫星影像中存在大量云区。云区的反射率大幅偏离正常地物，这意味着对于一组样本而言，云区的权重会高于正常地物，导致最终的统计结果被云区所支配。为此，需要从重叠区中排除云区干扰。此外，对于多片拼接的面阵成像通道，相邻片会有所重叠，入射光线在重叠区会被分为两部分，并被两个面阵传感器分别感光，从而造成重叠区的能量衰减。能量的降低意味着图像信噪比的降低，以及不确定性的增大。为此，需要从重叠区中排除能量过低的样本。

1）云检测

云区的判别可采用最大类间方差法（OSTU），这是一种在判决分析最小二乘法原理的基础上，推导得出的自动选取阈值的二值化方法。其基本思想是将图像直方图用某一灰度值分割成两组，当被分割成的两组方差最大时，此灰度值就作为图像二值化处理的阈值。

假设静止轨道卫星遥感影像以 10bit 量化，则对应的灰度范围为 0~1023，使用 OSTU 算法求得两次云检测光谱阈值。首先在 0~1023 范围内，通过 OSTU 求得第一个阈值 T_1。光谱阈值 T_1 可有效区分出影像中的高亮地物与低亮地物。由于云的反射率较高，因此会被划分为高亮地物。但是，高亮区域中也包含了冰雪、沙漠、镜面反射物体等类云地物，单阈值法的精确度相对较低，不能满足实际生产要求。

因此，在 T_1~1023 范围内，通过 OSTU 求得第二个阈值 T_2，将影像中灰度值较大的区域再分为两类。由于云在可见光与近红外波段具有较强的反射率，厚云区域在这两个波段几乎是灰度最大的区域。因此，T_2 作为云检测光谱阈值，可有效提取出影像中的厚云区域，消除类云地物对厚云提取精度的影响，获得虚警率较低的影像初始云检测结果。

在得到虚警率较低的初试云检测结果后，需要进一步提取影像中的薄云区域。对于一个连续的云区，厚云处于云区的中心，薄云处于云区的边缘，两者存在空间上的邻接关系。根据两者的空间关系，以影像中厚云区域的提取结果作为种子点，以光谱阈值 T_1 作为区域增长阈值，对厚云区域进行区域增长，进而恢复云区域的薄云边界。经过区域增长后，可有效恢复云区域的薄云边界，获得精度较高的遥感影像云检测结果。

2）能量衰减区域检测

重叠区像素具有位置对应性，且图像本身存在邻域相关性，基于这两个前提可以从重叠区中提取能量衰减小于 50%的区域作为待选区域参与后续的相对辐射关系计算。假设重叠区对应位置的两个像元的灰度值分别是 p_1 和 p_2，在不考虑噪声以及增益的情况下，两者之和应当为入射能量。因此，如果 $p_1/(p_1+p_2)<50\%$，那么就排除 p_1；如果 $p_2/(p_1+p_2)<50\%$，那么就排除 p_2。

2.2.2　基于多片 CMOS 重叠区域的平差匀色算法

多片 CMOS 拼接主要依靠 CMOS 之间的重叠影像。即使影像重叠区域的地物完全一致，光学拼接系统的设计影像重叠区域的灰度也会存在差异，虽然经过辐射校正后单片内的差异得以消除，但是片间的差异仍然存在。假设CMOS片间存在一个线性偏移（$\mathrm{CMOS}_A=k\times\mathrm{CMOS}_B+b$），先以图像的某一片为基准，以各片之间的邻接关系建立误差方程，解算各片的改正值（k，b），再利用改正值进行统一校正，便可消除CMOS片间的差异。

假设影像的色调调整参数为比例参数k与平移参数b，匀色前的色调统计值为x，则匀色后的色调统计值应该为$kx+b$。色调统计值包括均值和方差这两个统计值，它们需要分别列出误差方程，分别求解出所有均值和方差的调整参数。

如果区域内影像的几何位置关系如图2.4所示，每幅影像都与它们的邻接影像会有一部分重叠区域，每幅影像的色调调整参数为k_{ij}与b_{ij}。匀色后的理想情况是重叠区域有相同的统计特性，即重叠区域内均值和方差近似相等。也就是说，在经过辐射处理之后，需要保证邻接影像在重叠区域具有尽量相同的颜色信息，且图像调整或者损失的颜色信息尽可能小。假定两张影像i和j相邻，在影像i和j重叠区域的均值和标准差为M_i、V_i、M_j和V_j'，根据这两个条件要求，可得

$$\delta_m^{ij}=M_i'-M_j' \tag{2.2}$$

$$\delta_v^{ij}=V_i'-V_j' \tag{2.3}$$

$$\delta_m^{jj}=M_j'-M_j \tag{2.4}$$

$$\delta_v^{jj}=V_j'-V_j \tag{2.5}$$

式中：δ_m^{ij}为辐射处理之后邻接影像i和j在重叠区域的均值差异；δ_v^{ij}为辐射处

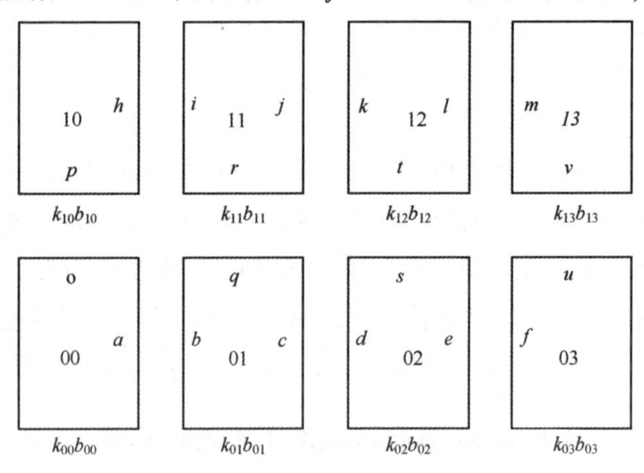

图2.4 多片面阵影像的几何位置关系

理之后邻接影像 i 和 j 在重叠区域的标准差差异；δ_m^{jj} 为辐射处理前后影像 j 的均值差异；δ_v^{jj} 为辐射处理前后影像 j 的标准差差异；M_i'、V_i'、M_j' 和 V_j' 分别为影像 i 和 j 辐射处理之后的均值和方差。

影像 i 和 j 在重叠区域的均值和标准差计算公式为

$$M = \sum_{t=0}^{n-1} h_t \Big/ n \tag{2.6}$$

$$V = \sqrt{\sum_{t=0}^{n-1} (h_t - M) \Big/ n} \tag{2.7}$$

式中：M 为均值；V 为标准差；h_t 为待处理影像中第 t 个像素的像素值；n 为待处理影像的像素数目。

本方法用线性模型建立起辐射“空三”处理前后颜色信息的关系，处理之后的均值和方差可以表示为

$$M' = \sum_{t=0}^{n} h_t' \Big/ n = \sum_{t=0}^{n} (ah_t + b) \Big/ n = a \times \sum_{t=0}^{n} h_t \Big/ n + b \tag{2.8}$$

$$V' = \sqrt{\sum_{t=0}^{n} (h_t' - M)^2 \Big/ n} = \sqrt{\sum_{t=0}^{n} (ah_t + b - aM - b) \Big/ n} = aV \tag{2.9}$$

式中：M' 为经过辐射处理后平均值的结果；M 为待处理影像原始的均值；V' 为经过辐射处理后标准差的结果；V 为待处理影像原始的标准差；a 和 b 为辐射处理参数模型的系数。

结合式（2.8）和式（2.9），式（2.2）、式（2.3）、式（2.4）以及式（2.5）可以改写为

$$\delta_m^{ij} = M_i' - M_j' = a_i M_i + b_i - (a_j M_j + b_j) \tag{2.10}$$

$$\delta_v^{ij} = V_i' - V_j' = a_i V_i - a_j V_j \tag{2.11}$$

$$\delta_m^{jj} = M_j' - M_j = a_j M_j + b_j - M_j \tag{2.12}$$

$$\delta_v^{jj} = V_j' - V_j = a_j V_j - V_j \tag{2.13}$$

在邻接影像 i 和 j 的重叠区域中，将未发生变化的像素数目作为式（2.10）和式（2.11）的权重，有

$$p^{ij} = s^{ij} \tag{2.14}$$

式中：p^{ij} 为影像 i 和 j 重叠区域的权重；s^{ij} 为重叠区域未发生变化的像素数目。同理，式（2.12）和式（2.13）的权重可以表示为

$$p^{jj} = \sum_{i=0}^{N} \sum_{j=0}^{N} s^{ij} \Big/ 2N \tag{2.15}$$

式中：s^{ij} 为重叠区域未发生变化的像素数目；N 为待处理影像的数目。

结合其他邻接区域的信息，可以得到整个区域辐射“空三”处理的观测方程，即

$$\begin{pmatrix} \vdots \\ \delta_m^{ij} \\ \delta_v^{ij} \\ \vdots \\ \delta_m^{ji} \\ \delta_v^{ji} \\ \vdots \end{pmatrix} = \begin{pmatrix} \cdots & & & & & & & & & \\ 0 & \cdots & M_i & 1 & \cdots & \cdots & -M_j & -1 & \cdots & 0 \\ 0 & \cdots & V_i & \cdots & \cdots & \cdots & -V_j & \cdots & \cdots & 0 \\ & & & & \vdots & & & & & \\ 0 & \cdots & \cdots & \cdots & \cdots & \cdots & M_j & 1 & \cdots & 0 \\ 0 & \cdots & \cdots & \cdots & \cdots & \cdots & V_j & \cdots & \cdots & 0 \\ & & & & & & & & & \cdots \end{pmatrix} \begin{pmatrix} \vdots \\ a_i \\ b_i \\ \vdots \\ a_j \\ b_j \\ \vdots \end{pmatrix} + \begin{pmatrix} \vdots \\ 0 \\ 0 \\ \vdots \\ -M_j \\ -V_j \\ \vdots \end{pmatrix} \tag{2.16}$$

$$\boldsymbol{P} = \begin{pmatrix} \ddots & & & & & \\ & p^{ij} & & & & \\ & & p^{ij} & & & \\ & & & \ddots & & \\ & & & & p^{ji} & \\ & & & & & p^{ji} \\ & & & & & & \ddots \end{pmatrix} \tag{2.17}$$

式中：$\boldsymbol{P}$ 为权阵。

式（2.16）可以简化为

$$\boldsymbol{\delta} = \boldsymbol{B}\,\hat{\boldsymbol{x}} - \boldsymbol{L} \tag{2.18}$$

$$\boldsymbol{\delta} = (\cdots \quad \delta_m^{ij} \quad \delta_v^{ij} \quad \cdots \quad \delta_m^{ji} \quad \delta_v^{ji} \quad \cdots)^{\mathrm{T}} \tag{2.19}$$

$$\hat{\boldsymbol{x}} = (\cdots \quad a_i \quad b_i \quad \cdots \quad a_j \quad b_j \quad \cdots)^{\mathrm{T}} \tag{2.20}$$

$$\boldsymbol{L} = (\cdots \quad 0 \quad 0 \quad \cdots \quad M_j \quad V_j \quad \cdots)^{\mathrm{T}} \tag{2.21}$$

$$\boldsymbol{B} = \begin{pmatrix} \cdots & & & & & & & & & \\ 0 & \cdots & M_i & 1 & \cdots & \cdots & -M_j & -1 & \cdots & 0 \\ 0 & \cdots & V_i & \cdots & \cdots & \cdots & -V_j & \cdots & \cdots & 0 \\ & & & & \vdots & & & & & \\ 0 & \cdots & \cdots & \cdots & \cdots & \cdots & M_j & 1 & \cdots & 0 \\ 0 & \cdots & \cdots & \cdots & \cdots & \cdots & V_j & \cdots & \cdots & 0 \\ & & & & & & & & & \cdots \end{pmatrix} \tag{2.22}$$

综上所述，要获得式（2.18）的最优解，需要满足 $\boldsymbol{\delta P \delta}=\min$ 的条件，可以通过最小二乘算法解出。

在解出式（2.18）的最优解后，可以得到每张待处理影像的辐射调整系数，通过调整系数可以消除待处理影像的整体色彩差异。

2.2.3　重叠区域羽化处理算法

经过辐射一致性处理，消除了影像间的整体辐射差异，但重叠区域接缝线附近局部区域仍然可能存在一定程度的辐射差异。为了消除接缝线附近局部区域可能残留的辐射差异，需要在拼接过程中对接缝线附近一定宽度范围进行羽化处理。

羽化处理主要是消除可能存在的接缝，实现真正的无缝。该算法首先统计接缝线段上任一像素位置左右两侧一定范围 L 内的灰度差 Δg，然后将灰度差 Δg 在接缝线段上该像素位置左右两侧一定范围 w 内改正，参数 w 称为改正宽度。由于上述处理过程是沿接缝线逐像素进行的，为了避免改正结果出现条纹效应，每个像素位置的灰度差 Δg 应在该像素位置前后的多个位置上共同统计得到。改正宽度 w 的大小与灰度差 Δg 成正比，Δg 越大，改正宽度 w 也越大。灰度改正时，离接缝线越近的像点，灰度值改正得越多；离接缝线越远的像点，灰度值改正得越少，即到接缝线的距离为 d 的像点的灰度值改正量 $\Delta g'$ 为

$$\Delta g'=\frac{w-d}{w}\Delta g \tag{2.23}$$

该方法的一维情况如图 2.5 所示。

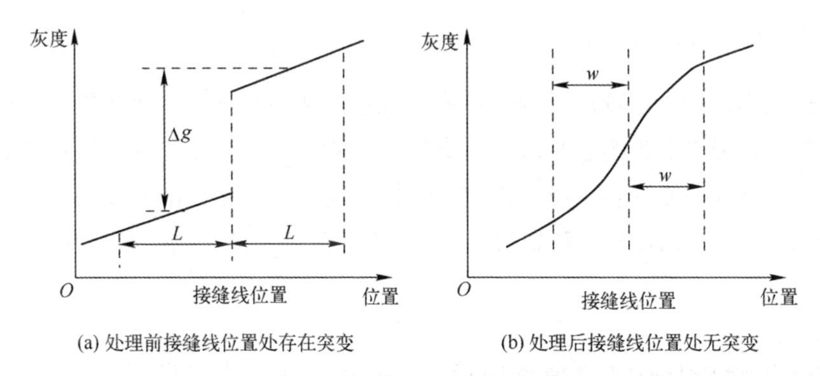

(a) 处理前接缝线位置处存在突变　　(b) 处理后接缝线位置处无突变

图 2.5　一维情况羽化示意图

2.3 面阵影像系统噪声去除方法

2.3.1 系统噪声滤除原理

假设存在无限量的地物不相关的无噪图像，随着数量的增加，其叠加图像应当呈现均一化特征。如果图像存在系统噪声，那么叠加图像中这些系统噪声就会凸显出来，而辐射特征、随机噪声、地形地貌、大气情况等随机变量都会逐渐消除。但实际上，可利用图像数量有限，且数据中包含大量凝视成像数据，重叠成像数据，这意味着图像间存在相关性。因此，上述的随机变量就无法被完全消除，从而成为了误差项。上述随机变量中，影响最大的是序列图像间不同的辐射特征和梯度特征（纹理特征）。如果消除图像的辐射特征和梯度特征，就可以用少量图像确定系统噪声的位置和强度，从而相对应地进行消除。

基于这一想法，面阵相机系统噪声处理的主要流程如下：①消除序列图像的辐射特征；②消除序列图像的梯度特征；③确定校正系数；④系统噪声滤除。其流程图如图 2.6 所示。

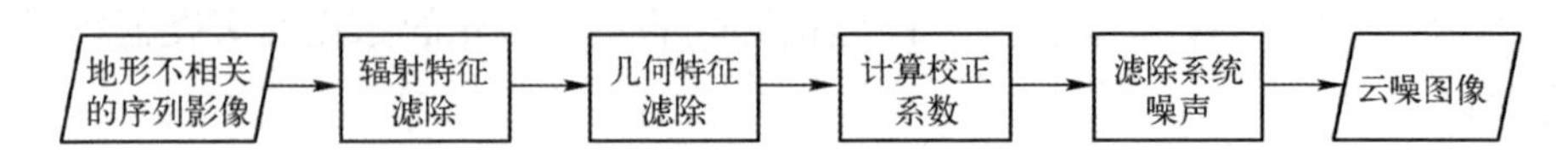

图 2.6　面阵相机系统噪声滤除流程图

2.3.2 辐射特征滤除

遥感影像的辐射特征受到包括光照强度、成像角度、波谱范围、下垫面类型等多种因素的影响。在多种因素耦合影响下，无法建立完整准确的估计模型，需要逐一排除各个影响因素。所以，通过将原始原图转化为纹理图以消除辐射特征，从而只保留高频的梯度分布。纹理图的生成可表示为[8]

$$T=\frac{I}{I_{\mathrm{f}}} \tag{2.24}$$

式中：T 为纹理图；I 为原始图像；I_{f} 为通过高斯滤波得到的模糊图像。图 2.7 所示为一组经过辐射特征去除后的结果，其中图 2.7（a）是原图，图 2.7（b）是相应的模糊图像，图 2.7（c）是相应的纹理图。从中可以看出：原图中的雪、岩石、阴影等区域的灰度差异较大，易于分辨；而纹理图中，岩石与雪的差异基本被消除了，阴影区域的差异也有所减弱。噪声在原图中并不能被完全分辨，但经过辐射特征去除后，噪声在纹理图中得到了大幅加强，噪点十分明显。这一现象表明，滤除辐射特征可以消除图像大多数光谱信息和部分结构信息，同时凸显噪声强度和图像梯度信息。

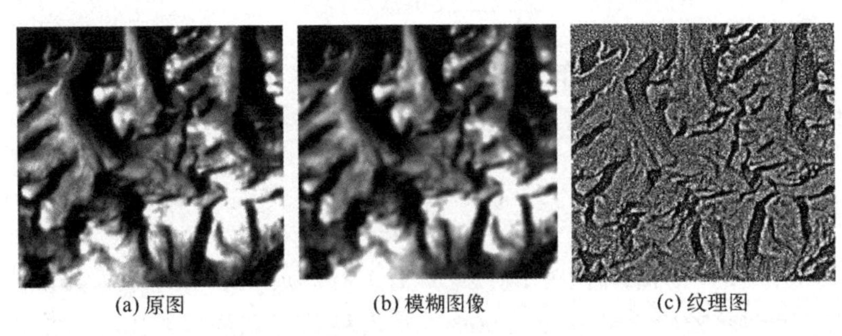

(a) 原图　(b) 模糊图像　(c) 纹理图

图2.7　原图、模糊图像、纹理图比较

2.3.3　梯度特征滤除

在辐射特征滤除后，纹理图中消除了大部分的光谱信息，而保留了噪声和梯度信息。如前所述，系统噪声主要来源于探元的非均匀响应，它们的位置、变化方向、幅度都是固定的；梯度信息主要来源于地形，它们的位置、变化方向、幅度是随机的。对于一组纹理图，同一位置的数值构成一个数组。在这个数组中，系统噪声会使元素集中分布，而梯度信息会使元素随机分布，可以被视为粗差。

元素分布应当满足正态分布，但是由于样本数较少（后续试验使用了38景数据），所以通过格拉布斯准则（Grubbs Criterion）剔除数组中的粗差，即可有效消除梯度信息。格拉布斯准则适用于对少量样本的粗差剔除，其粗差确定与样本均值和方差无关，易于调整和控制[9]。设 y_i 为观测数据样本（$i=1,\cdots,N$），所建立的以 μ 为观测对象的观测数据模型为

$$y_i=\mu+x_i,\quad x_i\sim N(0,\sigma^2)\tag{2.25}$$

式（2.25）的均值及方差估计为

$$\begin{cases}\bar{y}=\dfrac{1}{N}\sum\limits_{i=1}^{N}y_i\\ \bar{\sigma}=\sqrt{\dfrac{1}{N}\sum\limits_{i=1}^{N}(y-\bar{y})^2}\end{cases}\tag{2.26}$$

构造统计量 v 为

$$v=\frac{\max|y_i-\bar{y}|}{\sigma} \tag{2.27}$$

经变换后可得

$$\frac{v\sqrt{N-2}}{\sqrt{N-1-v^2}}\sim t_\alpha(N-2) \tag{2.28}$$

这是自由度为 $N-2$ 的 t 分布变量。当给定检验水平 α 时，可求得 $t_\alpha(N-2)$，从而得到与样本数据均值和方差无关的统计量 v_α，即

$$v_\alpha=\frac{t_\alpha\sqrt{N-1}}{\sqrt{N-2-t_\alpha^2}} \tag{2.29}$$

数据异常的判别临界值为 $P(v>v_\alpha)=\alpha$。当 $v>v_\alpha$ 时，该样本为异常值，予以剔除。此时将检验水平 α 设为 90%，每次检验得到的粗差用样本平均值代替。去除结果如图 2.8 所示，其中图 2.8（a）是单个向量梯度信息滤除示意

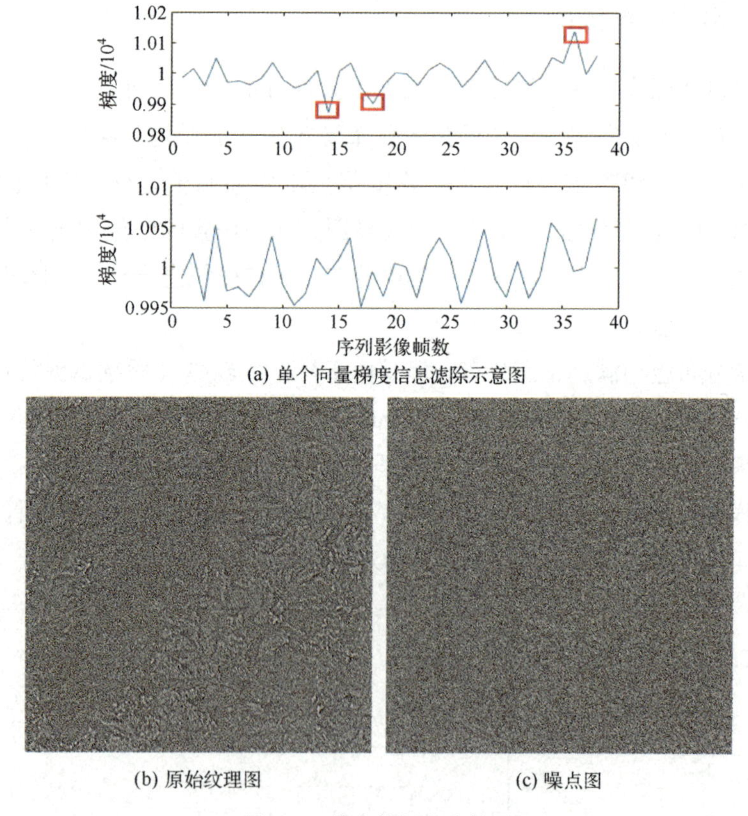

(a) 单个向量梯度信息滤除示意图

(b) 原始纹理图

(c) 噪点图

图 2.8　梯度特征去除结果

图，图 2.8（b）是原始纹理图，图 2.8（c）是噪点图。比较图 2.8（b）、图 2.8（c）可以明显看出，原本在纹理图中较为明显的山体、河流等梯度变化较为剧烈的区域基本被滤除，得到了基本为系统噪声的噪点图。

2.3.4　系统噪声滤除

将序列影像中的辐射特征和梯度特征依次滤除后，以其均值的倒数作为校正系数 u，即

$$u(i,j) = \frac{M}{\sum_{m=1}^{M} n_m(i,j)} \tag{2.30}$$

式中：m 为样本景序号；M 为样本景数量；n 为噪点图；i,j 为图像位置。将图像与校正系数相乘即可得到去噪图像，即

$$f'(i,j)=f(i,j)\times u(i,j) \tag{2.31}$$

式中：f'为去噪图像；f 为原始图像。

2.3.5　实验验证

选择 2016 年 2 月 3 日至 3 月 17 日之间拍摄的 38 景可见光近红外影像作为实验数据用于计算系统噪声校正系数，并用其中一景作为测试数据。其所得的系统噪声校正系数如图 2.9 所示，系统噪声校正结果如图 2.10 所示。

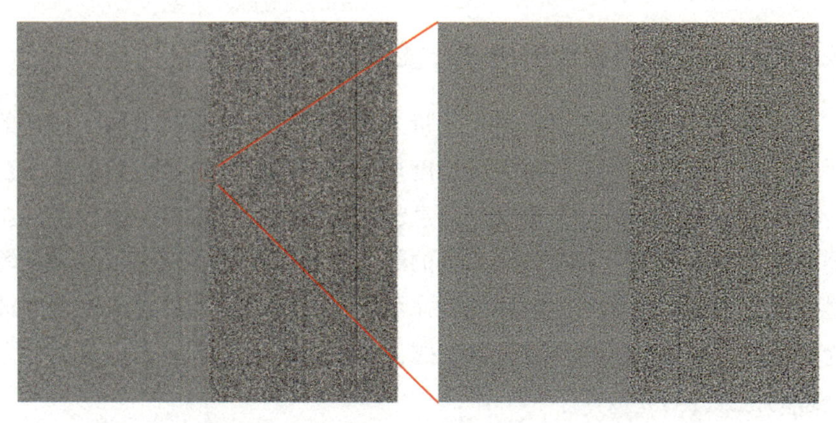

图 2.9　高分四号可见光与近红外影像第四波段系统噪声校正系数

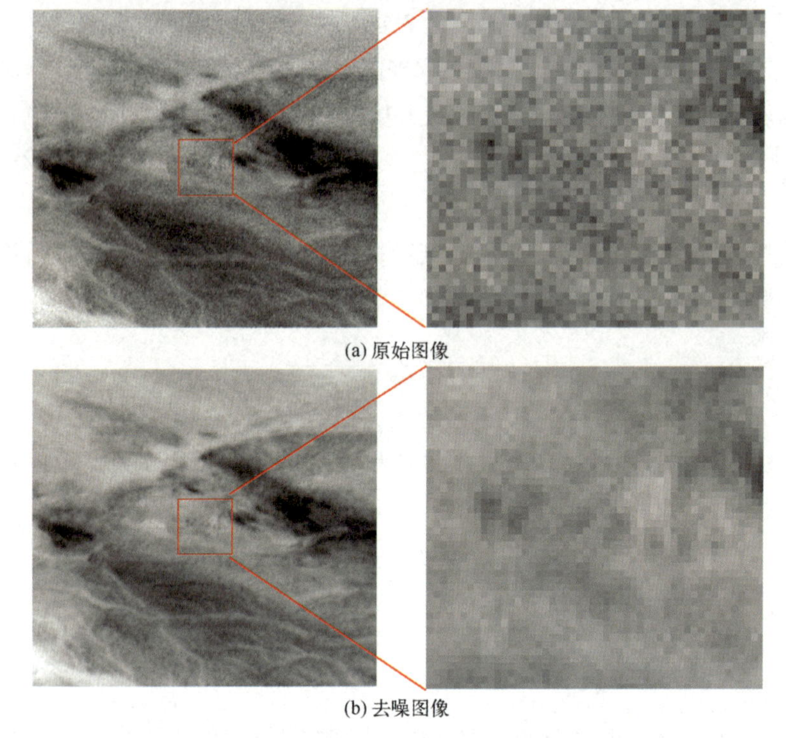

图 2.10　高分四号系统噪声校正结果

2.4　面阵影像复原和增强处理方法

2.4.1　基于姿态测量数据的平台震颤误差检测

高频率高精度的姿态传感器是测量平台震颤姿态的直接手段。通常的实现手段是首先利用测量频率和测量精度均较高的陀螺、角度传感器等来获取平台角位移、角速度或角加速度等信息，然后利用高精度但频率较低的星敏感器等绝对姿态测量传感器获取卫星的绝对姿态，最后通过卡尔曼滤波等姿态融合方法实现高精度、高频率的姿态测量。其中，设计稳健的融合滤波器成为平台震颤误差检测的关键技术问题，用于保证多源震颤测量数据信息融合处理的稳健性与收敛性。

随机信号不存在固定的变化规律，也无法完全准确地进行估计，所谓的最优估计也只是指满足某一准则下的最优。卡尔曼滤波属于线性最小方差估计，即满足估计误差的均方误差达到最小，这是非线性滤波技术的重要研究基础。卡尔曼滤波根据不同动态系统特性分为连续性系统卡尔曼滤波与离散型系统卡尔曼滤波，具有以下特点：

（1）卡尔曼滤波具有递推性，且基于状态空间法设计时间域滤波器，适用于多维随机过程最优估计。

（2）卡尔曼滤波采用动力学方程（状态方程），对估计量的动态变化规律进行描述，且估计量的动态统计信息取决于激励白噪声的统计信息与动力学方程。由于激励白噪声属于平稳过程，在动力学方程已知的情况下，估计量既可以是平稳的，也可以是非平稳的，所以卡尔曼滤波通用性更强。

（3）卡尔曼滤波包括连续性与离散型两种算法，离散型算法更易于实现。

2.4.1.1　离散型卡尔曼滤波

以下对离散型卡尔曼滤波模型进行详细推导，具体表述如下：

设 t_k 时刻状态估计 $\boldsymbol{X}_k$ 受系统噪声序列 $\boldsymbol{W}_{k-1}$ 驱动，驱动机理可以表示成状态方程，即

$$\boldsymbol{X}_k=\boldsymbol{\Phi}_{k,k-1}\boldsymbol{X}_{k-1}+\boldsymbol{\Gamma}_{k-1}\boldsymbol{W}_{k-1} \tag{2.32}$$

式中：$\boldsymbol{\Phi}_{k,k-1}$ 为 t_{k-1} 时刻至 t_k 时刻的状态转移矩阵；$\boldsymbol{\Gamma}_{k-1}$ 为系统噪声驱动阵状态；$\boldsymbol{W}_{k-1}$ 为系统激励噪声序列。

$\boldsymbol{X}_k$ 采用量测方程表示，满足线性关系，即

$$\boldsymbol{Z}_k=\boldsymbol{H}_k\boldsymbol{X}_k+\boldsymbol{V}_k \tag{2.33}$$

式中：$\boldsymbol{Z}_k$ 为观测序列；$\boldsymbol{H}_k$ 为系统量测矩阵；$\boldsymbol{V}_k$ 为系统量测噪声序列。

同时，$\boldsymbol{W}_k$ 与 $\boldsymbol{V}_k$ 满足如下方程组，即

$$\begin{cases}E[\boldsymbol{W}_k]=0, & \mathrm{Cov}[\boldsymbol{W}_k,\boldsymbol{W}_j]=E[\boldsymbol{W}_k\boldsymbol{W}_j^{\mathrm{T}}]=\boldsymbol{Q}_k\delta_{kj}\\ E[\boldsymbol{V}_k]=0, & \mathrm{Cov}[\boldsymbol{V}_k,\boldsymbol{V}_j]=E[\boldsymbol{V}_k\boldsymbol{V}_j^{\mathrm{T}}]=\boldsymbol{R}_k\delta_{kj}\\ \mathrm{Cov}[\boldsymbol{W}_k,\boldsymbol{V}_j]=E[\boldsymbol{W}_k\boldsymbol{V}_j^{\mathrm{T}}]=0\end{cases} \tag{2.34}$$

式中：$\boldsymbol{Q}_k$ 为系统噪声序列的方差阵，假设为非负定阵；$\boldsymbol{R}_k$ 为系统量测噪声序列的方差阵，假设为正定阵；δ 为狄拉克函数。

基于以下方程对状态 $\boldsymbol{X}_k$ 的估计值 $\hat{\boldsymbol{X}}_k$ 进行动态解算，具体表示如下：

系统状态预测方程为

$$\hat{\boldsymbol{X}}_{k/k-1}=\boldsymbol{\Phi}_{k,k-1}\hat{\boldsymbol{X}}_{k-1} \tag{2.35}$$

状态估计方程为

$$\hat{\boldsymbol{X}}_k=\hat{\boldsymbol{X}}_{k/k-1}+\boldsymbol{K}_k(\boldsymbol{Z}_k-\boldsymbol{H}_k\hat{\boldsymbol{X}}_{k/k-1}) \tag{2.36}$$

滤波增益方程为

$$\begin{cases} \boldsymbol{K}_k = \boldsymbol{P}_{k/k-1}\boldsymbol{H}_k^{\mathrm{T}}(\boldsymbol{H}_k\boldsymbol{P}_{k/k-1}\boldsymbol{H}_k^{\mathrm{T}}+\boldsymbol{R}_k)^{-1} \\ \boldsymbol{K}_k = \boldsymbol{P}_k\boldsymbol{H}_k^{\mathrm{T}}\boldsymbol{R}_k^{-1} \end{cases} \tag{2.37}$$

均方差预测方程为

$$\boldsymbol{P}_{k/k-1} = \boldsymbol{\Phi}_{k,k-1}\boldsymbol{P}_{k-1}\boldsymbol{\Phi}_{k,k-1}^{\mathrm{T}}+\boldsymbol{\Gamma}_{k-1}\boldsymbol{Q}_{k-1}\boldsymbol{\Gamma}_{k-1}^{\mathrm{T}} \tag{2.38}$$

均方差估计方程为

$$\begin{cases} \boldsymbol{P}_k = (\boldsymbol{I}-\boldsymbol{K}_k\boldsymbol{H}_k)\boldsymbol{P}_{k/k-1}(\boldsymbol{I}-\boldsymbol{K}_k\boldsymbol{H}_k)^{\mathrm{T}}+\boldsymbol{K}_k\boldsymbol{R}_k\boldsymbol{K}_k^{\mathrm{T}} \\ \boldsymbol{P}_k = (\boldsymbol{I}-\boldsymbol{K}_k\boldsymbol{H}_k)\boldsymbol{P}_{k/k-1} \\ \boldsymbol{P}_k^{-1} = \boldsymbol{P}_{k/k-1}^{-1}+\boldsymbol{H}_k^{\mathrm{T}}\boldsymbol{R}_k^{-1}\boldsymbol{H}_k \end{cases} \tag{2.39}$$

以上方程中，$\hat{\boldsymbol{X}}_k$ 表示基于最优滤波（最优估计）得到的状态向量，属于 n 维随机向量；$\hat{\boldsymbol{X}}_{k/k-1}$ 表示基于状态模型推算得到的 t_k 时刻的状态预测向量；$\boldsymbol{K}_k$ 表示 $n\times m$ 维滤波增益矩阵($m\leqslant n$)；$\boldsymbol{P}_{k/k-1}$ 表示预测误差方差矩阵，属于 $m\times n$ 维对称矩阵；$\boldsymbol{P}_k$ 表示滤波误差方差矩阵（估计误差方差矩阵）；$\boldsymbol{I}$ 表示 $n\times n$ 维单位矩阵。

离散型卡尔曼滤波方程计算流程如图 2.11 所示。卡尔曼滤波包括两个信息处理更新过程：时间更新和量测更新。系统状态预测方程表明可以根据时刻 t_{k-1} 的状态估计对时刻 t_k 的状态进行预测，均方误差预测方程主要用来对状态预测的质量进行定量评估。上述两个方程计算过程中涉及与系统动态特性相关的信息，如状态转移矩阵、系统噪声驱动阵、系统驱动噪声方差阵。从时间更新角度来看，上述两个方程将系统状态从时刻 t_{k-1} 预推至时刻 t_k，体现

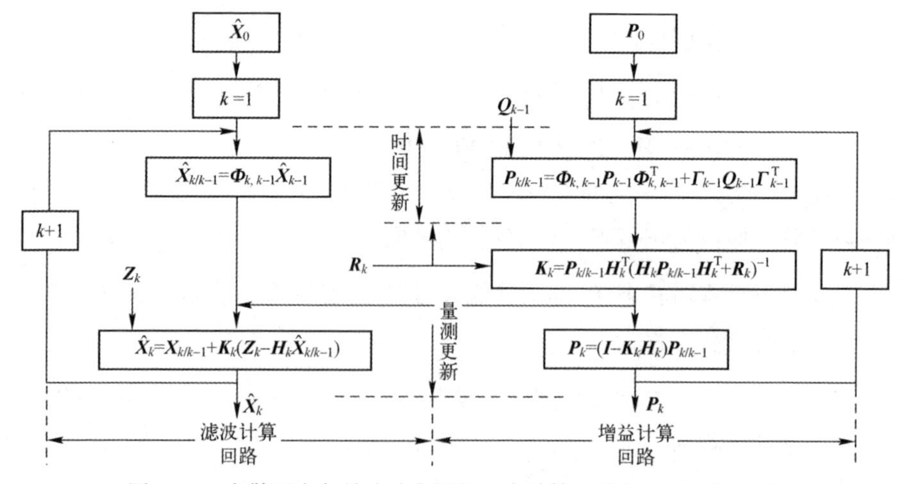

图 2.11　离散型卡尔曼滤波方程的两个计算回路与两个更新过程

了卡尔曼滤波模型的时间更新过程。从量测更新角度来看，状态估计方程、滤波增益方程、均方误差估计方程主要用来计算状态预测值的修正量，且该修正量取决于时间更新的预测误差方差矩阵 $\boldsymbol{P}_{k/k-1}$、量测信息的噪声方差阵 $\boldsymbol{R}_k$、量测与状态的关系 $\boldsymbol{H}_k$ 以及量测值 $\boldsymbol{Z}_k$，描述了卡尔曼滤波模型的量测更新过程。

2.4.1.2　扩展卡尔曼滤波

扩展卡尔曼滤波算法的主要处理步骤包括非线性系统的线性化、离散化与动态滤波处理。

一般的连续非线性物理系统可以表示为非线性状态方程与量测方程，即

$$\begin{cases}\dot{\boldsymbol{X}}(t)=f(\boldsymbol{X}(t))+\boldsymbol{w}(t)\\ \boldsymbol{Z}(t)=h(\boldsymbol{X}(t))+\boldsymbol{v}(t)\end{cases}\tag{2.40}$$

对上述方程进行离散化与线性化处理得到扩展卡尔曼滤波算法的标准形式，具体公式推导过程如下：

在时间 $t\in[t_k,t_{k+1}]$ 内进行积分可得

$$\boldsymbol{X}(t_{k+1})=\boldsymbol{X}(t_k)+\int_{t_k}^{t_{k+1}}f(\boldsymbol{X}(t))\,\mathrm{d}t+\int_{t_k}^{t_{k+1}}\boldsymbol{w}(t)\,\mathrm{d}t\tag{2.41}$$

记 $\boldsymbol{X}(t_{k+1})=\boldsymbol{X}_{k+1}$，则式（2.41）可以转化为

$$\boldsymbol{X}_{k+1}=\boldsymbol{X}_k+\int_{t_k}^{t_{k+1}}f(\boldsymbol{X}(t))\,\mathrm{d}t+\boldsymbol{W}_k\tag{2.42}$$

进一步对量测方程进行离散化可得

$$\boldsymbol{Z}_{k+1}=h(\boldsymbol{X}_{k+1})+\boldsymbol{V}_{k+1}\tag{2.43}$$

将 $f(\boldsymbol{X}(t))$ 在 $\boldsymbol{X}_k$ 处进行泰勒级数展开可得

$$\begin{aligned}f(\boldsymbol{X}(t))&=f(\boldsymbol{X}_k)+\left.\frac{\partial f}{\partial X}\right|_{X_k}(\boldsymbol{X}(t)-\boldsymbol{X}_k)+O((\boldsymbol{X}(t)-\boldsymbol{X}_k))\\&\triangleq f(\boldsymbol{X}_k)+\boldsymbol{F}(\boldsymbol{X}_k)(\boldsymbol{X}(t)-\boldsymbol{X}_k)+O((\boldsymbol{X}(t)-\boldsymbol{X}_k))\end{aligned}\tag{2.44}$$

式中：$\boldsymbol{F}(\boldsymbol{X})=\partial f(\boldsymbol{X})/\partial\boldsymbol{X}$ 为系统状态方程的雅可比矩阵。进一步将 $\boldsymbol{X}(t)$ 关于 t 在 t_k 处进行泰勒级数展开可得

$$\boldsymbol{X}(t)=\boldsymbol{X}(t_k)+\left.\frac{\partial \boldsymbol{X}}{\partial t}\right|_{t_k}(t-t_k)+O((t-t_k))=\boldsymbol{X}_k+f(\boldsymbol{X}_k)(t-t_k)\tag{2.45}$$

将式（2.45）代入式（2.44），可得

$$f(\boldsymbol{X}(t))=f(\boldsymbol{X}_k)+\boldsymbol{F}(\boldsymbol{X}_k)f(\boldsymbol{X}_k)(t-t_k)+O(t-t_k)\tag{2.46}$$

进而可得

$$\boldsymbol{X}_{k+1}=\boldsymbol{X}_k+f(\boldsymbol{X}_k)T+\boldsymbol{F}(\boldsymbol{X}_k)f(\boldsymbol{X}_k)\frac{T^2}{2}+\boldsymbol{W}_k \tag{2.47}$$

式中：$\boldsymbol{X}_{k+1}$为离散线性化后得到的系统状态方程，其中 $T=t_{k+1}-t_k$。

假定 k 时刻系统状态的标称值为 $\hat{\boldsymbol{X}}_k^*$，则可得

$$\hat{\boldsymbol{X}}_{k+1}^*=\hat{\boldsymbol{X}}_k^*+f(\hat{\boldsymbol{X}}_k^*)T+\boldsymbol{F}(\hat{\boldsymbol{X}}_k^*)f(\hat{\boldsymbol{X}}_k^*)\frac{T^2}{2} \tag{2.48}$$

在 $\hat{\boldsymbol{X}}_k^*$ 处进行泰勒级数展开可得

$$\begin{aligned}\boldsymbol{X}_{k+1}=&\boldsymbol{X}_k+[f(\hat{\boldsymbol{X}}_k^*)+\boldsymbol{F}(\hat{\boldsymbol{X}}_k^*)(\boldsymbol{X}_k-\hat{\boldsymbol{X}}_k^*)]T+\\&\left[\boldsymbol{F}(\hat{\boldsymbol{X}}_k^*)+\left.\frac{\partial \boldsymbol{F}}{\partial \boldsymbol{X}}\right|_{\hat{X}_k^*}(\boldsymbol{X}_k-\hat{\boldsymbol{X}}_k^*)\right]\cdot[f(\hat{\boldsymbol{X}}_k^*)+\boldsymbol{F}(\hat{\boldsymbol{X}}_k^*)(\boldsymbol{X}_k-\hat{\boldsymbol{X}}_k^*)]\frac{T^2}{2}+\boldsymbol{W}_k\end{aligned} \tag{2.49}$$

进一步，可得

$$\begin{aligned}\boldsymbol{X}_{k+1}-\hat{\boldsymbol{X}}_{k+1}^*&=(\boldsymbol{X}_k-\hat{\boldsymbol{X}}_k^*)+\boldsymbol{F}(\hat{\boldsymbol{X}}_k^*)(\boldsymbol{X}_k-\hat{\boldsymbol{X}}_k^*)T+\left[\boldsymbol{F}(\hat{\boldsymbol{X}}_k^*)^2(\boldsymbol{X}_k-\hat{\boldsymbol{X}}_k^*)\frac{T^2}{2}+\frac{\partial \boldsymbol{F}}{\partial \boldsymbol{X}}\cdots\right]\\&=\left[\boldsymbol{I}+\boldsymbol{F}(\hat{\boldsymbol{X}}_k^*)T+\boldsymbol{F}(\hat{\boldsymbol{X}}_k^*)^2\frac{T^2}{2}\right](\boldsymbol{X}_k-\hat{\boldsymbol{X}}_k^*)+O(\boldsymbol{X}_k-\hat{\boldsymbol{X}}_k^*)\\&\triangleq\boldsymbol{\Phi}(\hat{\boldsymbol{X}}_k^*)(\boldsymbol{X}_k-\hat{\boldsymbol{X}}_k^*)+O((\boldsymbol{X}_k-\hat{\boldsymbol{X}}_k^*))+\boldsymbol{W}_k\end{aligned} \tag{2.50}$$

式中：$\boldsymbol{\Phi}(\boldsymbol{X})=\boldsymbol{I}+\boldsymbol{F}(\boldsymbol{X})T+\boldsymbol{F}^2(\boldsymbol{X})\frac{T^2}{2}$为系统状态转移矩阵。同理，在 $\hat{\boldsymbol{X}}_k^*$ 处进行泰勒级数展开可得

$$\boldsymbol{Z}_{k+1}-h(\hat{\boldsymbol{X}}_{k+1}^*)=\boldsymbol{H}(\hat{\boldsymbol{X}}_{k+1}^*)(\boldsymbol{X}_{k+1}-\hat{\boldsymbol{X}}_{k+1}^*)+O(\boldsymbol{X}_{k+1}-\hat{\boldsymbol{X}}_{k+1}^*)+\boldsymbol{V}_{k+1} \tag{2.51}$$

式中：$\boldsymbol{H}(\boldsymbol{X})=\frac{\partial h(\boldsymbol{X})}{\partial \boldsymbol{X}}$为量测方程的雅可比矩阵。基于上述推导可以得到非线性连续系统的扩展卡尔曼滤波标准形式。将离散化与线性化后得到的状态方程和量测方程写为

$$\begin{cases}\boldsymbol{X}_k=\boldsymbol{A}_{k-1}\boldsymbol{X}_{k-1}+\boldsymbol{W}_{k-1}\\\boldsymbol{Z}_k=\boldsymbol{H}_k\boldsymbol{X}_k+\boldsymbol{V}_k\end{cases} \tag{2.52}$$

式中：$\boldsymbol{A}_{k-1}=\left.\frac{\partial f(\boldsymbol{X})}{\partial \boldsymbol{X}}\right|_{X_{k-1}}$与$\boldsymbol{H}_k=\left.\frac{\partial h(\boldsymbol{X})}{\partial \boldsymbol{X}}\right|_{X_k}$ 分别为系统状态方程和量测方程的雅可比矩阵在 t_{k-1}时刻和 t_k 时刻的值；$\boldsymbol{W}_{k-1}$为 m 维零均值过程噪声向量；$\boldsymbol{V}_k$为 q 维零均值量测噪声；δ 表示狄拉克函数。$\boldsymbol{W}_{k-1}$与 $\boldsymbol{V}_k$线性无关，且满足方程组

$$\begin{cases} E\{\boldsymbol{W}(i)\boldsymbol{W}^{\mathrm{T}}(j)\} = \delta_{ij}\boldsymbol{Q}(i) \\ E\{\boldsymbol{V}(i)\boldsymbol{V}^{\mathrm{T}}(j)\} = \delta_{ij}\boldsymbol{R}(i) \end{cases} \tag{2.53}$$

扩展卡尔曼滤波的动态滤波处理过程与离散型卡尔曼滤波类似，同样也是时间更新与量测更新，具体表示如下：

（1）设定系统状态初值与误差方差阵初值，即

$$\begin{cases} \hat{\boldsymbol{X}}_0 = E(\boldsymbol{X}_0) \\ \boldsymbol{P}_0 = E((\boldsymbol{X}_0 - \hat{\boldsymbol{X}}_0)(\boldsymbol{X}_0 - \hat{\boldsymbol{X}}_0)^{\mathrm{T}}) \end{cases} \tag{2.54}$$

（2）系统状态预测，即

$$\begin{cases} \hat{\boldsymbol{X}}_{k/k-1} = \hat{\boldsymbol{X}}_{k-1} + f(\hat{\boldsymbol{X}}_{k-1})T + \boldsymbol{A}_{k-1}f(\hat{\boldsymbol{X}}_{k-1})\dfrac{T^2}{2} \\ \boldsymbol{P}_{k/k-1} = \boldsymbol{\Phi}_{k,k-1}\boldsymbol{P}_{k-1}\boldsymbol{\Phi}_{k,k-1}^{\mathrm{T}} + \boldsymbol{Q}_{k-1} \end{cases} \tag{2.55}$$

（3）量测更新，即

$$\begin{cases} \boldsymbol{K}_k = \boldsymbol{P}_{k/k-1}\boldsymbol{H}_k^{\mathrm{T}}[\boldsymbol{H}_k\boldsymbol{P}_{k/k-1}\boldsymbol{H}_k^{\mathrm{T}} + \boldsymbol{R}_k]^{-1} \\ \hat{\boldsymbol{X}}_k = \hat{\boldsymbol{X}}_{k/k-1} + \boldsymbol{K}_k(\boldsymbol{Z}_k - h(\hat{\boldsymbol{X}}_{k/k-1}, k)) \\ \boldsymbol{P}_k = (\boldsymbol{I} - \boldsymbol{K}_k\boldsymbol{H}_k)\boldsymbol{P}_{k/k-1}(\boldsymbol{I} - \boldsymbol{K}_k\boldsymbol{H}_k)^{\mathrm{T}} + \boldsymbol{K}_k\boldsymbol{R}_k\boldsymbol{K}_k^{\mathrm{T}} \end{cases} \tag{2.56}$$

扩展卡尔曼滤波算法主要通过对非线性系统的状态方程与量测方程进行泰勒级数展开，进一步采用一阶线性化截断，将非线性滤波估计问题转化为离散型卡尔曼滤波估计模型，因此需要对非线性系统模型求导，非线性系统模型是否足够精确是影响信息融合估计器稳健性与收敛性的关键因素。

利用非线性滤波技术对震颤测量数据进行高精度信息融合处理，本质上是对姿态动力学模型或运动学模型和姿态量测模型构成的系统，采用带有测量误差的观测数据实现姿态参数的最优估计，属于非线性系统最优估值问题。基于线性最小方差估计准则的扩展卡尔曼滤波算法属于非线性滤波技术领域典型方法之一，即通过对非线性系统（震颤测量系统）的状态方程和量测方程进行线性化与离散化处理，按照离散型卡尔曼滤波方程的思想进行滤波，实现参数的动态最优估计。

2.4.1.3　震颤测量数据高精度信息融合

利用双向滤波整体加权平差的方法，可实现多源震颤测量数据的高精度信息融合，并获取姿态参数的最优估计结果。基于双向滤波整体加权平差方法的震颤测量数据高精度处理流程如图 2.12 所示。

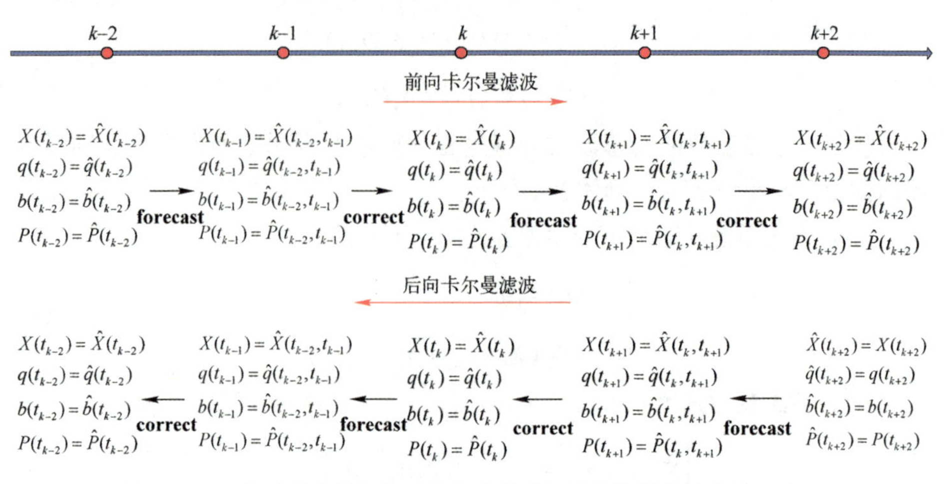

图 2.12　双向滤波整体加权平差方法的震颤测量数据高精度处理流程

（1）基于四元数姿态运动学方程进行姿态参数预测，即系统状态量的时间更新。

当绝对姿态测量子系统无法输出量测信息时，在 t_{k-1} 时刻进行积分，可以得到光学遥感卫星姿态四元数的预测值 $(\hat{\boldsymbol{q}}_{bi})_{k/k-1}$，具体可表示为

$$(\dot{\hat{\boldsymbol{q}}}_{bi})_{k/k-1}=\frac{1}{2}(\hat{\boldsymbol{q}}_{bi})_{k-1}\otimes(\hat{\boldsymbol{\omega}}_{bi})_{k-1} \tag{2.57}$$

姿态四元数微分方程的数值解法主要包括四阶龙格库塔法和一阶几何法等，本书采用比卡求解法，即根据角增量信息积分计算姿态四元数。相对姿态测量子系统以固定采样率输出角速率、角增量以及角震动信息，为避免测量噪声的微分放大，需要统一转成角增量信息，进一步直接基于角增量信息计算姿态四元数参数。基于上述方法求解微分方程可以表示为

$$\begin{cases}\hat{\boldsymbol{q}}(t_{k/k-1})=\mathrm{e}^{\frac{1}{2}\int_{t_{k-1}}^{t_k}\Omega(\hat{\boldsymbol{\omega}}_{bi}(t_{k-1}))\mathrm{d}t}\cdot\hat{\boldsymbol{q}}(t_{k-1})\\ \Delta\boldsymbol{\Theta}=\int_{t_{k-1}}^{t_k}\boldsymbol{\Omega}(\hat{\boldsymbol{\omega}}_{bi}(t_{k-1}))\mathrm{d}t=\int_{t_{k-1}}^{t_k}\begin{bmatrix}0&-\omega_x&-\omega_y&-\omega_z\\ \omega_x&0&\omega_z&-\omega_y\\ \omega_y&-\omega_z&0&\omega_x\\ \omega_z&\omega_y&-\omega_x&0\end{bmatrix}\mathrm{d}t\\ =\begin{bmatrix}0&-\Delta\theta_x&-\Delta\theta_y&-\Delta\theta_z\\ \Delta\theta_x&0&\Delta\theta_z&-\Delta\theta_y\\ \Delta\theta_y&-\Delta\theta_z&0&\Delta\theta_x\\ \Delta\theta_z&\Delta\theta_y&-\Delta\theta_x&0\end{bmatrix}\end{cases} \tag{2.58}$$

式中：$\Delta\theta_x$、$\Delta\theta_y$、$\Delta\theta_z$ 分别为光学遥感卫星本体三轴在等时间采样间隔 $[t_{k-1}, t_k]$ 内的角增量。利用函数 $f(x)=\mathrm{e}^x$ 的麦克劳林展开公式，对式（2.58）进行展开可得

$$
\begin{cases}
f(x)=\mathrm{e}^x=1+x+\dfrac{x^2}{2!}+\dfrac{x^3}{3!}+\cdots+\dfrac{x^n}{n!}+O(x^n) \\
\hat{\boldsymbol{q}}(t_{k/k-1})=\mathrm{e}^{\frac{1}{2}\int_{t_{k-1}}^{t_k}\boldsymbol{\Omega}(\hat{\boldsymbol{\omega}}_{bi}(t_{k-1}))\mathrm{d}t}\cdot\hat{\boldsymbol{q}}(t_{k-1}) \\
\quad=\left[\boldsymbol{I}+\dfrac{\frac{1}{2}\Delta\boldsymbol{\Theta}}{1!}+\dfrac{\left(\frac{1}{2}\Delta\boldsymbol{\Theta}\right)^2}{2!}+\dfrac{\left(\frac{1}{2}\Delta\boldsymbol{\Theta}\right)^3}{3!}+\cdots\right]\cdot\hat{\boldsymbol{q}}(t_{k-1})
\end{cases}
\tag{2.59}
$$

$$
\Delta\boldsymbol{\Theta}^2=\begin{bmatrix}0 & -\Delta\theta_x & -\Delta\theta_y & -\Delta\theta_z \\ \Delta\theta_x & 0 & \Delta\theta_z & -\Delta\theta_y \\ \Delta\theta_y & -\Delta\theta_z & 0 & \Delta\theta_x \\ \Delta\theta_z & \Delta\theta_y & -\Delta\theta_x & 0\end{bmatrix}\cdot\begin{bmatrix}0 & -\Delta\theta_x & -\Delta\theta_y & -\Delta\theta_z \\ \Delta\theta_x & 0 & \Delta\theta_z & -\Delta\theta_y \\ \Delta\theta_y & -\Delta\theta_z & 0 & \Delta\theta_x \\ \Delta\theta_z & \Delta\theta_y & -\Delta\theta_x & 0\end{bmatrix}
$$

$$
=\begin{bmatrix}-\Delta\theta^2 & 0 & 0 & 0 \\ 0 & -\Delta\theta^2 & 0 & 0 \\ 0 & 0 & -\Delta\theta^2 & 0 \\ 0 & 0 & 0 & -\Delta\theta^2\end{bmatrix}=-\Delta\theta^2\boldsymbol{I}
$$

$$
\Delta\theta^2=\Delta\theta_x^2+\Delta\theta_y^2+\Delta\theta_z^2
$$

进一步推导得到递推关系，具体表述为

$$
\begin{cases}
\Delta\boldsymbol{\Theta}^3=\Delta\boldsymbol{\Theta}^2\cdot\Delta\boldsymbol{\Theta}=-\Delta\theta^2\Delta\boldsymbol{\Theta} \\
\Delta\boldsymbol{\Theta}^4=\Delta\boldsymbol{\Theta}^2\cdot\Delta\boldsymbol{\Theta}^2=\Delta\theta^4\boldsymbol{I} \\
\Delta\boldsymbol{\Theta}^5=\Delta\boldsymbol{\Theta}^4\cdot\Delta\boldsymbol{\Theta}=\Delta\theta^4\Delta\boldsymbol{\Theta} \\
\Delta\boldsymbol{\Theta}^6=\Delta\boldsymbol{\Theta}^4\cdot\Delta\boldsymbol{\Theta}^2=-\Delta\theta^6\boldsymbol{I}
\end{cases}
\tag{2.60}
$$

对函数 $f(x)=\cos x$ 以及 $f(x)=\sin x$ 可以按照泰勒级数麦克劳林公式展开，具体表达形式为

$$
\begin{cases}
f(x)=\cos x=1-\dfrac{x^2}{2!}+\dfrac{x^4}{4!}-\cdots+(-1)^n\dfrac{x^{2n}}{(2n)!}+O(x^{2n}) \\
f(x)=\sin x=x-\dfrac{x^3}{3!}+\dfrac{x^5}{5!}-\cdots+(-1)^{n-1}\dfrac{x^{2n-1}}{(2n-1)!}+O(x^{2n-1})
\end{cases}
\tag{2.61}
$$

根据上述展开形式，可得

$$
\begin{aligned}
\hat{\boldsymbol{q}}(t_{k/k-1}) &= \mathrm{e}^{\frac{1}{2}\int_{t_{k-1}}^{t_k}\boldsymbol{\Omega}(\hat{\boldsymbol{\omega}}_{bi}(t_{k-1}))\mathrm{d}t}\cdot\hat{\boldsymbol{q}}(t_{k-1}) = \left\{\boldsymbol{I}+\boldsymbol{I}\left[\begin{matrix}\dfrac{\frac{\Delta\boldsymbol{\Theta}}{2}}{1!}+\dfrac{-\left(\frac{\Delta\theta}{2}\right)^2}{2!}+\dfrac{-\left(\frac{\Delta\theta}{2}\right)^2\frac{\Delta\boldsymbol{\Theta}}{2}}{3!}+\dfrac{\left(\frac{\Delta\theta}{2}\right)^4}{4!}+\\ \dfrac{\left(\frac{\Delta\theta}{2}\right)^4\frac{\Delta\boldsymbol{\Theta}}{2}}{5!}+\dfrac{-\left(\frac{\Delta\theta}{2}\right)^6}{6!}+\cdots\end{matrix}\right]\right\}\cdot\hat{\boldsymbol{q}}(t_{k-1})\\
&= \left\{\boldsymbol{I}\left[1-\frac{\left(\frac{\Delta\theta}{2}\right)^2}{2!}+\frac{\left(\frac{\Delta\theta}{2}\right)^4}{4!}-\frac{\left(\frac{\Delta\theta}{2}\right)^6}{6!}+\cdots\right]+\frac{\Delta\boldsymbol{\Theta}}{2}\cdot\frac{2}{\Delta\theta}\left[\frac{\frac{\Delta\theta}{2}}{1!}-\frac{\left(\frac{\Delta\theta}{2}\right)^3}{3!}+\frac{\left(\frac{\Delta\theta}{2}\right)^5}{5!}-\cdots\right]\right\}\cdot\hat{\boldsymbol{q}}(t_{k-1})\\
&= \left[\boldsymbol{I}\cos\frac{\Delta\theta}{2}+\frac{\Delta\boldsymbol{\Theta}}{\Delta\theta}\sin\frac{\Delta\theta}{2}\right]\cdot\hat{\boldsymbol{q}}(t_{k-1})
\end{aligned}\tag{2.62}
$$

对式（2.62）取有限项，进一步可以得到姿态四元数参数的预测值不同阶次的具体表达形式。其中，一阶近似算法得到的姿态四元数参数预测值表示为

$$\hat{\boldsymbol{q}}(t_{k/k-1})=\left(\boldsymbol{I}+\frac{\Delta\boldsymbol{\Theta}}{2}\right)\cdot\hat{\boldsymbol{q}}(t_{k-1})\tag{2.63}$$

二阶近似算法得到的姿态四元数参数预测值表示为

$$\hat{\boldsymbol{q}}(t_{k/k-1})=\left(\boldsymbol{I}\left(1-\frac{\Delta\theta^2}{8}\right)+\frac{\Delta\boldsymbol{\Theta}}{2}\right)\cdot\hat{\boldsymbol{q}}(t_{k-1})\tag{2.64}$$

三阶近似算法得到的姿态四元数参数预测值表示为

$$\hat{\boldsymbol{q}}(t_{k/k-1})=\left(\boldsymbol{I}\left(1-\frac{\Delta\theta^2}{8}\right)+\left(1-\frac{\Delta\theta^2}{24}\right)\frac{\Delta\boldsymbol{\Theta}}{2}\right)\cdot\hat{\boldsymbol{q}}(t_{k-1})\tag{2.65}$$

四阶近似算法得到的姿态四元数参数预测值表示为

$$\hat{\boldsymbol{q}}(t_{k/k-1})=\left(\boldsymbol{I}\left(1-\frac{\Delta\theta^2}{8}+\frac{\Delta\theta^4}{384}\right)+\left(1-\frac{\Delta\theta^2}{24}\right)\frac{\Delta\boldsymbol{\Theta}}{2}\right)\cdot\hat{\boldsymbol{q}}(t_{k-1})\tag{2.66}$$

一般取三阶或四阶的姿态四元数参数预测值表达形式，以满足震颤测量系统测量数据高精度处理要求。

针对相对姿态测量子系统的零偏与常值漂移误差的预测值 $\hat{\boldsymbol{b}}_{k/k-1}$，可以采用预测方程进行解算，即

$$\hat{\boldsymbol{b}}_{k/k-1}=\hat{\boldsymbol{b}}_{k-1}\tag{2.67}$$

震颤测量系统误差协方差阵 $\boldsymbol{P}=E(\Delta\boldsymbol{X}\Delta\boldsymbol{X}^{\mathrm{T}})$ 的预测值 $\hat{\boldsymbol{P}}_{k/k-1}$ 具体解算公式表示为

$$\hat{\boldsymbol{P}}_{k/k-1}=\boldsymbol{\Phi}_{k/k-1}\hat{\boldsymbol{P}}_{k-1}\boldsymbol{\Phi}_{k/k-1}^{\mathrm{T}}+\boldsymbol{\Gamma}_{k-1}\boldsymbol{Q}_{k-1}\boldsymbol{\Gamma}_{k-1}^{\mathrm{T}}\tag{2.68}$$

（2）基于绝对姿态测量子系统观测信息对姿态参数预测值进行修正，即系统状态量的量测更新。

在 t_k 时刻，根据绝对姿态测量子系统输出的量测信息，利用量测方程计算观测矩阵 $\boldsymbol{H}_k$。进一步计算滤波增益，具体表述为

$$\boldsymbol{K}_k=\boldsymbol{P}_{k/k-1}\boldsymbol{H}_k^{\mathrm{T}}[\boldsymbol{H}_k\boldsymbol{P}_{k/k-1}\boldsymbol{H}_k^{\mathrm{T}}+\boldsymbol{R}_k]^{-1} \tag{2.69}$$

进一步得到系统状态估计参数的修正更新值，具体表示为

$$\begin{cases}\hat{\boldsymbol{X}}_k=\hat{\boldsymbol{X}}_{k/k-1}+\boldsymbol{K}_k(\boldsymbol{Z}_k-h(\hat{\boldsymbol{X}}_{k/k-1},t_{k-1}))\\ \hat{\boldsymbol{X}}_k=\hat{\boldsymbol{X}}_{k/k-1}+\boldsymbol{K}_k(\boldsymbol{Z}_k-\boldsymbol{H}_k\hat{\boldsymbol{X}}_{k/k-1})\end{cases} \tag{2.70}$$

当获得 t_k 时刻的系统状态变量 $\hat{\boldsymbol{X}}_k=[\Delta\hat{\boldsymbol{q}}_k^{\mathrm{T}}\quad\Delta\hat{\boldsymbol{b}}_k^{\mathrm{T}}]^{\mathrm{T}}$ 滤波估计值后，可以对相对姿态测量子系统的零偏与常值漂移量进行修正，有

$$\hat{\boldsymbol{b}}_k=\hat{\boldsymbol{b}}_{k/k-1}+\Delta\hat{\boldsymbol{b}}_k \tag{2.71}$$

考虑到四元数平方和为 1 的约束条件，t_k 时刻姿态四元数的修正更新值 $(\hat{\boldsymbol{q}}_{bi})_k$ 可以表示为

$$\begin{cases}(\hat{\boldsymbol{q}}_{bi})_k=(\hat{\boldsymbol{q}}_{bi})_{k/k-1}\otimes(\Delta\hat{\boldsymbol{q}}_{bi})_k\\ (\Delta\hat{\boldsymbol{q}}_{bi})_k=\begin{bmatrix}\sqrt{1-\Delta\hat{\boldsymbol{q}}_k^{\mathrm{T}}\Delta\hat{\boldsymbol{q}}_k}\\ \Delta\hat{\boldsymbol{q}}_k\end{bmatrix}\end{cases} \tag{2.72}$$

误差协方差阵的更新计算表达式为

$$\boldsymbol{P}_k=(\boldsymbol{I}-\boldsymbol{K}_k\boldsymbol{H}_k)\boldsymbol{P}_{k/k-1}(\boldsymbol{I}-\boldsymbol{K}_k\boldsymbol{H}_k)^{\mathrm{T}}+\boldsymbol{K}_k\boldsymbol{R}_k\boldsymbol{K}_k^{\mathrm{T}} \tag{2.73}$$

式中：$\boldsymbol{I}$ 为单位矩阵。$\boldsymbol{H}_{k/k}$ 需采用修正更新后的姿态估计参数重新进行计算，这样可以使系统滤波过程具有更好的收敛性。在校正卫星姿态四元数参数、零偏与常值漂移误差参数后，系统状态变量的预测值为零，故系统状态变量 $\hat{\boldsymbol{X}}_k$ 需要重新设置为零。

（3）根据上述过程进行初始滤波、反向滤波以及正向滤波，其中：步骤（1）到步骤（2）为初次滤波；步骤（2）到步骤（1）为反向滤波；最后步骤（1）到步骤（2）为正向滤波。每次滤波的初始值为上次滤波的结果，最终基于正向滤波与反向滤波结果进行整体加权平差。整体加权平差的具体公式表示为

$$\begin{cases}\hat{\boldsymbol{q}}_{\mathrm{fb}}(k)=\hat{\boldsymbol{q}}_{\mathrm{b}}^{-1}(k)\otimes\hat{\boldsymbol{q}}_{\mathrm{f}}(k)\\ \Delta\hat{\boldsymbol{x}}_{\mathrm{fb}}(k)=[\mathrm{sgn}(\hat{\boldsymbol{q}}_{\mathrm{fb0}})[\hat{\boldsymbol{q}}_{\mathrm{fb1}}\quad\hat{\boldsymbol{q}}_{\mathrm{fb2}}\quad\hat{\boldsymbol{q}}_{\mathrm{fb3}}]\quad(\hat{\boldsymbol{b}}_{\mathrm{f}}(k)-\hat{\boldsymbol{b}}_{\mathrm{b}}(k))^{\mathrm{T}}]^{\mathrm{T}}\\ \hat{\boldsymbol{P}}_{\mathrm{s}}(k)=(\hat{\boldsymbol{P}}_{\mathrm{f}}^{-1}(k)+\hat{\boldsymbol{P}}_{\mathrm{b}}^{-1}(k))^{-1}\\ \Delta\hat{\boldsymbol{x}}_{\mathrm{s}}(k)=[\Delta\hat{\boldsymbol{q}}_{\mathrm{s}}^{\mathrm{T}}(k)\quad\Delta\hat{\boldsymbol{b}}_{\mathrm{s}}^{\mathrm{T}}(k)]^{\mathrm{T}}=\hat{\boldsymbol{P}}_{\mathrm{s}}(k)\hat{\boldsymbol{P}}_{\mathrm{f}}^{-1}(k)\Delta\hat{\boldsymbol{x}}_{\mathrm{fb}}(k)\\ \Delta\hat{\boldsymbol{q}}_{\mathrm{s0}}(k)=\mathrm{sqrt}(1-\Delta\hat{\boldsymbol{q}}_{\mathrm{s1}}^{\mathrm{T}}(k)\Delta\hat{\boldsymbol{q}}_{\mathrm{s1}}^{\mathrm{T}}(k)-\Delta\hat{\boldsymbol{q}}_{\mathrm{s2}}^{\mathrm{T}}(k)\Delta\hat{\boldsymbol{q}}_{\mathrm{s2}}^{\mathrm{T}}(k)-\Delta\hat{\boldsymbol{q}}_{\mathrm{s3}}^{\mathrm{T}}(k)\Delta\hat{\boldsymbol{q}}_{\mathrm{s3}}^{\mathrm{T}}(k))\\ \hat{\boldsymbol{q}}_{\mathrm{s}}(k)=\hat{\boldsymbol{q}}_{\mathrm{b}}(k)\otimes\Delta\hat{\boldsymbol{q}}_{\mathrm{s}}(k),\ \hat{\boldsymbol{b}}_{\mathrm{s}}(k)=\hat{\boldsymbol{b}}_{\mathrm{b}}(k)+\Delta\hat{\boldsymbol{b}}_{\mathrm{s}}(k)\end{cases}$$

(2.74)

式中：下角标 f 表示正向滤波结果，b 表示反向滤波结果，s 表示整体加权平差结果；$\hat{\boldsymbol{q}}_{\mathrm{f}}(k)$ 表示 t_k 时刻正向滤波姿态最优估计值；$\hat{\boldsymbol{q}}_{\mathrm{b}}^{-1}(k)$ 表示 t_k 时刻反向滤波姿态最优估计值 $\hat{\boldsymbol{q}}_{\mathrm{b}}(k)$ 的逆；$\hat{\boldsymbol{q}}_{\mathrm{fb}}(k)$ 表示 t_k 时刻正反向滤波结果四元数误差，且有 $\hat{\boldsymbol{q}}_{\mathrm{fb}}(k)=[\hat{\boldsymbol{q}}_{\mathrm{fb0}}\quad \hat{\boldsymbol{q}}_{\mathrm{fb1}}\quad \hat{\boldsymbol{q}}_{\mathrm{fb2}}\quad \hat{\boldsymbol{q}}_{\mathrm{fb3}}]^{\mathrm{T}}$；$\Delta\hat{\boldsymbol{x}}_{\mathrm{fb}}(k)$ 表示正反向状态量滤波结果误差矩阵；$\mathrm{sgn}(\hat{\boldsymbol{q}}_{\mathrm{fb0}})$ 表示返回标量正负号；$\hat{\boldsymbol{b}}_{\mathrm{f}}(k)$、$\hat{\boldsymbol{b}}_{\mathrm{b}}(k)$ 表示 t_k 时刻漂移正向与反向滤波最优估计值；$\hat{\boldsymbol{P}}_{\mathrm{f}}^{-1}(k)$ 与 $\hat{\boldsymbol{P}}_{\mathrm{b}}^{-1}(k)$ 分别表示误差协方差阵正反向最优估计值的逆；$\hat{\boldsymbol{P}}_{\mathrm{s}}(k)$ 表示整理加权的误差协方差阵估计值；$\Delta\hat{\boldsymbol{x}}_{\mathrm{s}}(k)$ 表示正反向状态量滤波结果误差矩阵加权平均值；$\Delta\hat{\boldsymbol{q}}_{\mathrm{s}}^{\mathrm{T}}(k)$ 表示误差四元数整体加权平均向量部分结果；$\Delta\hat{\boldsymbol{b}}_{\mathrm{s}}^{\mathrm{T}}(k)$ 表示误差漂移整体加权平均结果；$\Delta\hat{\boldsymbol{q}}_{\mathrm{s}}(k)$ 表示误差四元数整体加权结果；$\Delta\hat{\boldsymbol{b}}_{\mathrm{s}}(k)$ 表示误差漂移整体加权结果；$\hat{\boldsymbol{q}}_{\mathrm{s}}(k)$ 表示 t_k 时刻四元数整体加权结果，且有 $\hat{\boldsymbol{q}}_{\mathrm{s}}(k)=[\Delta\hat{\boldsymbol{q}}_{\mathrm{s0}}(k)\quad \Delta\hat{\boldsymbol{q}}_{\mathrm{s1}}^{\mathrm{T}}(k)\quad \Delta\hat{\boldsymbol{q}}_{\mathrm{s2}}^{\mathrm{T}}(k)\quad \Delta\hat{\boldsymbol{q}}_{\mathrm{s3}}^{\mathrm{T}}(k)]^{\mathrm{T}}$；$\hat{\boldsymbol{b}}_{\mathrm{s}}(k)$ 表示 t_k 时刻漂移量整体加权结果。

2.4.1.4 震颤信号分离

利用得到的高精度、高频率的姿态数据，将其转为在卫星本体坐标系相对于轨道坐标系下的欧拉角参数表达，提取具体的卫星平台与线阵相机的震颤信息。平台震颤姿态主要由卫星固有姿态运动与震颤信号构成，需采用整体多项式对两种姿态信息进行固有姿态运动拟合，扣除固有的姿态运动部分，得到卫星平台与线阵相机相对于平衡位置的震颤信息，实现震颤有效信号的检测与提取，为后续的震颤信号分析提供数据源。

2.4.2 基于维纳滤波的图像复原

物理光学系统在一定程度上会模糊（扩散）光点，模糊程度由光学部件决定。假设原始图像为f，退化函数为h，加性噪声为η，那么退化后的图像g可以表示为

$$g(x,y)=h(x,y)\otimes f(x,y)+\eta(x,y) \tag{2.75}$$

式中：$\otimes$为卷积符号；h 在光学系统中称为点扩散函数（Point Spread Function，PSF），通常为高斯型模糊算子。基于卷积定理，在频率域中式（2.75）可以被转化为

$$G(u,v)=H(u,v)F(u,v)+N(u,v) \tag{2.76}$$

式中：G、H、F、N 分别为 g、h、f、η 的频率域形式。在退化函数已知的情况下，对退化图像直接进行逆滤波。此时，复原图像 $\hat{F}$ 可以表示为

$$\hat{F}(u,v)=\frac{G(u,v)}{H(u,v)}=F(u,v)+\frac{N(u,v)}{H(u,v)} \tag{2.77}$$

式中：$\frac{N(u,v)}{H(u,v)}$为由噪声引起的误差项。由于 $N(u,v)$ 是未知的，如果 $H(u,v)$ 的值很小，则这一误差项会支配估计值 $\hat{F}(u,v)$。解决退化函数为零或非常小的值的问题的一种方法是限制滤波的频率，使其接近原点。通过将频率限制在原点附近分析，就减少了遇到零值的概率。一般来说，直接进行逆滤波，其复原结果性能较差，需要以一定手段估计噪声，才能得到较为理想的复原结果。

最小均方误差滤波，也被称为维纳滤波，是一种综合了退化函数和噪声统计特征进行复原处理的方法。该方法建立在图像和噪声都是随机变量的基础上，目标是找到未污染图像 f 的一个估计 $\hat{f}$，使它们之间的均方误差最小。这种误差度量可表示为

$$e^2=E\{(f-\hat{f})^2\} \tag{2.78}$$

式中：$E\{\cdot\}$ 为参数的期望值。这里假设噪声和图像不相关，其中一个或另一个有零均值，且估计中的灰度级是退化图像中灰度级的线性函数。基于这些条件，该误差函数的最小值在频率域中给出，可表示为

$$\begin{aligned}\hat{F}(u,v)&=\left[\frac{H(u,v)S_f(u,v)}{S_f(u,v)\,|H(u,v)|^2+S_\eta(u,v)}\right]G(u,v)\\&=\left[\frac{H(u,v)}{|H(u,v)|^2+S_\eta(u,v)/S_f(u,v)}\right]G(u,v)\\&=\left[\frac{1}{H(u,v)}\frac{|H(u,v)|^2}{|H(u,v)|^2+S_\eta(u,v)/S_f(u,v)}\right]G(u,v)\end{aligned} \tag{2.79}$$

式中：$S_\eta(u,v)=|N(u,v)|^2$ 为噪声的功率谱；$S_f(u,v)=|F(u,v)|^2$ 为原始影像的功率谱。维纳滤波器没有逆滤波中退化函数为零的问题，除非对于相同的 u 值和 v 值，整个分母都是零。如果噪声为零，则噪声的功率谱小时，并且维纳滤波简化为逆滤波。许多有用的度量是以噪声和未退化图像的功率谱为基础的，其中最重要的一种是信噪比。在频率域中，信噪比可以近似为

$$\mathrm{SNR}=\frac{\sum_{u=0}^{M-1}\sum_{v=0}^{N-1}|f(u,v)|^2}{\sum_{u=0}^{M-1}\sum_{v=0}^{N-1}|N(u,v)|^2} \tag{2.80}$$

该比值给出了携带信息的信号功率（原始的或退化前的原图像）水平与噪声功率水平的度量。携带低噪声的图像就有较高的信噪比，而携带较高噪声水平的同一幅图像有较低的信噪比。该比值是一个有限的值，但在用于表征复原算法的性能时，它是一个重要的度量。

均方误差也可描述为涉及原图像和复原图像的和的形式，即

$$\mathrm{MSE}=\frac{1}{MN}\sum_{x=0}^{M-1}\sum_{y=0}^{N-1}[f(x,y)-\hat{f}(x,y)] \tag{2.81}$$

事实上，如果把复原图像考虑为信号，而把复原图像和原图像的差视为噪声，那么空间域中的信噪比定义为

$$\mathrm{SNR}=\frac{\sum_{x=0}^{M-1}\sum_{y=0}^{N-1}\hat{f}(x,y)}{\sum_{x=0}^{M-1}\sum_{y=0}^{N-1}[f(x,y)-\hat{f}(x,y)]} \tag{2.82}$$

f 与 $\hat{f}$ 越接近，该比值越大。当噪声为白噪声时，$S_\eta(u,v)$ 是一个常数，但 $S_f(u,v)$ 依然是未知的。为此，将复原图像简化为

$$\hat{F}(u,v)=\left[\frac{1}{H(u,v)}\frac{|H(u,v)|^2}{|H(u,v)|^2+K}\right]G(u,v) \tag{2.83}$$

式中：常数 K 为信噪比的倒数，即

$$K=\frac{1}{\mathrm{SNR}} \tag{2.84}$$

显然，由于原始影像是未知的，信噪比依然是一个估计数。实际上，在用维纳滤波进行图像复原时，K 值的选取对于复原效果有较大的影响。

2.4.3　基于约束最小二乘法滤波的图像复原

设原始图像为 f，退化函数为 h，加性噪声为 η，那么退化后的图像 g 可以表示为

$$g(x,y)=h(x,y)\otimes f(x,y)+\eta(x,y) \tag{2.85}$$

式中：$\otimes$ 为卷积符号；h 为退化函数。将式（2.85）改写为向量-矩阵形式，有

$$\boldsymbol{g}=\boldsymbol{H}\boldsymbol{f}+\boldsymbol{\eta} \tag{2.86}$$

假设 $g(x,y)$ 的大小为 $M\times N$，将 $g(x,y)$ 的第一行中的图像元素构成向量 $\boldsymbol{g}$ 的第一组 N 个元素，从第二行构成下一组 N 个元素，依此类推。结果向量将有 $MN\times 1$ 维。这也同样是 $\boldsymbol{f}$ 与 $\boldsymbol{\eta}$ 的维数，因此这些向量是以同样的方式构成的。矩阵 $\boldsymbol{H}$ 有 $MN\times MN$ 维，其元素由卷积元给出，有

$$f(x,y)\otimes h(x,y)=\sum_{m=0}^{M-1}\sum_{n=0}^{N-1}f(m,n)h(x-m,y-n) \tag{2.87}$$

将图像复原问题简化为矩阵操作，会使计算量以指数倍数增长，即使是中等大小的图像，其计算也是不可行的。同时由于矩阵 $\boldsymbol{H}$ 对噪声高度敏感，问题会进一步复杂化。但是，明确地以矩阵形式来表达复原问题，确实可以简化复原级数的推导。

约束最小二乘方滤波的核心在于 $\boldsymbol{H}$ 对噪声的敏感性问题。减少噪声敏感性问题的一种方法是以平滑度量的最佳复原为基础的，例如图像的二阶导数就是拉普拉斯变换。定义约束条件的最小准则函数 C，即

$$C=\sum_{m=0}^{M-1}\sum_{n=0}^{N-1}[\nabla^2 f(x,y)]^2 \tag{2.88}$$

$$\|\boldsymbol{g}-\boldsymbol{H}\hat{\boldsymbol{f}}\|^2=\|\boldsymbol{\eta}\|^2 \tag{2.89}$$

式中：$\|\boldsymbol{w}\|^2=\boldsymbol{w}^{\mathrm{T}}\boldsymbol{w}$ 为欧几里得向量范数；$\hat{\boldsymbol{f}}$ 为未退化图像的估计。拉普拉斯算子∇^2 定义为

$$\nabla^2 f=\frac{\partial^2 f}{\partial x^2}+\frac{\partial^2 f}{\partial y^2} \tag{2.90}$$

这个最佳化问题在频率域中的解决方法可表示为

$$\hat{F}(u,v)=\left[\frac{H*(u,v)}{|H(u,v)|^2+\gamma|P(u,v)|^2}\right]G(u,v) \tag{2.91}$$

式中：γ 为一个可调的参数，需要对它进行调整以满足约束条件；$P(u,v)$ 为函数 $\boldsymbol{p}(x,y)=\begin{bmatrix}0&-1&0\\-1&4&-1\\0&-1&0\end{bmatrix}$ 的傅里叶变换。当 γ 为 0 时，最小二乘方滤波简化为逆滤波。

最小二乘方滤波的关键在于必须调整参数 γ 以满足约束条件。迭代计算 γ 的过程如下：

定义一个“残差”向量 $\boldsymbol{r}$ 为

$$\boldsymbol{r}=\boldsymbol{g}-\boldsymbol{H}\hat{\boldsymbol{f}} \tag{2.92}$$

由上述内容可知，$\hat{F}(u,v)$是γ的函数，所以$\boldsymbol{r}$也是该参数的函数。可以证明γ的单调递增函数为

$$f(\gamma)=\boldsymbol{r}^{\mathrm{T}}\boldsymbol{r}=\|\boldsymbol{r}\|^2 \tag{2.93}$$

所以需要做的是调整γ，使得

$$\|\boldsymbol{r}\|^2=\|\boldsymbol{\eta}\|^2\pm a \tag{2.94}$$

式中：a是一个精确度因子。

由于γ的单调递增函数，因此寻求满足要求的γ值并不困难。一种方法是：

（1）指定γ的初始值；

（2）计算$\|\boldsymbol{r}\|^2$；

（3）若满足精确度条件，则停止；否则，若$\|\boldsymbol{r}\|^2<\|\boldsymbol{\eta}\|^2-a$，则增大$\gamma$，若$\|\boldsymbol{r}\|^2>\|\boldsymbol{\eta}\|^2+a$，则减小$\gamma$，然后返回步骤（2）。

为了使用这一算法，需要明确$\|\boldsymbol{r}\|^2$与$\|\boldsymbol{\eta}\|^2$的值。首先计算

$$R(u,v)=G(u,v)-H(u,v)\hat{F}(u,v) \tag{2.95}$$

由此，可以通过计算$R(u,v)$的逆傅里叶变换得到$r(x,y)$，有

$$\|\boldsymbol{r}\|^2=\sum_{x=0}^{M-1}\sum_{y=0}^{N-1}r^2(x,y) \tag{2.96}$$

计算$\|\boldsymbol{\eta}\|^2$可以得出一个重要的结果。然后考虑整幅图像上的噪声方差，该方差可以使用取样平均方法来估计，有

$$\sigma_\eta^2=\frac{1}{MN}\sum_{x=0}^{M-1}\sum_{y=0}^{N-1}[\eta(x,y)-m_\eta]^2 \tag{2.97}$$

式中：m_η为样本均值。式（2.97）中的双重求和等于$\|\boldsymbol{\eta}\|^2$，从而可得

$$\|\boldsymbol{\eta}\|^2=MN[\sigma_\eta^2+m_\eta^2] \tag{2.98}$$

即用噪声均值和方差就可以实现最佳复原算法。

约束最小二乘方意义下的最佳复原，在视觉效果上并不意味着最好。根据退化和噪声的性质及大小，算法中交互确定最佳估计的其他参数，在最终结果中也起着较为重要的作用。通常，自动确定的复原滤波器比人为调整滤波器参数的复原结果要差，当约束最小二乘方滤波器完全由单一的标量参数来决定时更是如此。

2.5 本章小结

本章主要围绕静止轨道光学成像相对辐射定标及处理的相关内容展开，说明了相对辐射校正的概念、原理、作用及方法。定标法是相对辐射校正的一类解决方案。首先，通过分析相对辐射定标的基本原理，指出相对辐射定标的关键在于无噪信号的构造。然后，介绍了实验室定标、场地定标、交叉定标等三种适合于面阵相机的相对辐射定标方法。而后，提出了一种面阵相机系统噪声去除方法，利用系统噪声的位置与强度固定性，通过消除序列影像的辐射与纹理特征，凸显其中的系统噪声，从而做出对应的处理。最后，针对静止轨道卫星对平台震颤敏感，引起图像质量下降这一问题，提出了一种面阵影像复原与增强处理方法，基于姿态测量数据获得精确的平台震颤值，并以此构造降质函数，以维纳滤波及约束最小二乘法滤波重建复原图像。

参考文献

[1] WANG M, CHEN C, PAN J, et al. A relative radiometric calibration method based on the histogram of side-slither data for high-resolution optical satellite imagery [J]. Remote Sensing, 2018, 10 (3): 381.

[2] 段依妮，张立福，晏磊，等．遥感影像相对辐射校正方法及适用性研究 [J]. 遥感学报，2014 (3): 105-125.

[3] 刘亚侠．TDICCD 遥感相机标定技术的研究 [D]. 长春：中国科学院长春光学精密机械与物理研究所，2014.

[4] 郭建宁，于晋，曾湧，等．CBERS-01/02 卫星 CCD 图像相对辐射校正研究 [J]. 中国科学：技术科学，2005, 35 (S1): 11-25.

[5] BINDSCHADLER R, CHOI H. Characterizing and correcting hyperion detectors using ice-sheet images [J]. IEEE Transactions on Geoscience and Remote Sensing, 2003, 41 (6): 1189-1193.

[6] SINGH A. Postlaunch corrections for thematic mapper 5 (TM5) radiometry in the thematic mapper image processing system (TIPS) [J]. Photogrammetric Engineering and Remote Sensing, 1985, 51 (9): 1385-1390.

[7] AIXIA Y, BO Z, SHANLONG W, et al. Radiometric corss-calibration of GF-4 in multi-spectral bands [J]. Remote Sensing, 2017, 9 (3): 232.

[8] LIU J G. Smoothing filter-based intensity modulation: a spectral preserve image fusion technique for improving spatial details [J]. International Journal of Remote Sensing, 2000, 21 (18): 3461-3472.

[9] 沈一鹰, 冉启文, 刘永坦. 改进的格拉布斯准则在信号检测门限估值中的应用 [J]. 哈尔滨工业大学学报, 1999 (3): 111-113.

第3章 静止轨道光学成像在轨几何定标模型与方法

静止轨道光学卫星影像的几何成像模型，是基于摄影测量中的共线条件方程建立的影像坐标和物方坐标之间的数学关系，是静止轨道光学卫星影像高精度几何定位和几何处理的基础。几何定位精度是决定卫星影像产品应用能力的重要指标，其与成像各环节的观测精度有关，包括卫星光学系统、姿态观测精度、轨道观测精度、空间环境等，这些观测误差会影响星上载荷结构和状态发生变化，导致实验室相机检校参数在轨后与真实参数值存在较大的差异，直接影响几何定位精度。

在轨几何定标旨在消除卫星平台外部系统误差和相机内部系统误差[1-7]。相较传统的低轨卫星，静止轨道卫星轨道高度较高，空间运行环境更加复杂，使得卫星成像链路更加复杂，必须先对观测中的各项误差进行分析并加以区分，在几何成像模型的基础上，结合光学物理成像原理对其中的系统误差进行建模。而严格的物理模型对各项系统误差通过建立严格的数学模型进行了补偿，各项系统误差参数均具有严格的物理意义，但由于这些畸变参数之间具有强相关性，存在过度参数化的问题，难以精确标定严格物理模型中的各项系统误差参数。本章提出了一种基于二维指向角的通用几何定标模型，通过对各探元在相机坐标系下的指向值进行拟合，来实现高精度的在轨定标。此外，为了减小几何定标中对地面定标场的依赖，本章还提出了一种基于简化物理成像模型的自主定标模型，利用重叠影像间的连接点作为定标参数自检校的约束条件，实现不依赖参考数据的相机参数自检校。

静止轨道高分辨率相机的在轨几何定标是一项系统性的工程，涉及模型的构建方法、模型参数的求解方法、模型参数有效性的验证方法等。本章从分析静止轨道面阵相机几何定位误差源入手，在几何成像模型构建的基础上，确定了静止轨道面阵相机基于严密物理模型、二维指向角模型及自检校模型的三种几何定标模型；在此基础上，给出了静止轨道面阵相机几何定标的方法与流程，并对模型的有效性和方法的正确性进行了实验验证。

3.1 在轨几何定标模型

静止轨道卫星在对地观测时，卫星轨道和姿态系统是在不同的坐标系统下获取观测值。相比航空影像，光学卫星影像的几何成像模型更为复杂。在建立静止轨道光学卫星影像的几何成像模型之前，必须要厘清各类观测值的空间基准以及各个坐标系统之间的转换关系。

3.1.1 坐标系及转换

3.1.1.1 坐标系统

1）像平面坐标系

像平面坐标系包括影像坐标系和焦平面坐标系。

在单面阵中，影像坐标系以面阵左上角为原点，向右为 x 方向，垂直于 x 轴向下为 y 方向，取值为影像的行列号，如图 3.1 所示。

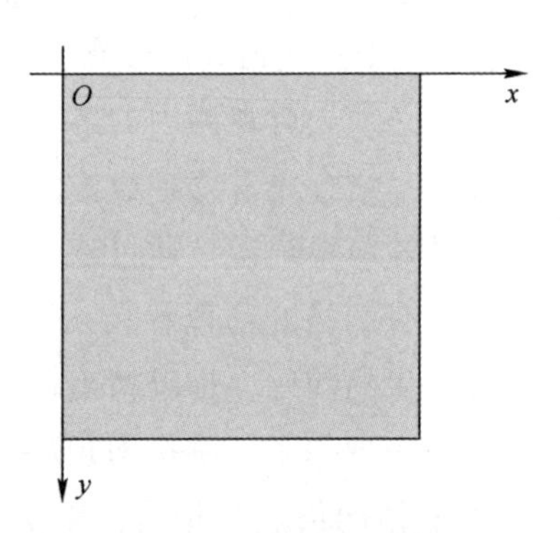

图 3.1　影像坐标系示意图

相机焦平面坐标系位于相机的焦平面，坐标系原点为相机光轴中心，X、Y 轴平行于影像坐标系，如图 3.2 所示。

2）相机坐标系

相机坐标系原点为摄影中心，X_C 和 Y_C 方向和相机焦平面坐标系的 X、Y

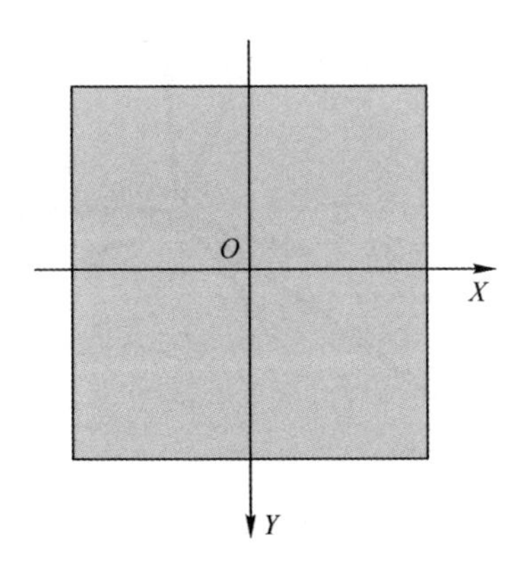

图 3.2 相机焦平面坐标系示意图

方向一致，Z_C 轴为相机的主光轴，垂直于 $X_C Y_C$ 平面，方向为视向量反方向，$O_C X_C Y_C Z_C$ 构成右手系，如图 3.3 所示。

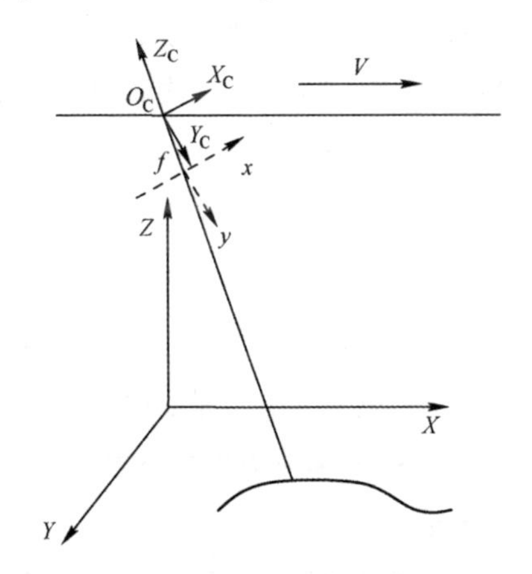

图 3.3 相机坐标系示意图

3）卫星本体坐标系

卫星本体坐标系 $O_B X_B Y_B Z_B$ 的原点在卫星质心，坐标轴分别取卫星的三个主惯量轴，X_B 轴指向卫星飞行方向，Y_B 轴沿着卫星横轴，Z_B 轴按照右手规则确定，星上各种载荷的安装参数均是以卫星本体坐标系为参考基准确定和提供的。本体坐标系与相机坐标系之间的关系如图 3.4 所示。

4）卫星轨道坐标系

卫星利用恒星敏感器和陀螺仪等姿态测量传感器，能够直接测定卫星本体在空间固定惯性参考系下的三个姿态角，由于这组姿态角无法直观反映出卫星在空间中俯仰、翻滚以及偏航等状态，因此不便于地面姿控方对于卫星

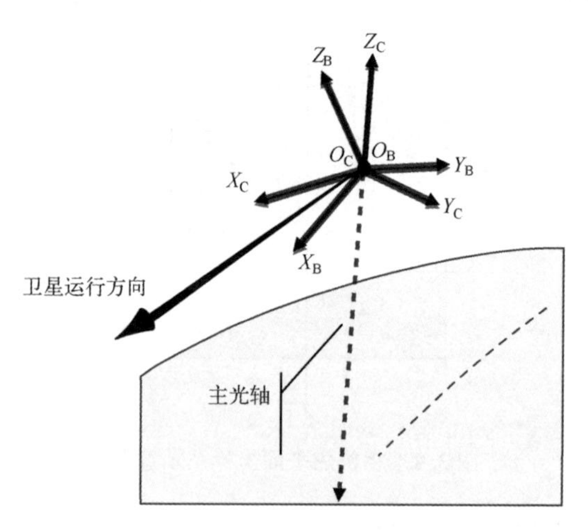

图 3.4　卫星本体坐标系与相机坐标系之间的关系

运行时姿态变化进行分析和控制。这种情况下，基于卫星在空间中的瞬时位置向量以及瞬时速度向量，在卫星轨道平面内构建了一种新的坐标系，称为轨道坐标系 $O_F X_F Y_F Z_F$，其原点位于卫星质心，Z_F 轴指向地球地心，X_F 轴在卫星轨道面内指向卫星运动的方向，Y_F 轴按照右手规则确定。卫星本体绕轨道坐标系三个坐标轴转动的角度即为卫星的俯仰角（绕 Y_F 轴转动）、翻滚角（绕 X_F 轴转动）以及偏航角（绕 Z_F 轴转动）。当卫星星下点成像时，其俯仰角、翻滚角均为 0。由于地球自转的原因，在地球的不同纬度需要采用不同的偏航角进行成像。卫星本体坐标系和轨道坐标系之间的关系如图 3.5 所示。

5）空间固定惯性坐标系

空间固定惯性坐标系以地心为坐标系原点，X 轴由地心指向春分点，Y 轴在赤道面与 X 轴垂直，Z 轴垂直赤道面指向天极。该坐标系是轨道计算及天文计算中所要用的基本坐标系，又称天球坐标系。该坐标系的建立是基于地球为均匀的球体且没有其他天体摄动力影响的理想情况。但是地球的实际运动非常复杂，它既是一个非均匀的球体，又由于太阳、月亮及其他天体对赤道隆起部分的引力作用而使地球在绕太阳运动时自转轴的方向发生了变化。具体地说，在空间绕北黄极产生缓慢的旋转，从而使春分点在黄道上产生缓慢的西移。这种现象在天文学中称为岁差和章动。在本章中，空间固定惯性坐标系采用 J2000 坐标系统。它是以 2000 年 1 月 1 日 12 时 TD 时刻的平赤道及平分点为参考点，该坐标系统的原点位于地心，x 轴指向此刻的平春分点，z 轴指向此刻的北极，y 轴与 x 轴、z 轴正交，x-y-z 构成右手系。

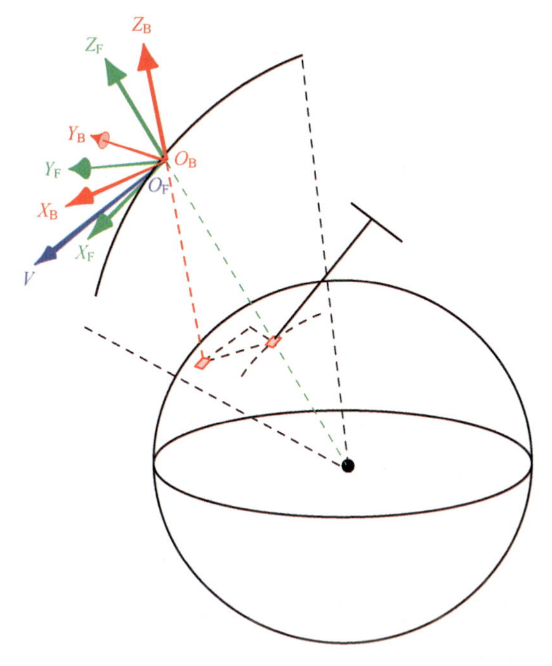

图 3.5　卫星轨道坐标系与本体坐标系之间的关系

6）地球固定地心坐标系

地球固定地心坐标系原点位于地球质心，与 BIH（国际时间局）定义的常规陆地系统一致，Z 轴指向地球北极，X 轴指向格林尼治平子午线与地球赤道的交点，Y 轴按照右手规则确定。

3.1.1.2　坐标系转换

1）像平面坐标到相机坐标系

设面阵影像中心的像素标为(l_c, s_c)，像素大小为（d_x, d_y），焦距为f，则影像坐标系坐标(l,s)与传感器坐标系坐标（x,y,z）之间关系为

$$\begin{cases} x=(l-l_c)d_x \\ y=(s-s_c)d_y \\ z=-f \end{cases} \tag{3.1}$$

2）相机坐标系到本体坐标系

相机坐标系到本体坐标系之间的转换矩阵的变换关系为

$$\begin{bmatrix} X \\ Y \\ Z \end{bmatrix}_B = \boldsymbol{R}_C^B \begin{bmatrix} x \\ y \\ -f \end{bmatrix}_C \tag{3.2}$$

式中：$[X \quad Y \quad Z]_B^T$为本体坐标系下的向量坐标；$[x \quad y \quad -f]_C^T$ 为相机坐标系下的坐标；$\boldsymbol{R}_C^B$ 为相机在本体下的安装矩阵。

3）本体坐标系到轨道坐标系

根据本体坐标系中测定的卫星的姿态，可以得到卫星本体坐标系与轨道坐标系之间的变换关系为

$$\begin{bmatrix} X_F \\ Y_F \\ Z_F \end{bmatrix} = \boldsymbol{R}_B^F \begin{bmatrix} X_B \\ Y_B \\ Z_B \end{bmatrix} \tag{3.3}$$

$$\boldsymbol{R}_B^F = \begin{bmatrix} \cos\xi_y & -\sin\xi_y & 0 \\ \sin\xi_y & \cos\xi_y & 0 \\ 0 & 0 & 1 \end{bmatrix} \begin{bmatrix} 1 & 0 & 0 \\ 0 & \cos\xi_r & -\sin\xi_r \\ 0 & \sin\xi_r & \cos\xi_r \end{bmatrix} \begin{bmatrix} \cos\xi_p & 0 & \sin\xi_p \\ 0 & 1 & 0 \\ -\sin\xi_p & 0 & \cos\xi_p \end{bmatrix}$$

式中：$\boldsymbol{R}_B^F$ 为由姿态角构造的旋转矩阵；ξ_r 为卫星本体相对于轨道坐标系下的侧摆角；ξ_p 为卫星本体相对于轨道坐标系下的俯仰角；ξ_y 为卫星本体相对于轨道坐标系下的航偏角。

4）轨道坐标系到空间固定惯性坐标系

根据轨道坐标系的定义，若要计算轨道坐标系与空间固定惯性参考系（CIS）的旋转矩阵，需要先将轨道测量值转换为 CIS 中的位置向量$(X_s, Y_s, Z_s)^T$和速度向量$(X_{v_s}, Y_{v_s}, Z_{v_s})^T$，进而建立轨道坐标系与 CIS 之间的坐标转换，有

$$\begin{bmatrix} X-X_s \\ Y-Y_s \\ Z-Z_s \end{bmatrix}_{CIS} = \boldsymbol{R}_{GF} \begin{bmatrix} X_F \\ Y_F \\ Z_F \end{bmatrix} \tag{3.4}$$

$$\boldsymbol{R}_{GF} = \begin{bmatrix} (X_l)_X & (Y_l)_X & (Z_l)_X \\ (X_l)_Y & (Y_l)_Y & (Z_l)_Y \\ (X_l)_Z & (Y_l)_Z & (Z_l)_Z \end{bmatrix}$$

$$\boldsymbol{Z}_F = \frac{\boldsymbol{P}(t)}{\|\boldsymbol{P}(t)\|}, \quad \boldsymbol{X}_F = \frac{\boldsymbol{V}(t)\times\boldsymbol{Z}_F}{\|\boldsymbol{V}(t)\times\boldsymbol{Z}_F\|}, \quad \boldsymbol{Y}_F = \boldsymbol{Z}_F\times\boldsymbol{X}_F$$

$$\boldsymbol{P}(t) = [\boldsymbol{X}_s \quad \boldsymbol{Y}_s \quad \boldsymbol{Z}_s]^T, \quad \boldsymbol{V}(t) = [\boldsymbol{X}_{v_s} \quad \boldsymbol{Y}_{v_s} \quad \boldsymbol{Z}_{v_s}]^T$$

5）空间固定惯性坐标系到地球固定地心坐标系

从空间固定惯性坐标系（ECI）到地球固定地心坐标系（ECR）的转换是一个时变的旋转，这主要是由于地球的旋转，但也包含更慢的由天文岁差、

天文章动和北极点在地球表面的移动等引起的变化项。通过计算格林尼治时角，将赤经、赤纬转换到地心坐标系。

J2000 坐标系属于 ECI，WGS84 坐标系属于 ECR，J2000 坐标系和 WGS84 坐标系之间的转换关系如图 3.6 所示，转换公式为

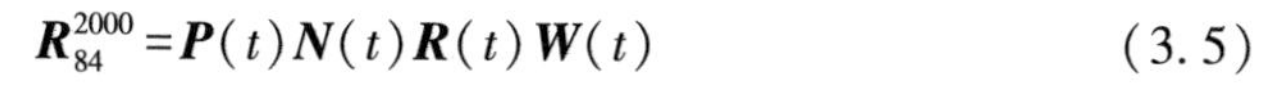

$$\boldsymbol{R}_{84}^{2000}=\boldsymbol{P}(t)\boldsymbol{N}(t)\boldsymbol{R}(t)\boldsymbol{W}(t) \tag{3.5}$$

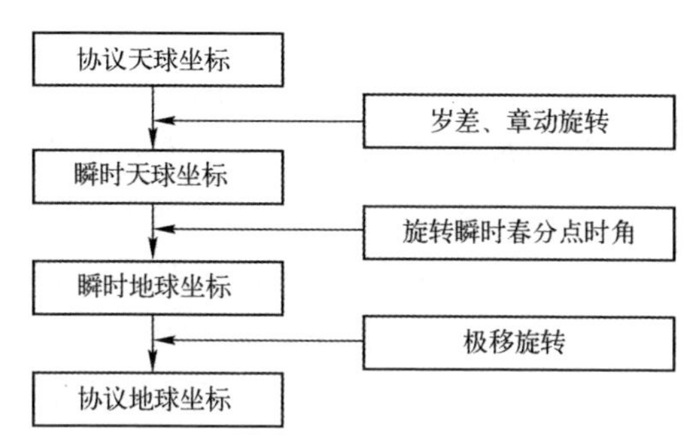

图 3.6　J2000 坐标系和 WGS84 坐标系之间的转换关系

3.1.2　严格成像模型

与航空面阵相机一样，静止轨道卫星本质上仍为面阵传感器的中心投影成像方式，成像时刻投影中心与面阵上每一个成像探元以及探元对应地物点满足共线条件。光学卫星影像上的某像点 P，假设其影像坐标为(l,s)，对应的物方点在 WGS84 坐标系下的坐标分别为(X_g,Y_g,Z_g)，测定的卫星位置在 WGS84 坐标系下的坐标为$(X_{\text{body}},Y_{\text{body}},Z_{\text{body}})$，可构建静止轨道卫星影像严格几何成像模型为

$$\begin{pmatrix} x \\ y \\ -f \end{pmatrix}=\lambda\boldsymbol{R}_{\text{ins}}^{\text{cam}}(t)\boldsymbol{R}_{\text{J2000}}^{\text{ins}}\boldsymbol{R}_{\text{wgs}}^{\text{J2000}}\begin{pmatrix} X_g-X_{\text{body}} \\ Y_g-Y_{\text{body}} \\ Z_g-Z_{\text{body}} \end{pmatrix} \tag{3.6}$$

式中：(x,y)为像点 P 真实的相机坐标系坐标，可用相机内定向参数模型表示；f 为焦距值；$\boldsymbol{R}_{\text{wgs}}^{\text{J2000}}$ 与 $\boldsymbol{R}_{\text{J2000}}^{\text{ins}}$ 分别为 WGS84 坐标系到 J2000 坐标系、J2000 坐标系到卫星上星敏坐标系的转换矩阵；$\boldsymbol{R}_{\text{ins}}^{\text{cam}}(t)$ 为星敏感器坐标系到相机坐标系的旋转矩阵，它是时间 t 的函数。静止轨道卫星的星敏感器与对地相机通过支架刚性连接，两者整体与卫星本体通过转轴连接，由地面系统发出的指令对其进行驱动来改变相机主光轴的指向，从而改变成像区域。因为在静止轨道上，太阳光照显著，星体各部分温度均与时间 t 高度相关，$\boldsymbol{R}_{\text{ins}}^{\text{cam}}(t)$ 可表

达在不同时间 t 下由于热变形导致的相机与星敏感器的相对安装关系。

3.1.3 几何定位误差源

静止轨道卫星面阵相机几何定位误差主要包含两种类型的误差：一种是外部误差；另一种是内部误差。其中：外部误差包括姿态确定误差、轨道确定误差、相机安装误差、时间同步误差和卫星平台震颤等；内部误差主要是相机内部的畸变误差。另外，结合其高轨运行的特点，其定位误差来源还要考虑温度不均匀变化引起的热结构变形等。需要说明的是，时间同步误差主要表现为由于同步误差引起的姿态确定误差与轨道确定误差。由于卫星姿态的短时间内具有平稳性，时间同步误差引起的姿态确定误差通常可以归为沿轨方向的角度误差；相对而言，由于静止轨道光学卫星伴随地球自转而高速运动，因此时间同步误差引起的轨道确定误差通常较为显著，主要表现为沿轨方向上的线元素误差。

虽然影响静止轨道面阵相机的几何定位的误差源众多，但是从影响几何定位精度的效果来看，大致可以分为四类：光学系统误差、姿态观测误差、轨道观测误差以及温度因素。本节逐个对各项误差进行说明，并给出相应的数学补偿模型。

3.1.3.1 光学系统误差

静止轨道卫星面阵相机的内部系统误差主要包括焦距偏差、光学畸变、感光面的倾斜、感光面的旋转等误差，这些误差都会影响各探元内部指向。下面分别针对各个误差项对几何定位的影响展开分析。

1）焦距偏差对像点质心位置的影响

由于装配误差的影响，实际图像传感器的感光面并不能精确安装在光学系统的焦点处。因此，理想星点的质心 P_i 实际成像在图 3.7 所示平面Ⅱ中的 P_{fi}，若 P_i 和 P_{fi} 在相机坐标系 $O_sX_sY_sZ_s$ 中的坐标分别为 (x_i, y_i, z_i) 和 (x_{fi}, y_{fi}, z_{fi})，则有

$$\begin{cases} x_i = f_{x_{fi}} / (f + \Delta f) \\ y_i = f_{y_{fi}} / (f + \Delta f) \\ z_i = -f = z_{fi} + \Delta f \end{cases} \tag{3.7}$$

式中：f 为焦距的理想值；Δf 为焦距偏差。图 3.7 显示了焦距偏差对星点质心位置的影响。

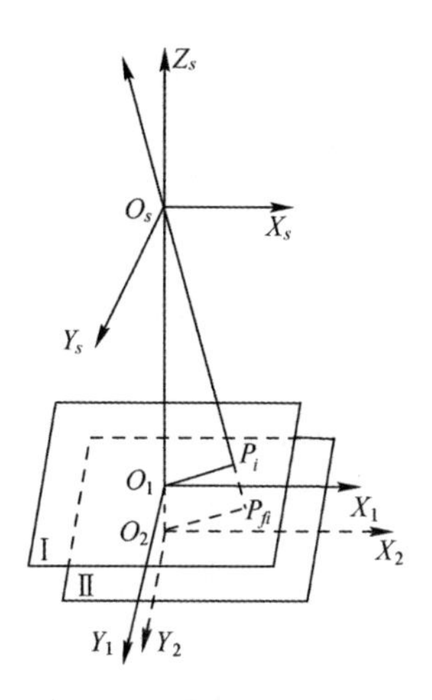

图 3.7　焦距偏差与像点位置

2）成像畸变对像点质心位置的影响

在构建严格成像模型时，既要考虑校正几何畸变，又要考虑校正色差。但如果要使两种校正都很理想，设计出来的光学系统往往非常复杂，不但加大了设计难度，也给制造工艺带来一定的困难，提高了光学系统的制造成本。在几何畸变和色差校正不可兼得的情况下，首先要确保色差校正，因而大多数光学系统都存在不同程度的几何畸变。

（1）径向畸变。

产生径向畸变的原因主要是镜头中透镜的曲面误差所致，这种畸变的效果是发生畸变的像点与理论像点间只有径向位移，没有切向位移。如图 3.8 所示，镜头的径向畸变有两种趋势：一种是像点的畸变朝着离开中心的趋势，这种畸变又称为鞍形畸变；另一种是像点的畸变朝着向中心点聚缩的趋势，这种畸变又称为桶形畸变。

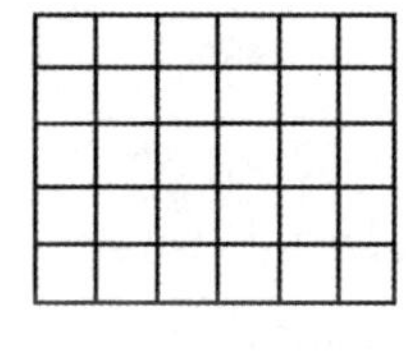

(a) 原始图像

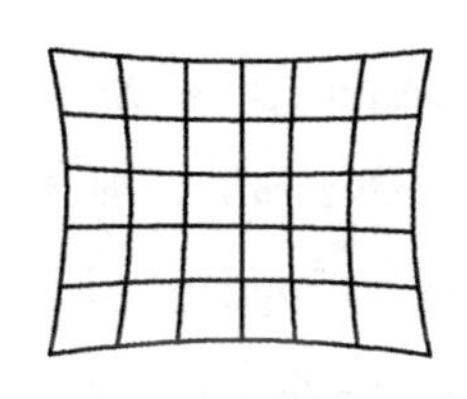

(b) 鞍形畸变

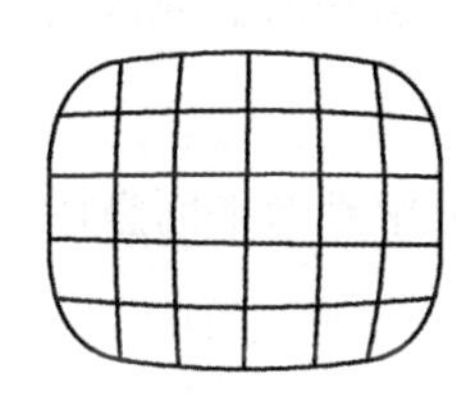

(c) 桶形畸变

图 3.8　径向畸变示意图

严格来说，对于相机焦平面中某像点 p，假设其在相机焦平面坐标系下的坐标记为(x_p, y_p)，则在像点 p 处由于径向畸变产生的像点误差用数学模型可以表达为

$$\Delta r = k_1 r^3 + k_2 r^5 + k_3 r^7 + \cdots \tag{3.8}$$

式中：r 为像点距离主点（严格意义上是自准主点）的向径，即 $r=\sqrt{x_p^2+x_p^2}$；k_1、k_2 和 k_3 为相机光学镜头的径向畸变系数。

将径向畸变 Δr 分解到像平面坐标系的 x 轴和 y 轴上，则有

$$\begin{cases}\Delta x_r = k_1 x_p(x_p^2+y_p^2) + k_2 x_p\ (x_p^2+y_p^2)^2 + k_3 x_p\ (x_p^2+y_p^2)^3 + \cdots \\ \Delta y_r = k_1 y_p(x_p^2+y_p^2) + k_2 y_p\ (x_p^2+y_p^2)^2 + k_3 y_p\ (x_p^2+y_p^2)^3 + \cdots\end{cases} \tag{3.9}$$

（2）偏心畸变。

实际的光学系统都不同程度上存在离心特性的畸变，即偏心畸变。这种畸变不仅包含了径向畸变，同时也包含了切向畸变。光学偏心畸变主要是由物镜系统各单元透镜，因装配和震动偏离了轴线或歪斜，从而引起像点偏离其准确理想位置的误差，表现为单元透镜偏离其“中心线”引起的偏心畸变，如图 3.9 所示。

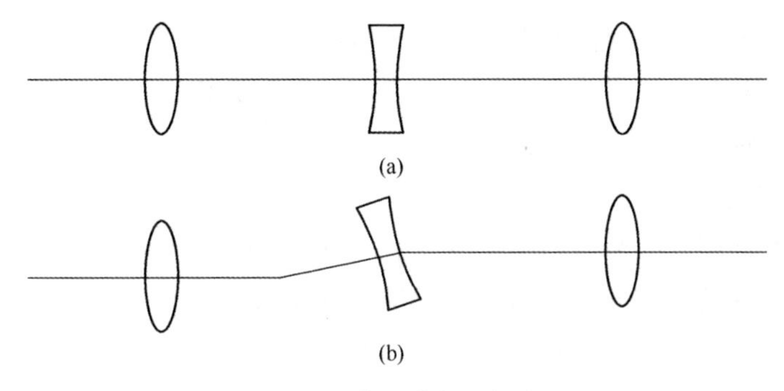

图 3.9　偏心畸变示意图

在焦平面上的像点 p 处，由偏心畸变所产生的像点误差表达式为

$$\Delta d = \sqrt{p_1^2+p_2^2}\,\Delta r^2 \tag{3.10}$$

将其分解到像平面坐标系的 x 轴和 y 轴上，则有

$$\begin{cases}\Delta x_d = [p_1(3x_p^2+y_p^2) + 2p_2 x_p y_p][1+p_3(x_p^2+y_p^2)+\cdots] \\ \Delta y_d = [p_2(3y^2+x_p^2) + 2p_1 x_p y_p][1+p_3(x_p^2+y_p^2)+\cdots]\end{cases} \tag{3.11}$$

式中：p_1 和 p_2 为相机光学镜头的偏心畸变系数。

综上所述，假设物方点 P 在相机焦平面中成像时的理想像点为 $P_{fi}(x_{fi}, y_{fi})$，

由于光学镜头畸变导致实际的成像像点为位于平面Ⅱ内的 $P_{fgi}(x_{fgi}, y_{fgi})$，图 3.10 显示了畸变对像点位置的影响，可表示为

$$
\begin{cases} x_{fi} = G(x_{fgi}) = x_{fi} + 2p_1 x_{fgi} y_{fgi} + p_2 y_{fgi}^3 + 3p_2 x_{fgi}^2 + k_1 x_{fgi}(x_{fgi}^2 + y_{fgi}^2) \\ y_{fi} = G(y_{fgi}) = y_{fi} + 2p_2 x_{fgi} y_{fgi} + p_1 x_{fgi}^3 + 3p_1 y_{fgi}^2 + k_1 y_{fgi}(x_{fgi}^2 + y_{fgi}^2) \end{cases} \tag{3.12}
$$

式中：G 为畸变校正函数。

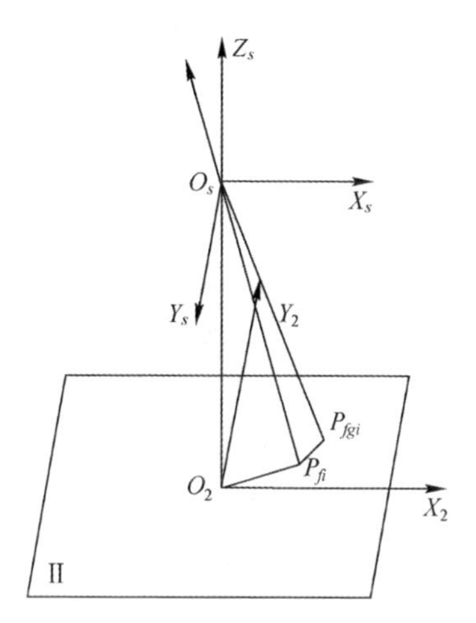

图 3.10　镜头光学畸变与像点位置

3）感光面的倾斜对像点质心位置的影响

实际图像传感器感光面并不严格垂直于光学系统的光轴。假设平面Ⅱ绕 X_2 轴正向旋转 φ_x 角得到平面Ⅲ，P_{fgi} 与平面Ⅲ的交点为 $P_{fg\varphi xi}$，然后平面Ⅲ绕 Y_3 轴正向旋转 φ_y 角得到平面Ⅳ，实际图像传感器即安装在该平面上，$O_sP_{fg\varphi xi}$ 与平面Ⅳ的交点为 $P_{fg\varphi xyi}$，此点即为实测星点质心 $P_{i'}$，图 3.11 和图 3.12 显示了感光面的倾斜对像点质心位置的影响。若 P_{fgi} 在坐标系 $O_sX_sY_sZ_s$ 中的坐标为 $(x_{fgi}, y_{fgi}, z_{fgi})$，则有

$$
\begin{bmatrix} x_{fgi} \\ y_{fgi} \\ z_{fgi} \end{bmatrix} = \begin{bmatrix} 1 & 0 & 0 \\ 0 & \cos\varphi_x & \sin\varphi_x \\ 0 & -\sin\varphi_x & \cos\varphi_x \end{bmatrix} \cdot \begin{bmatrix} \cos\varphi_y & 0 & -\sin\varphi_y \\ 0 & 1 & 0 \\ \sin\varphi_y & 0 & \cos\varphi_y \end{bmatrix} \begin{bmatrix} x_{fg\varphi xyi} \\ y_{fg\varphi xyi} \\ z_{fg\varphi xyi} \end{bmatrix} \tag{3.13}
$$

4）感光面的旋转对像点质心位置的影响

图 3.13 中的虚线框是理想情况下图像传感器感光面的安装方式，然而实际安装时会与理想安装方式有一个旋转角 β，相当于坐标系 $O_2X_2Y_2Z_2$ 绕坐标系 $O_sX_sY_sZ_s$ 的 Z_s 轴正向旋转 β 角得到坐标系 $O_4X_4Y_4Z_4$，图 3.13 显示了感光面的旋转对像点质心位置的影响。此时，若 P_{fgi} 在坐标系 $O_4X_4Y_4Z_4$ 中的坐标

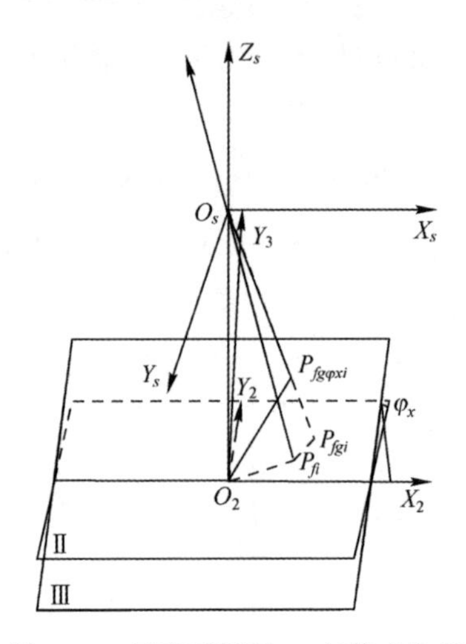

图 3.11　感光面倾斜 φ_x 与像点位置

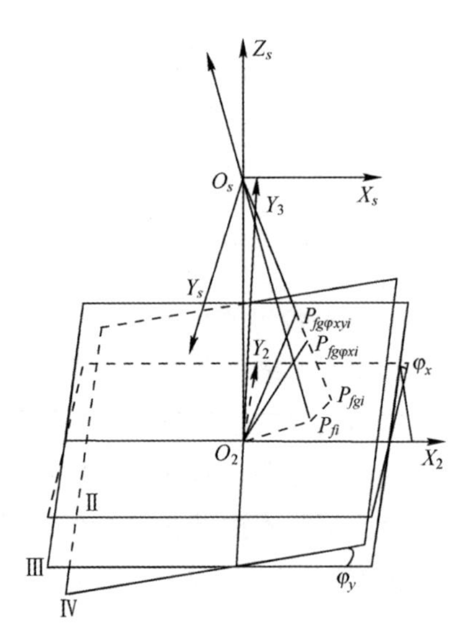

图 3.12　感光面倾斜 φ_y 与像点位置

为$(x_{fg\varphi\beta i}, y_{fg\varphi\beta i})$，则有

$$\begin{bmatrix} x_{fg\varphi xyi} \\ y_{fg\varphi xyi} \end{bmatrix} = \begin{bmatrix} \cos\beta & \sin\beta \\ -\sin\beta & \cos\beta \end{bmatrix} \begin{bmatrix} x_{fg\varphi\beta i} \\ y_{fg\varphi\beta i} \end{bmatrix} \tag{3.14}$$

5） 主点偏差对星点质心位置的影响

实际上，不能精确定位主点 O_2（图像传感器感光面与光轴的交点）在图像传感器感光面的位置，只能规定一个位置。如图 3.14 所示，若 O_P 在坐标

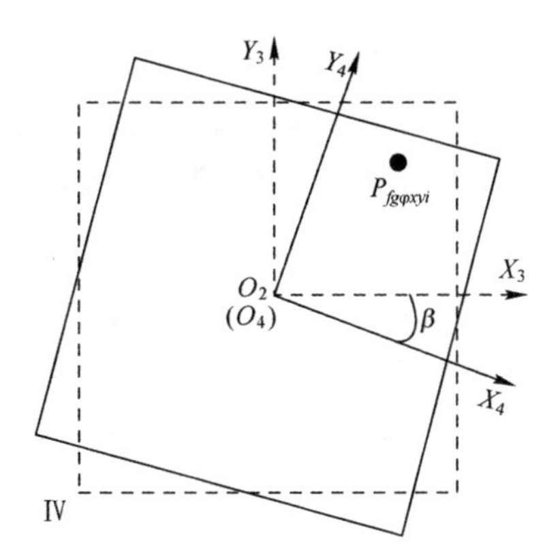

图 3.13　感光面旋转 β 与像点位置

系 $O_4X_4Y_4Z_4$ 中的坐标为($\Delta x,\Delta y$)，实测星点质心 P_i' 在相机坐标系 $O_sX_sY_sZ_s$ 中的实测坐标为($x'_{P_i},y'_{P_i},z'_{P_i}$)，则有

$$\begin{bmatrix} x'_{P_i} \\ y'_{P_i} \\ z'_{P_i} \end{bmatrix} = \begin{bmatrix} x_{fg\varphi\beta i} \\ y_{fg\varphi\beta i} \\ z_{fg\varphi\beta i} \end{bmatrix} - \begin{bmatrix} \Delta x \\ \Delta y \\ 0 \end{bmatrix} \tag{3.15}$$

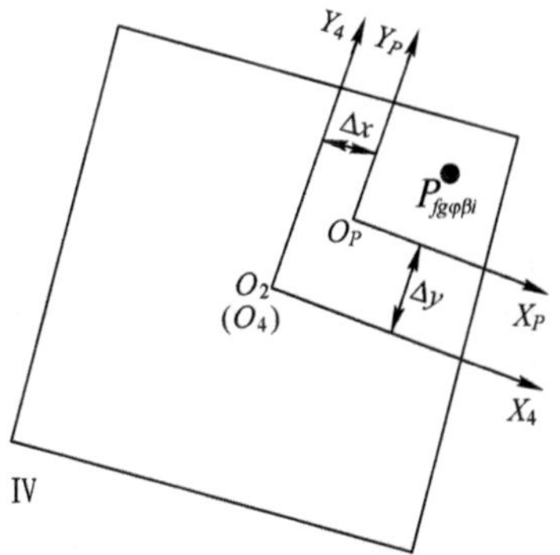

图 3.14　主点偏差与像点位置

3.1.3.2　姿态观测误差

星敏感器观测误差是目前影响卫星无控定位精度的主要因素，星敏感器输出姿态误差短时间内表现为系统性，长时间内又趋近于随机性。在对单景影像数据进行检校时，外检校结果无法剥离卫星姿态观测误差的影响，其精度取决于姿态的观测精度。静止轨道卫星由于轨道高度高，姿态误差对于其定位精度具有较其他低轨卫星更为显著的影响。由于星敏感器的姿态确定误

差是随机误差，无法通过在轨定标的方式进行补偿，同时姿态确定误差还会对定标精度产生影响，因此如何在定标过程中尽量避免星敏感器的姿态确定误差对定标精度的影响，是静止轨道卫星在轨定标的关键问题。

由于姿态确定误差属于随机误差，多次观测之间误差若满足高斯分布，为降低姿态观测随机误差的影响，则可以利用静止轨道卫星的凝视成像模式对地面定标场进行连续成像，在较短时间内连续获取检校场区域的一组序列影像，分别对其进行检校解算。由于影像获取时间范围较短，则检校结果理论上应保持不变，实际情况中由于成像时刻的姿态观测随机误差影响必然有一定波动，对其进行平均一定程度上可以提高检校精度。该方法提高检校精度的效果具体取决于姿态随机误差的特性：若姿态随机误差在一定时间内表现出较强的系统漂移，则使用上述方法对检校精度提高作用不大；若理想情况下，姿态随机误差服从正态分布特征，则通过多次观测的手段可大幅降低姿态随机误差的影响[8]。因此可以采用序列化定标的方式，消除或减弱星敏感器姿态确定误差对定标精度的影响，从而获得更高精度的定标效果。

相机的姿态确定误差是由姿态量测误差引起的角元素误差，主要包括星敏感器姿态确定误差、随温度变化的星敏感器与相机的相对安装角误差等。这些误差都会引起相机姿态的量测误差。令在成像时刻 t 的卫星轨道高为 H，卫星姿态为(pitch，roll，yaw)，其对应的旋矩阵为 $\boldsymbol{R}$，构建的静止轨道卫星影像严格几何成像模型为

$$\begin{pmatrix} x \\ y \\ -f \end{pmatrix} = \lambda \boldsymbol{R}_{\text{ins}}^{\text{cam}}(t)\boldsymbol{R}_{\text{J2000}}^{\text{ins}}\boldsymbol{R}_{\text{wgs}}^{\text{J2000}} \begin{pmatrix} X_g - X_{\text{body}} \\ Y_g - Y_{\text{body}} \\ Z_g - Z_{\text{body}} \end{pmatrix} \tag{3.16}$$

$$\begin{aligned} \boldsymbol{R} &= \boldsymbol{R}_{\text{ins}}^{\text{cam}}(t)\boldsymbol{R}_{\text{J2000}}^{\text{ins}}\boldsymbol{R}_{\text{wgs}}^{\text{J2000}} \\ &= \begin{bmatrix} \cos(\text{pitch}) & 0 & -\sin(\text{pitch}) \\ 0 & 1 & 0 \\ \sin(\text{pitch}) & 0 & \cos(\text{pitch}) \end{bmatrix} \begin{bmatrix} 1 & 0 & 0 \\ 0 & \cos(\text{roll}) & -\sin(\text{roll}) \\ 0 & \sin(\text{roll}) & \cos(\text{roll}) \end{bmatrix} \times \\ &\quad \begin{bmatrix} \cos(\text{yaw}) & -\sin(\text{yaw}) & 0 \\ \sin(\text{yaw}) & \cos(\text{yaw}) & 0 \\ 0 & 0 & 1 \end{bmatrix} \\ &= \begin{bmatrix} a_1 & b_1 & c_1 \\ a_2 & b_2 & c_2 \\ a_3 & b_3 & c_3 \end{bmatrix} \end{aligned}$$

$$a_1=\cos(\text{pitch})\cos(\text{yaw})-\sin(\text{pitch})\sin(\text{roll})\sin(\text{yaw})$$

$$a_2=-\cos(\text{pitch})\sin(\text{yaw})-\sin(\text{pitch})\sin(\text{roll})\cos(\text{yaw})$$

$$a_3=-\sin(\text{pitch})\cos(\text{roll})$$

$$b_1=\cos(\text{roll})\sin(\text{yaw})$$

$$b_2=\cos(\text{roll})\cos(\text{yaw})$$

$$b_3=-\sin(\text{roll})$$

$$c_1=\sin(\text{pitch})\cos(\text{yaw})+\cos(\text{pitch})\sin(\text{roll})\sin(\text{yaw})$$

$$c_2=-\sin(\text{pitch})\sin(\text{yaw})+\cos(\text{pitch})\sin(\text{roll})\cos(\text{yaw})$$

$$c_3=\cos(\text{pitch})\cos(\text{roll})$$

则有

$$\begin{cases} x=-f\dfrac{a_1(X_g-X_{\text{body}})+b_1(Y_g-Y_{\text{body}})+c_1(Z_g-Z_{\text{body}})}{a_3(X_g-X_{\text{body}})+b_3(Y_g-Y_{\text{body}})+c_3(Z_g-Z_{\text{body}})} \\ y=-f\dfrac{a_2(X_g-X_{\text{body}})+b_2(Y_g-Y_{\text{body}})+c_2(Z_g-Z_{\text{body}})}{a_3(X_g-X_{\text{body}})+b_3(Y_g-Y_{\text{body}})+c_3(Z_g-Z_{\text{body}})} \end{cases} \tag{3.17}$$

式中：f 为真实焦距。静止轨道卫星通过成像控制使得 yaw≈0°，则 sin(yaw)≈0 且 cos(yaw)≈1，从姿态确定误差引起像点位置变化角度分析，求像点坐标对角元素的偏导，有

$$\begin{cases} \dfrac{\partial x}{\partial \text{pitch}}=y\sin(\text{roll})-\left(f+\dfrac{x^2}{f}\right)\cos(\text{roll}) \\ \dfrac{\partial y}{\partial \text{pitch}}=-x\sin(\text{roll})-\dfrac{xy}{f}\cos(\text{roll}) \\ \dfrac{\partial x}{\partial \text{roll}}=-\dfrac{xy}{f}\cos(\text{yaw}) \\ \dfrac{\partial y}{\partial \text{roll}}=-f-\dfrac{y^2}{f}\cos(\text{yaw}) \\ \dfrac{\partial x}{\partial \text{yaw}}=y \\ \dfrac{\partial y}{\partial \text{yaw}}=-x \end{cases} \tag{3.18}$$

在轨运行过程中产生的姿态确定误差可以分为沿轨、垂轨以及偏航三个正交方向的角误差分量，分别为($\Delta p,\Delta r,\Delta y$)，即姿态量测值与真实值之间的三个差值。本节将分别对这三个角误差分量对影像几何误差的影响规律进行

分析，以(X_c,Y_c,Z_c)代表姿态测量值，(X_r,Y_r,Z_r)代表姿态真实值。设像点g的像平面坐标为$g(x,y)$，相机焦距为f，由于静止轨道卫星的相机视场角很小，所以$x/f\approx 0$，$y/f\approx 0$，当成像姿态为(pitch, roll, yaw)时地面分辨率GSD可表示为

$$\begin{cases}\mathrm{GSD}_x=\dfrac{H/f}{\cos^2(\mathrm{pitch})\cos(\mathrm{roll})}\\ \mathrm{GSD}_y=\dfrac{H/f}{\cos(\mathrm{pitch})\cos^2(\mathrm{roll})}\end{cases} \tag{3.19}$$

如图3.15所示，像点g的像平面坐标为$g(x,y)$，当姿态确定误差在空间中仅存在沿轨方向的俯仰角元素误差Δp时，静止轨道卫星通过成像控制使得yaw$\approx 0°$，则由姿态量测值与真实值之间的系统误差Δp导致的物方偏差为

$$\begin{cases}G_cG_r(x)=\dfrac{\partial x}{\partial\,\mathrm{pitch}}\Delta p\cdot\mathrm{GSD}_x=\left(y\sin(\mathrm{roll})-\left(\dfrac{x^2}{f}+f\right)\cos(\mathrm{roll})\right)\Delta p\cdot\mathrm{GSD}_x\\ G_cG_r(y)=\dfrac{\partial y}{\partial\,\mathrm{pitch}}\Delta p\cdot\mathrm{GSD}_y=\left(-x\sin(\mathrm{roll})-\dfrac{xy}{f}\cos(\mathrm{roll})\right)\Delta p\cdot\mathrm{GSD}_y\end{cases} \tag{3.20}$$

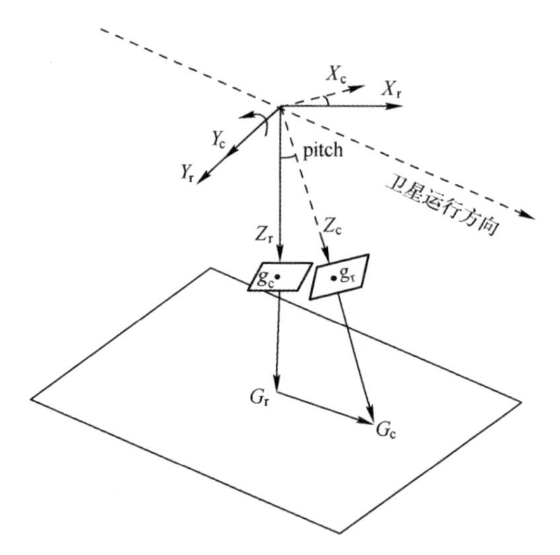

图3.15 沿轨方向角元素误差造成的影像几何误差

从式（3.20）中可以看出，沿轨方向平移误差G_cG_r与pitch之间呈线性正比关系，其比例系数为卫星轨道高度。由于静止轨道光学卫星轨道H较高，因此，随着沿轨方向角元素误差pitch的增大，对于光学卫星影像由其引起的沿轨方向平移误差G_cG_r也迅速增大。地球同步轨道高度约为36000km，根据式（3.20）可以粗略算出，当pitch仅为1″时，G_cG_r约为174.5m，在成像分

辨率 10m 条件下，换算到像方约为 17.4pixel；而当 pitch 达到 5″时，相应的 G_cG_r 约为 872.6m，换算到像方约为 87.2pixel。由此可以看出，沿轨方向的角元素误差对于影像几何定位精度有着极为显著的影响，在静止轨道高轨条件下，要达到像素级的影像几何精度，沿轨方向的角元素误差 pitch 应接近亚角秒级，然而，不论是系统性的相机安装角误差还是非模型化的姿态观测误差，目前均难以满足要求。

同理，当姿态确定误差在空间中仅存在垂轨方向的翻滚角元素误差 Δr 时，如图 3.16 所示，则由姿态量测值与真实值之间的系统误差 Δp 导致的物方偏差为

$$\begin{cases} G_cG_r(x) = \dfrac{\partial x}{\partial \mathrm{roll}}\Delta r \cdot \mathrm{GSD}_x = \left(-\dfrac{xy}{f}\right)\Delta r \cdot \mathrm{GSD}_x \\ G_cG_r(y) = \dfrac{\partial y}{\partial \mathrm{roll}}\Delta r \cdot \mathrm{GSD}_y = \left(-f-\dfrac{y^2}{f}\right)\Delta r \cdot \mathrm{GSD}_y \end{cases} \tag{3.21}$$

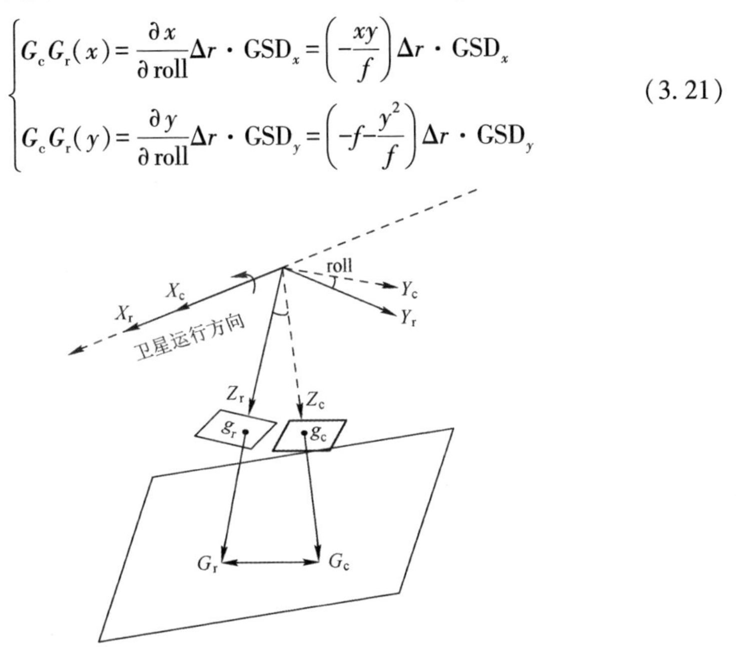

图 3.16　垂轨方向角元素误差造成的影像几何误差

从式（3.21）中可以看出，与沿轨方向角元素误差 pitch 一样，垂轨方向角元素误差 roll 造成的影像垂轨方向平移误差 G_cG_r 与其之间呈线性正比关系，其比例系数也为卫星轨道高度，因此，同样由于光学卫星轨道 H 通常较高，随着垂轨方向角元素误差 roll 的增大，对于光学卫星影像由其引起的垂轨方向平移误差 G_cG_r 也迅速增大。仍然对静止轨道卫星进行估算分析，根据式（3.21）可以粗略算出，当 roll 仅为 1″时，G_cG_r 约为 174.5m，换算到像方约为 17.4pixel；而当 roll 达到 5″时，相应的 G_cG_r 约为 872.6m，换算到像方约为 87.2pixel。由此可以看出，垂轨方向的角元素误差对于静止轨道光学卫星影像的几何定位精度也有着与沿轨方向角元素误差 pitch 同样显著的影响，不同

之处在于一个影响影像沿轨方向的几何精度，另一个则影响影像垂轨方向的几何精度。要达到像素级的影像几何精度，除了对沿轨方向的角元素误差 pitch 要求达到亚角秒级外，对于垂轨方向角元素误差 roll 也一样要求达到亚角秒级，然而，不论是系统性的相机安装角误差还是非模型化的姿态观测误差，目前均难以满足要求。

当姿态确定误差在空间中仅存在偏航方向的角元素误差 Δy 时，如图 3.17 所示，在卫星影像的星下点不会引起几何定位误差，由姿态量测值与真实值之间的系统误差 Δp 导致的物方偏差为

$$\begin{cases} G_cG_r(x)=\dfrac{\partial x}{\partial \text{yaw}}\Delta y \cdot \text{GSD}_x=(y)\Delta y \cdot \text{GSD}_x \\ G_cG_r(y)=\dfrac{\partial y}{\partial \text{yaw}}\Delta y \cdot \text{GSD}_y=(-x)\Delta y \cdot \text{GSD}_y \end{cases} \tag{3.22}$$

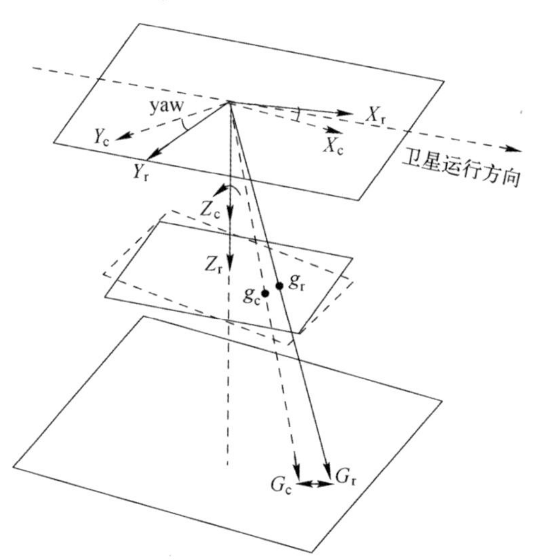

图 3.17　偏航方向角元素误差造成的影像几何误差

通过以上分析可知由卫星姿态确定误差引起的综合定位误差为

$$\begin{cases} G_cG_r(X)_{\text{attitude}}=\dfrac{H/f}{\cos^2(\text{pitch})\cos(\text{roll})}\times \\ \sqrt{\left(y\sin(\text{roll})-\left(\dfrac{x^2}{f}+f\right)\cos(\text{roll})\right)^2\Delta p^2+\left(-\dfrac{xy}{f}\right)^2\Delta r^2+y^2\Delta y^2} \\ G_cG_r(Y)_{\text{attitude}}=\dfrac{H/f}{\cos(\text{pitch})\cos^2(\text{roll})}\times \\ \sqrt{\left(-x\sin(\text{roll})-\dfrac{xy}{f}\cos(\text{roll})\right)^2\Delta p^2+\left(-f-\dfrac{y^2}{f}\right)^2\Delta r^2+(-x)^2\Delta y^2} \end{cases} \tag{3.23}$$

由于焦距f远大于x与y，因此式（3.23）可以简化为

$$\begin{cases} G_{\mathrm{c}}G_{\mathrm{r}}(X)_{\text{attitude}} = \dfrac{H}{\cos^2(\text{pitch})}\Delta p \\ G_{\mathrm{c}}G_{\mathrm{r}}(Y)_{\text{attitude}} = \dfrac{H}{\cos(\text{pitch})\cos^2(\text{roll})}\Delta r \end{cases} \tag{3.24}$$

3.1.3.3　轨道观测误差

在静止轨道面阵相机严格几何成像模型中，相机外部参数不仅包含定姿参数，还有定轨参数，虽然静止轨道卫星与地球相对静止，但轨道的观测仍然随时间发生变化。静止轨道面阵相机轨道确定误差是由轨道量测误差引起的线元素误差，主要包括轨道确定误差、由于时间同步误差引起的轨道误差等。与角元素误差一样，对于线元素误差，同样将其分为沿轨、垂轨以及沿主光轴三个正交方向的分量ΔB_x、ΔB_y和ΔB_z分别进行分析。

如图3.18所示，当相机坐标系在空间中仅存在沿轨方向的线元素误差$S_{\mathrm{c}}S_{\mathrm{r}}=\Delta B_x$时，相机视场中像点$g(x,y)$在沿轨方向上将引起平移误差为$G_{\mathrm{c}}G_{\mathrm{r}}$，即

$$G_{\mathrm{c}}G_{\mathrm{r}} = \Delta B_x \tag{3.25}$$

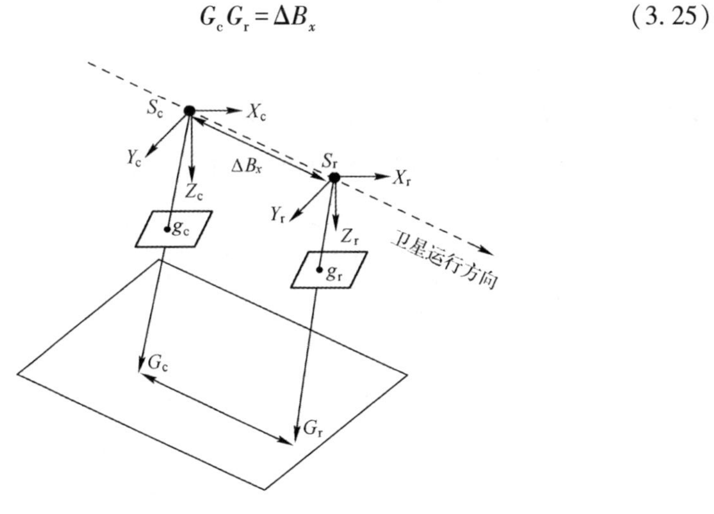

图3.18　沿轨方向线元素误差造成的影像几何误差

式（3.25）表明，沿轨方向的线元素误差ΔB_x与其对于光学卫星影像造成的几何定位误差是一种简单的相等关系，与卫星轨道高度无关。对于高轨静止轨道卫星影像而言，尽管沿轨方向的角元素误差Δp与线元素误差ΔB_x引起的影像几何定位误差具有一致的规律，均表现为影像沿轨方向的平移误差。

然而，在对于影像几何定位精度的影响显著性上，角元素误差 Δp 远强于线元素误差 ΔB_x。

对于静止轨道光学卫星而言，由于卫星运行高度的限制，无法采用 GPS 进行定轨，目前星上实时定轨精度一般优于 200m。当沿轨方向的线元素误差 $B_x = 10\text{m}$ 时，由其引起的影像沿轨方向平移误差 GG' 也仅为 10m，换算到像方约为 1pixel；当 $B_x = 100\text{m}$ 时，由其引起的影像沿轨方向平移误差 GG' 也为 100m，换算到像方约为 10pixel。因此，对于光学卫星影像而言，尽管沿轨方向的角元素误差 pitch 与线元素误差 B_x 引起的影像几何误差具有一致的规律，均表现为影像沿轨方向的平移误差。然而，两者在对于影像几何定位精度的影响显著性上具有较大的差别，角元素误差 pitch 远强于线元素误差 B_x。

同理，当相机坐标系在空间中仅存在垂轨方向的线元素误差 ΔB_y 时，在不考虑其余误差源影响的情况下，则在影像的垂轨方向上引起的平移误差为 G_cG_r，其方向和大小与 ΔB_y 相同，而在影像的沿轨方向上引起的误差为 0，有

$$G_cG_r = \Delta B_y \tag{3.26}$$

由图 3.19 可知，对于静止轨道光学卫星影像垂轨方向的线元素误差 ΔB_y 与沿轨方向线元素误差 ΔB_x 在几何定位精度的影响上具有一致性，只是影响的误差方向有所不同。同样，垂轨方向的角元素误差 Δr 与线元素误差 ΔB_y 引起的影像几何定位误差规律也具有一致性，都表现为垂轨方向的平移误差，且角元素误差 Δr 对影像几何定位精度的影响显著性上远强于线元素误差 ΔB_y。

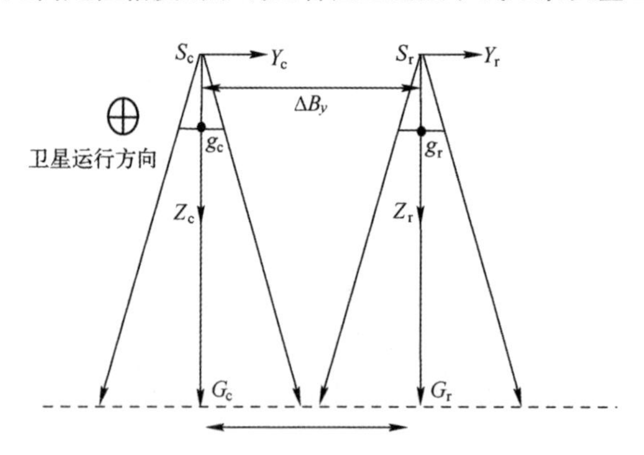

图 3.19　垂轨方向线元素误差造成的影像几何误差

如图 3.20 所示，仅存在沿主光轴方向的线元素误差 $S_cS_r = \Delta B_z$，静止轨道卫星通过成像控制使得 yaw≈0°，同时由于相机视场角很小，$x/f \approx 0$，$y/f \approx 0$，

则引起的几何误差 G_cG_r 可表示为

$$\begin{cases} G_cG_r(X)=\tan(\text{pitch})\times\Delta B_z \\ G_cG_r(Y)=\dfrac{\tan(\text{roll})}{\cos(\text{pitch})}\times\Delta B_z \end{cases} \tag{3.27}$$

式中：pitch 与 roll 分别为卫星成像时的俯仰角与翻滚角。

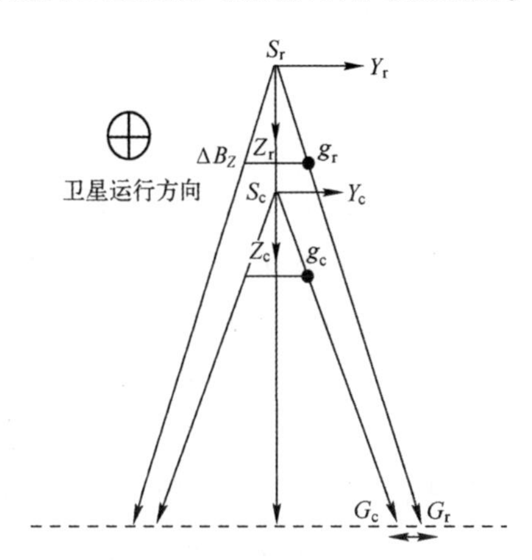

图 3.20　沿主光轴方向线元素误差造成的影像几何误差

B_z 在沿轨及垂轨方向上引起的几何误差在面阵边缘探元处最大，利用式（3.27）可以算出。当沿主光轴方向的线元素误差 $B_z=10\text{m}$ 时，在面阵边缘探元处引起的沿轨或垂轨方向几何误差仅约为 0.056m，换算至像方小于 0.006pixel；当 $B_z=100\text{m}$ 时，在 CCD 边缘探元处引起的沿轨或垂轨方向几何误差约为 0.56m，换算至像方小于 0.06pixel。因此，这表明静止轨道高分辨率面阵相机成像视场角极小，通常情况下可以忽略沿主光轴方向的线元素误差 B_z 引起的几何误差。

通过以上分析可知，沿轨与垂轨方向的轨道偏差引起的几何定位误差与成像角度无关，沿主光轴方向的轨道偏差引起的定位误差与成像角度有关，则由轨道确定误差引起的综合定位误差为

$$\begin{cases} G_cG_r(X)_{\text{orbit}}=\sqrt{(\tan(\text{pitch})\times\Delta B_z)^2+\Delta B_x^2} \\ G_cG_r(Y)_{\text{orbit}}=\sqrt{\left(\dfrac{\tan(\text{roll})}{\cos(\text{pitch})}\times\Delta B_z\right)^2+\Delta B_y^2} \end{cases} \tag{3.28}$$

对于静止轨道光学卫星而言，由于卫星运行轨道高度极高，难以接收到 GPS 信号，因此低轨光学遥感卫星采用的传统基于 GPS 信号的精密定轨方法难以在静止轨道卫星上应用，静止轨道光学卫星的定轨量测精度往往在百米

量级。低轨卫星基于星载 GPS 技术直接下传的轨道数据一般采用状态向量方式进行描述，可直接用于高分辨率光学影像几何处理；而静止轨道光学卫星下传的轨道数据一般采用轨道六根数的表示方法，可以更加直观地对卫星运行状态进行描述，影像几何处理则需要将轨道根数转换成状态向量。

3.1.3.4 温度因素

与低轨线阵卫星和航空传感器最大的不同是，静止轨道卫星运行的轨道高达 36000km。对于静止轨道三轴稳定卫星，高轨运行的外部温度会对卫星的安装关系产生影响。例如，其星上所搭载的星敏感器与对地相机虽然采用支架进行刚性连接，但剧烈的温差将导致由支架决定的相对安装关系发生变化，安装关系的变化将直接导致相机姿态量测的误差，进而对卫星几何定位带来影响。由于外界温度变化与太阳光照和时间具有高度的相关性，因此需要分析研究卫星结构变形对于时间的变化规律。

太阳光照是静止轨道卫星最主要的外热源，由于受太阳照射方向等因素的影响，静止轨道卫星温度会呈现周期性的变化。受太阳照射方向的变化，静止轨道卫星温度会发生变化，且不同季节的环境温度也会出现周期性的变化。对于静止轨道三轴稳定的卫星[9]，对三轴稳定卫星的东、西、南、北、对地和背地 6 个面的温度参数进行观察分析可以发现，静止轨道卫星温度存在年时段长周期和日时段的周期的变化规律。

从图 3.21 和图 3.22 所示的温度参数年变化曲线可以看出，对于三轴稳定

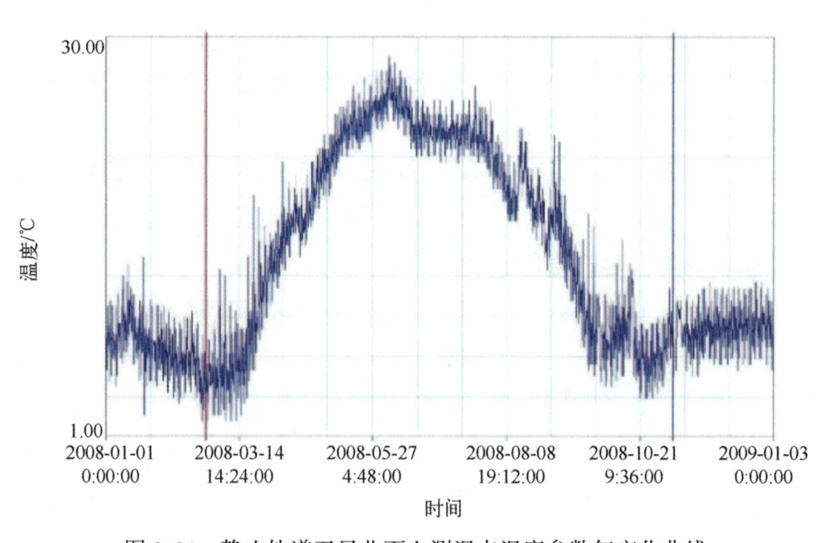

图 3.21　静止轨道卫星北面上测温点温度参数年变化曲线

的静止轨道卫星，静止轨道三轴稳定卫星南、北面上的太阳光强具有年周期性的变化规律，其中：北面上的太阳光强最大值出现在 2008 年 7 月 20 日附近，秋分至次年春分期间光强为 0；南面上的太阳光强最大值出现在 2008 年 12 月 22 日附近，春分至秋分期间光强为 0。

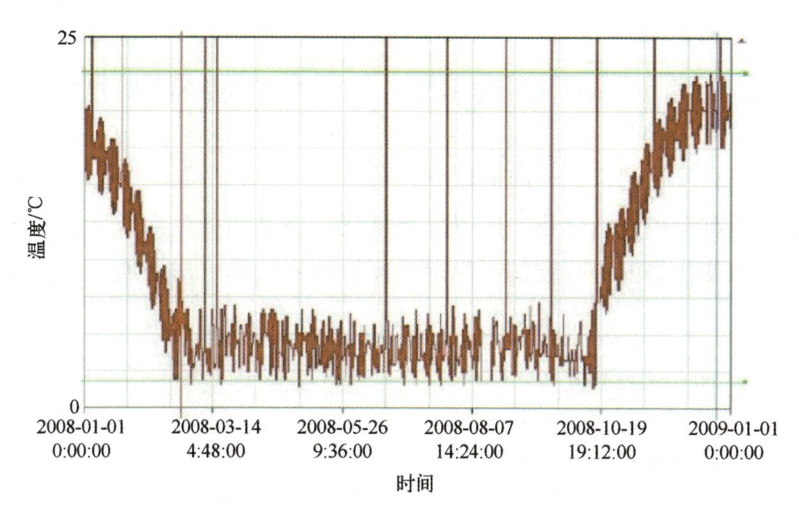

图 3.22　静止轨道卫星南面上测温点温度参数年变化曲线

从图 3.23 所示的 2009 年 4 月 30 日到 5 月 20 日静止轨道卫星西面温度变化曲线可以看出，卫星西面的温度变化规律呈现比较明显的日规律，在一天之内，由于受太阳照射方向的变化，可以分为日照期和背光期，太阳光强在一天的某一时刻达到最大值，在背光期，太阳光强为 0，最大光强出现的时刻是在太阳光垂直照射对应面时。

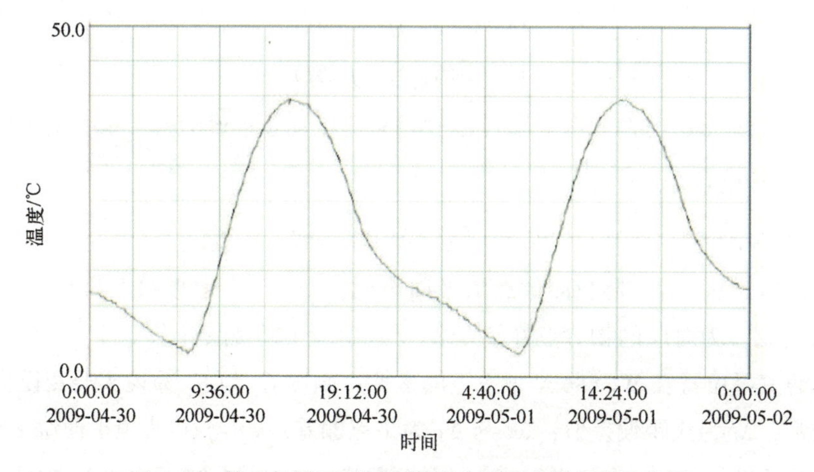

图 3.23　静止轨道卫星西面测温点温度参数年变化曲线

考虑到卫星姿态观测对卫星几何定位精度的影响，静止轨道高分辨率面阵相机严格几何成像模型式（3.1）可以更新为

$$\begin{pmatrix} x \\ y \\ -(f+\Delta f) \end{pmatrix} = \lambda \boldsymbol{R}_{\text{ins}}^{\text{cam}}(\text{pitch},\text{roll},\text{yaw})_{(t)} \boldsymbol{R}_{\text{J2000}}^{\text{ins}} \boldsymbol{R}_{\text{wgs}}^{\text{J2000}} \begin{pmatrix} X_g - X_{\text{body}} \\ Y_g - Y_{\text{body}} \\ Z_g - Z_{\text{body}} \end{pmatrix} \tag{3.29}$$

式中：$\boldsymbol{R}_{\text{ins}}^{\text{cam}}(\text{pitch},\text{roll},\text{yaw})_{(t)}$为随时间变化的本体坐标系到相机坐标系的旋转矩阵。

通过历史检校结果及相应温度参数分析，可建立由温度变化引起卫星参数变化的幅度关系，结合建立的卫星温度变化模型，可对未来温度变化幅度及卫星参数变化幅度进行预测，确定当前检校参数的可用周期，并及时开展检校任务。

3.1.4 几何定标模型

3.1.4.1 物理模型

根据 3.1.3 节中对静止轨道卫星各项几何定位误差源的分析，结合静止轨道面阵相机的严格几何成像模型，可以确定出静止轨道卫星面阵相机几何定标的物理模型，即

$$\begin{pmatrix} x \\ y \\ -(f+\Delta f) \end{pmatrix} = \lambda \boldsymbol{R}_{\text{ins}}^{\text{cam}}(\text{pitch},\text{roll},\text{yaw}) \boldsymbol{R}_{\text{J2000}}^{\text{ins}} \boldsymbol{R}_{\text{wgs}}^{\text{J2000}} \begin{pmatrix} X_g - X_{\text{body}} \\ Y_g - Y_{\text{body}} \\ Z_g - Z_{\text{body}} \end{pmatrix} \tag{3.30}$$

$$\begin{cases} x = G_x(x_{fgi}) f/(f+\Delta f) \\ y = G_y(y_{fgi}) f/(f+\Delta f) \end{cases}$$

$$\begin{cases} x_{fgi} = (\sin\varphi_x \sin\varphi_y \cos\beta - \cos\varphi_x \sin\beta)(y_{P_i}+\Delta y) + (\sin\varphi_x \sin\varphi_y \sin\beta + \cos\varphi_x \cos\beta)(x_{P_i}+\Delta x) + \\ \qquad z_{P_i} \sin\varphi_x \cos\varphi_y \\ y_{fgi} = \cos\varphi_y \cos\beta(y_{P_i}+\Delta y) + \cos\varphi_y \sin\beta(x_{P_i}+\Delta x) - z_{P_i} \sin\varphi_y \end{cases}$$

式中：(x_{P_i}, y_{P_i})为实际量测像点焦平面坐标；(x, y)为理想像点焦平面坐标；(X_g, Y_g, Z_g)为对应的物方点在 WGS84 坐标系下的坐标；$(X_{\text{body}}, Y_{\text{body}}, Z_{\text{body}})$为测定的卫星位置在 WGS84 坐标系下的坐标；函数 G_x 与 G_y 为镜头畸变模型；f 为焦距；Δf 为焦距偏差值；Δx 与 Δy 为主点偏差；φ_x 与 φ_y 为焦平面绕 x 轴与绕 y 轴的倾斜角；β 为焦平面绕 z 轴的旋转角；$\boldsymbol{R}_{\text{wgs}}^{\text{J2000}}$ 与 $\boldsymbol{R}_{\text{J2000}}^{\text{ins}}$ 分别为 WGS84 坐

标系到J2000坐标系、J2000坐标系到卫星上星敏坐标系的转换矩阵；$\boldsymbol{R}_{\text{ins}}^{\text{cam}}(\text{pitch},\text{roll},\text{yaw})$为相机坐标系到本体坐标系的旋转矩阵，其中$(\text{pitch},\text{roll},\text{yaw})$为对应的安装角。

根据静止轨道面阵相机几何定标的物理模型，考虑到相对于相机的外部参数和内部参数，将定标物理模型参数分为两类：一类是外定标参数，主要确定星敏坐标系与相机坐标系之间的安装关系；另一类是内定标参数，主要用来表达相机内部的畸变。通过内外定标参数，共同恢复像点坐标与地面坐标之间的对应光线关系，以提高静止轨道高分辨率面阵相机的几何定位精度。

3.1.4.2　参数相关性

由于静止轨道卫星面阵相机焦距较长，成像视场较小，各探元的成像光线相对集中，因此严格几何成像模型中的各个成像参数之间具有强相关性，若直接对各项成像参数构建几何定标模型进行解算，可能导致病态的平差方程，从而使解算出现震荡性而难以收敛。因此，分析各项系统误差之间存在的相关性对静止轨道卫星面阵相机的在轨定标的影响效果，对定标参数的选取、定标模型的构建、解算策略的规划都具有重要的参考价值。

对于各项误差参数之间存在的相关性问题，本节以各项误差参数的相关系数矩阵来定量化地表征其相关性，以静止轨道卫星相机、姿态、轨道等设计参数为依据，模拟计算各项系统误差之间的相关系数，从而构建定量化分析指标相关系数矩阵。

对于中心投影的影像，各项成像参数之间的相关性主要由成像视场角与地面高程起伏决定，其中地面的高程起伏取决于卫星成像区域的实际地形。本节首先利用影像模拟的方法生成不同高程面上的虚拟控制点，然后利用这些虚拟控制点来解算其相关系数矩阵，具体流程和方法如下：

1）构建严格几何成像模型

以静止轨道卫星高分四号相机、姿态、轨道等设计参数为设计值，构建严格的几何成像模型。由于各项误差项通常都为小量，因此其偏差对于相关系数的求解可以忽略不计。

2）生成虚拟控制点

采用地形无关的有理多项式系数（RPC）参数解算方法思路，以$[H_{\min},H_{\max}]$为物方的高程范围，以ΔH为高程间距，通过$H_k=H_{\min}+\Delta H\cdot k$计算各个高程面的高度，同时在像方划分若干规则格网，对各个格网点$p_{ij}(\text{smp}_i,\text{line}_j)$

利用构建的严格几何成像模型，采用前方交会的方法在物方 k 个高程面上求取相应的 k 个虚拟控制点数据 $p_{ij} \Leftrightarrow p_{ijk}(k=1,2,\cdots,K)$，如图 3.24 所示。

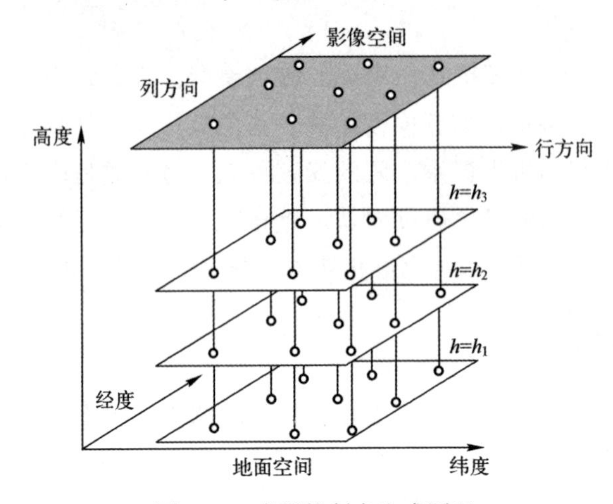

图 3.24　虚拟控制点生成原理

3）计算相关系数矩阵

利用像点以及对应的虚拟控制点来解算相关系数矩阵。用(X_i, Y_i, Z_i)来表示各高程面上物方控制点坐标，其对应的像点坐标用(x_i, y_i)表示，以各项系统误差参数的实验室检校值代入严格几何成像模型中，并对其进行线性化处理，从而解算出各项系统误差参数的相关系数矩阵。具体步骤如下：

将式（3.23）转化为式（3.24），可得

$$\begin{cases} F(X)=\dfrac{X_g-X_{\text{body}}}{Z_g-Z_{\text{body}}}+\dfrac{x}{f+\Delta f} \\ G(X)=\dfrac{Y_g-Y_{\text{body}}}{Z_g-Z_{\text{body}}}+\dfrac{y}{f+\Delta f} \end{cases} \tag{3.31}$$

式中：X 为各项系统误差参数。

将各项成像参数的地面检校初值 X° 代入式（3.23）中进行线性化处理，并对各控制点构建误差方程式（3.25），有

$$\boldsymbol{V}_i=\boldsymbol{A}_i\boldsymbol{X}-\boldsymbol{L}_i \tag{3.32}$$

$$\boldsymbol{A}_i=\begin{bmatrix} \dfrac{\partial F_i}{\partial X} \\ \dfrac{\partial G_i}{\partial X} \end{bmatrix},\ \boldsymbol{L}_i=\begin{bmatrix} F(X^{\circ}) \\ G(X^{\circ}) \end{bmatrix}$$

式中：$\boldsymbol{A}_i$ 为误差方程式的系数矩阵；$\boldsymbol{L}_i$ 为误差向量。各个系统误差参数的协因数矩阵可以表示为

$$\boldsymbol{Q}_{XX} = \boldsymbol{A}^{\mathrm{T}}\boldsymbol{P}\boldsymbol{A} = \sum_{i=1}^{K} \boldsymbol{A}_i^{\mathrm{T}}\boldsymbol{P}_i\boldsymbol{A}_i \tag{3.33}$$

则其相关系数矩阵 $\boldsymbol{C}_{XX}$ 中的各项元素 c_{ij} 可以表示为

$$c_{ij} = \frac{q_{ij}}{\sqrt{q_{ii}} \cdot \sqrt{q_{jj}}} \tag{3.34}$$

式中：q_{ij} 为协因数矩阵 $\boldsymbol{Q}_{XX}$ 中的元素。

表 3.1 列出了高程起伏（$H_{\max}-H_{\min}$）为 0~8000m 时，各项误差参数之间的相关系数矩阵。由于静止轨道卫星高度为 36000km，因此在这样的高程变化范围内，对于各项误差参数的相关性并没有明显影响。

表 3.1　高程起伏为 0~8000m 时各项误差参数相关系数矩阵

	pitch	roll	yaw	B_x	B_y	B_z	f	x_o	y_o	φ_x	φ_y	β	p_1	p_2	k_1
pitch	1.0														
roll	0.0	1.0													
yaw	0.0	0.0	1.0												
B_x	**1.0**	0.0	0.0	1.0											
B_y	0.0	**−1.0**	0.0	0.0	1.0										
B_z	0.0	0.0	0.0	0.0	0.0	1.0									
f	0.0	0.0	0.0	0.0	0.0	**1.0**	1.0								
x_o	**1.0**	0.0	0.0	**1.0**	0.0	0.0	0.0	1.0							
y_o	0.0	**−1.0**	0.0	0.0	**1.0**	0.0	0.0	0.0	1.0						
φ_x	0.0	**1.0**	**1.0**	0.0	0.0	0.0	0.0	0.0	0.0	1.0					
φ_y	**−1.0**	0.0	0.0	0.0	0.0	**1.0**	**1.0**	0.0	0.0	0.0	1.0				
β	0.0	0.0	**1.0**	0.0	0.0	0.0	0.0	0.0	0.0	0.0	0.0	1.0			
p_1	0.0	**−0.8**	0.0	0.0	**0.8**	−0.1	−0.1	0.0	**0.8**	0.0	−0.1	0.0	1.0		
p_2	−0.1	0.0	**0.9**	−0.1	0.0	0.0	0.0	−0.1	0.0	**0.9**	0.0	**0.9**	0.0	1.0	
k_1	0.0	0.1	0.0	0.0	−0.1	**0.9**	**0.9**	0.0	−0.1	0.0	**0.9**	0.0	−0.1	0.0	1.0

从表 3.1 中可以发现，对于静止轨道卫星而言，其严格几何成像模型中的系统误差参数的相关性主要分为 4 组，组内各参数之间具有强相关性，而不同组之间的参数几乎正交。其中：第 1 组参数包括沿轨方向的角元素误差 pitch、沿轨方向线元素误差 B_x 以及 CCD 沿轨方向平移误差与沿轨方向的成像面阵的倾斜等 4 类误差参数；第 2 组参数则包括垂轨方向的角元素误差 roll、垂轨方向线元素误差 B_y、成像面阵垂轨方向平移误差以及镜头偏心畸变参数

p_1 以及成像面阵垂轨方向的倾斜等 5 类误差参数；第 3 组参数包括偏航方向的角元素误差 yaw、成像面阵的旋转角误差以及镜头偏心畸变参数 p_2 等 3 类误差参数；第 4 组参数包括沿主光轴方向线元素误差 B_z、镜头主距误差以及镜头径向畸变参数 k_1 等 3 类误差参数。同时，由于卫星轨道高度远大于地面高程起伏，因此，高程起伏对于参数之间相关系数的影响非常微小，几乎可以忽略。这说明对于静止轨道对地观测卫星影像布设物方控制点进行几何定向时，不需要对物方控制点的高程起伏提出要求。

3.1.4.3 二维指向模型

对于静止轨道光学面阵卫星影像，虽然基于严格几何成像模型的各个误差项都具有严格的物理意义，且对于各项系统误差都建立了严格的数学模型来进行补偿，但是，根据前述分析可知，系统误差参数之间存在高度的相关性，个别系统误差参数的显著性较弱，因此基于严格几何定标模型，对各项系统误差进行解算的过程往往会造成方程的病态问题以及误差参数不可分等问题。因此需要在构建的严格几何成像模型的基础上，对各项系统误差参数进行合理的优化，使其既可以有效补偿各项系统误差，又可以避免系统误差项之间的高相关性与部分误差项的低显著性，从而建立适用于静止轨道光学面阵卫星影像的在轨几何定标模型。

本节依据静止轨道光学面阵卫星影像的严格几何成像模型，进行相应的处理工作。

（1）对于静止轨道光学面阵卫星影像，外定标参数主要包括相机安装角引起的影像几何定位误差、时间同步引起的轨道误差、安装偏心误差三类。其中，安装偏心误差通常为小量，通过实验室的粗略标定，其精度可以控制在厘米级，因此可以忽略处理；时间同步引起的轨道误差会造成影像几何定位误差的显著性远小于相机安装角引起的影像几何定位误差的显著性，且通过分析可知，基于静止轨道高轨、窄视场角的特点，轨道确定误差引起的影像几何定位误差可以通过相机安装角进行补偿。因此，相机安装角是导致静止轨道光学面阵卫星影像几何定位误差的最主要的误差源，且外定标过程中通过对相机安装角进行检校，可以有效补偿外定标误差。

（2）对于静止轨道面阵相机几何定标的物理模型，虽然各项畸变参数都具有严格的物理意义且理论严密，但是其内外系统误差之间具有强相关性，并且不可避免地会引入随机误差的影响。外定标参数的检校结果中往往对部分相机内部系统误差进行补偿，并引入了随机误差，从而破坏了原有相机内部系统误差的特性，再加上相机内部各项系统误差具有强相关性，这使得基于物理模型的相机内部系统误差参数难以精确地区分和标定。

对于低轨线阵光学卫星的在轨几何定标，目前常用的方法是采用一维指向角模型来克服参数之间的相关性与部分参数的低显著性[10-12]。本节采用一维指向角模型的思路，结合静止轨道卫星面阵相机的特点，在外定标参数所确定的“广义”相机坐标系的基准下，设计了二维指向角(ψ_x,ψ_y)来描述相机内部的各个面阵探元在此坐标系下的指向（图3.25），从而恢复面阵各个探元在空间中精确的指向信息。

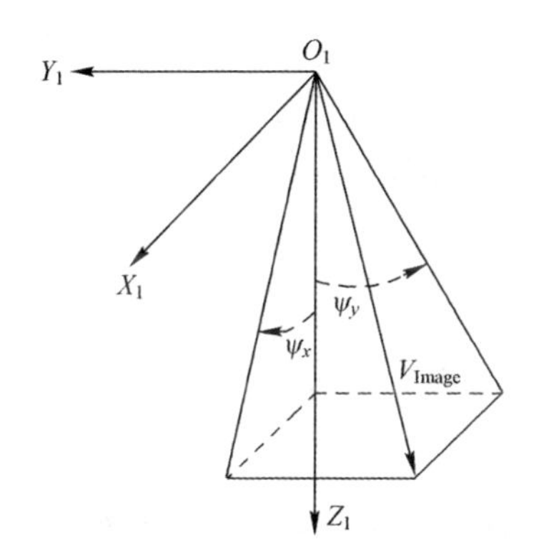

图3.25　面阵探元指向角示意图

二维指向角模型的本质就是将面阵各感光探元以相机主距为基准进行了归一化处理，即

$$(V_{\rm Image})_{\rm cam}=\left(\frac{x}{f},\frac{y}{f},-1\right)^{\rm T}=(\tan(\psi_x(x,y)),\tan(\psi_y(x,y)),-1)^{\rm T} \tag{3.35}$$

为了确定各个感光探元的指向信息，本节利用一个二元三次多项式来描述静止轨道卫星面阵相机各个感光探元在“广义”相机坐标系下的指向角，作为其几何定标的内定标模型可表示为

$$\begin{cases}\tan(\psi_x(x,y))=\dfrac{x}{f}=ax_0+ax_1\cdot l+ax_2\cdot s+ax_3\cdot l\cdot s+ax_4\cdot l^2+ax_5\cdot \\ \qquad s^2+ax_6\cdot l^2\cdot s+ax_7\cdot l\cdot s^2+ax_8\cdot l^3+ax_9\cdot s^3 \\ \tan(\psi_y(x,y))=\dfrac{y}{f}=ay_0+ay_1\cdot l+ay_2\cdot s+ay_3\cdot l\cdot s+ay_4\cdot l^2+ay_5\cdot \\ \qquad s^2+ay_6\cdot l^2\cdot s+ay_7\cdot l\cdot s^2+ay_8\cdot l^3+ay_9\cdot s^3\end{cases} \tag{3.36}$$

式中：$ax_0 \sim ax_9$、$ay_0 \sim ay_9$ 为内定标参数。

本节构建的二维指向角模型作为相机的内检校模型，具有以下优势：

(1) 严格物理模型理论上具有严密性，二维指向角模型可以以正交多项式的形式来描述严格物理模型所表达的绝大多数几何畸变形式，这样通过定标就可以近乎完全恢复相机内部实际的畸变情况。

(2) 由于静止轨道卫星具有的长焦距、窄视场角、高轨等特点，使得基于严格物理模型的各项畸变参数具有很强的相关性，并且部分畸变参数的显著性较弱，使得参数解算结果不稳定。而二维指向角模型的本质就是利用一组标准正交基，对严格物理模型的各个畸变参数进行了正交化，从而克服了物理模型的参数相关性问题。

根据上述描述，构建地球静止轨道面阵相机在轨几何定标模型。在轨几何定标模型包括内定标模型和外定标模型。

外定标模型为

$$\begin{bmatrix} \tan(\psi_x(x,y)) \\ \tan(\psi_y(x,y)) \\ -1 \end{bmatrix} = \lambda \boldsymbol{R}_{\text{ins}}^{\text{cam}}(\text{pitch},\text{roll},\text{yaw})_{(t)} \boldsymbol{R}_{\text{J2000}}^{\text{ins}} \boldsymbol{R}_{\text{wgs}}^{\text{J2000}} \begin{bmatrix} X_g - X_{\text{body}} \\ Y_g - Y_{\text{body}} \\ Z_g - Z_{\text{body}} \end{bmatrix} \tag{3.37}$$

式中：(x,y)为影像上的探元坐标；$\psi_x(x,y)$和$\psi_y(x,y)$为相机坐标系下该探元 x 方向和 y 方向上光轴指向；(X_g,Y_g,Z_g)为该探元对应的物方点在 WGS84 坐标系下的坐标；$(X_{\text{body}},Y_{\text{body}},Z_{\text{body}})$为测定的卫星位置在 WGS84 坐标系下的坐标；$\boldsymbol{R}_{\text{wgs}}^{\text{J2000}}$为 WGS84 坐标系到 J2000 坐标系的旋转矩阵；$\boldsymbol{R}_{\text{J2000}}^{\text{ins}}$为 J2000 坐标系到卫星本体坐标系的旋转矩阵；$\boldsymbol{R}_{\text{ins}}^{\text{cam}}(\text{pitch},\text{roll},\text{yaw})_{(t)}$为不同温度条件下的卫星本体坐标系到相机坐标系的旋转矩阵，其中(pitch, roll, yaw)为相机安装角；λ 为比例系数。

内定标模型为

$$\left(\frac{x}{f},\frac{y}{f},-1\right)^{\mathrm{T}} = (\tan(\psi_x(x,y)),\tan(\psi_y(x,y)),-1)^{\mathrm{T}} \tag{3.38}$$

$$\begin{cases} \tan(\psi_x(x,y)) = \dfrac{x}{f} = ax_0+ax_1\cdot l+ax_2\cdot s+ax_3\cdot l\cdot s+ax_4\cdot l^2+ax_5\cdot s^2+ax_6\cdot \\ \qquad l^2\cdot s+ax_7\cdot l\cdot s^2+ax_8\cdot l^3+ax_9\cdot s^3 \\ \tan(\psi_y(x,y)) = \dfrac{y}{f} = ay_0+ay_1\cdot l+ay_2\cdot s+ay_3\cdot l\cdot s+ay_4\cdot l^2+ay_5\cdot s^2+ay_6\cdot \\ \qquad l^2\cdot s+ay_7\cdot l\cdot s^2+ay_8\cdot l^3+ay_9\cdot s^3 \end{cases}$$

式中：$ax_0 \sim ax_9$、$ay_0 \sim ay_9$ 为内定标参数。

本节设计的静止轨道光学面阵卫星的在轨几何定标模型具备以下特点。

（1）设计的定标模型中，外定标参数确定是“广义”相机坐标系，因为该外定标参数不仅补偿了相机的安装角元素误差，也同步补偿了由于时间同步误差引起的轨道确定线元素误差和部分相机内部畸变，并且不可避免地会引入姿态漂移误差。虽然该坐标系并非真实的相机坐标系，但是它的作用也只在于为相机内定标参数的解算提供一个较为准确的参考基准，并没有实质的物理含义。

（2）以“广义”坐标系为基准，来解算面阵相机各个探元的指向角，可以避免内外系统误差高度耦合造成的解算问题。同时，采用二维多项式模型替代严格几何模型来描述相机的内部畸变，可以利用二维多项式模型的正交性，避免各项物理畸变参数的强相关性导致的解算问题。“广义”坐标系中包含的误差，不会影响相机内部相对畸变的解算，通过外部基准结合描述相机内部相对几何关系的指向角模型，可以高精度地恢复相机内部各个探元在空间中的指向信息。

（3）与低轨卫星显著不同的是，静止轨道卫星轨道高度高达 36000km，在一年中的不同季节、一天中的不同时间中环境温度变化剧烈，这会导致由支架决定的相机安装关系发生不容忽视的变化，从而影响卫星的几何定位精度。针对高轨环境下较为显著的热变形因素，建立与温度参数相关的外定标模型，并设计了相应的分步定标参数解算方法，计算不同温度条件下的内外定标参数。

（4）由于静止轨道面阵光学成像卫星具有凝视成像模式，利用凝视成像条件下获得的多张定标影像，进行定标参数的解算，可以有效减小由于姿态随机误差引起的定标参数解算偏差，有效提高定标精度。

3.2　基于场地在轨几何定标方法

3.2.1　算法流程

3.2.1.1　控制量测

从低轨卫星在轨几何参数检校的处理中可知，高检校精度的获取离不开高可靠的控制信息的获得，同时也给影像匹配的精度提出了前所未有的高要求。由于静止轨道卫星定点在赤道上空、通过侧摆获取其他纬度的影像，若地面检校场纬度较高，静止卫星影像的几何变形比较大，其与地面检校场提供的高精度参考数字正射影像图（DOM）之间存在较大的差异，给高精度匹配带来影响。因此采用基于模拟影像的控制点匹配方法，即利用地面检校场提供的高精度参考影像 DOM 与卫星几何成像参数生成模拟影像，再与静止轨道卫星影像进行匹配。这可消除由于两图像间的几何差异导致的匹配可靠性和精度问题。通过将模拟影像与待检校影像进行匹配，获取大量同名像点，为后续的平差解算提供必要可靠的控制信息。

本节采用的控制点匹配方法步骤如下：

（1）高精度快速的影像模拟。

利用 DEM（数字高程模型）和 DOM 模拟卫星影像是正射影像生成的逆过程，通常采用正投法，即由待模拟影像像素坐标投影到正射影像坐标。

（2）模拟影像的增强。

利用影像增强算法，可以增强原始影像的反差并同时压制噪声，可以大大增强影像中不同尺度的影像纹理模式，所以在提取影像中的点特征时可提高点特征的数量和精度，而在影像匹配中则提高了匹配结果的可靠性及精度。

（3）基于灰度匹配和特征匹配相结合的整体高精度影像匹配。

分析不同时相影像存在的特殊性，顾及影像特征，在匹配的算法中要充分利用特征信息。在此基础上，采用对辐射信息线形变化的相似性测度不变量，然后利用松弛法进行组合优化计算，得到正确的同名点。

3.2.1.2 参数解算

几何定标参数包括外定标参数和内定标参数，首先解算外定标参数并恢复相机坐标系在空间中的姿态，然后解算内定标参数，以确定各探元在相机坐标系下的位置坐标。

具体解算的步骤如下：

（1）对定标场进行凝视成像，选取不同温度条件下控制点均匀分布的待定标影像数据。

（2）针对某一温度下的面阵影像，在待定标影像上量测 K 个均匀分布的地面控制点作为定向点，定向点对应的物方点的协议地球坐标系（CTS）地心直角坐标为(X_i,Y_i,Z_i)，像点坐标为(x_i,y_i)，$i=1,2,3,\cdots,K$。

（3）令

$$\begin{cases}\begin{bmatrix}U_x\\U_y\\U_z\end{bmatrix}=\boldsymbol{R}_{\mathrm{J2000}}^{\mathrm{ins}}\boldsymbol{R}_{\mathrm{wgs}}^{\mathrm{J2000}}\begin{bmatrix}X_g-X_{\mathrm{body}}\\Y_g-Y_{\mathrm{body}}\\Z_g-Z_{\mathrm{body}}\end{bmatrix}\\ \boldsymbol{R}_{\mathrm{ins}}^{\mathrm{cam}}(\mathrm{pitch},\mathrm{roll},\mathrm{yaw})_{(t)}=\begin{pmatrix}a_1&b_1&c_1\\a_2&b_2&c_2\\a_3&b_3&c_3\end{pmatrix}\end{cases}\tag{3.39}$$

则有

$$\begin{cases}F(X_{\mathrm{e}},X_{\mathrm{i}})=\dfrac{a_1Ux+b_1Uy+c_1Uz}{a_3Ux+b_3Uy+c_3Uz}-\tan(\psi_x(x,y))\\ G(X_{\mathrm{e}},X_{\mathrm{i}})=\dfrac{a_2Ux+b_2Uy+c_2Uz}{a_3Ux+b_3Uy+c_3Uz}-\tan(\psi_y(x,y))\end{cases}\tag{3.40}$$

式中：$[U_x\quad U_y\quad U_z]^{\mathrm{T}}$ 为物方向量，代表从相机投影中心到物方点的向量在卫星本体坐标系下的坐标；a_1、b_1、c_1、a_2、b_2、c_2、a_3、b_3、c_3 为相机安装矩阵的元素；$F(X_{\mathrm{e}},X_{\mathrm{i}})$ 为沿轨指向角残差；$G(X_{\mathrm{e}},X_{\mathrm{i}})$ 为垂轨指向角残差。

（4）对外定标参数 X_{e}、内定标参数 X_{i} 赋初值 $(X_{\mathrm{e}}^{\mathrm{o}},X_{\mathrm{i}}^{\mathrm{o}})$。

（5）将内定标参数 X_{i} 的当前值视为真值，将外定标参数 X_{e} 视为待求的未知参数，将内定标参数 X_{i} 和外定标参数 X_{e} 的当前值 $(\boldsymbol{X}_{\mathrm{E}}^{\mathrm{o}},\boldsymbol{X}_{\mathrm{I}}^{\mathrm{o}})$ 代入式（3.40）。对每个定向点，对式（3.40）进行线性化处理，建立误差方程，即

$$\boldsymbol{V}_i=\boldsymbol{A}_i\boldsymbol{X}-\boldsymbol{L}_i,\ \boldsymbol{P}_i\tag{3.41}$$

$$\boldsymbol{A}_i=\begin{bmatrix}\dfrac{\partial F_{\mathrm{i}}}{\partial X_{\mathrm{E}}}\\ \dfrac{\partial G_{\mathrm{i}}}{\partial X_{\mathrm{E}}}\end{bmatrix}=\begin{bmatrix}\dfrac{\partial F_{\mathrm{i}}}{\partial\,\mathrm{pitch}}&\dfrac{\partial F_{\mathrm{i}}}{\partial\,\mathrm{roll}}&\dfrac{\partial F_{\mathrm{i}}}{\partial\,\mathrm{yaw}}\\ \dfrac{\partial G_{\mathrm{i}}}{\partial\,\mathrm{pitch}}&\dfrac{\partial G_{\mathrm{i}}}{\partial\,\mathrm{roll}}&\dfrac{\partial G_{\mathrm{i}}}{\partial\,\mathrm{yaw}}\end{bmatrix},\quad \boldsymbol{X}=\mathrm{d}\boldsymbol{X}_{\mathrm{E}}=\begin{bmatrix}\mathrm{d(pitch)}\\ \mathrm{d(roll)}\\ \mathrm{d(yaw)}\end{bmatrix},\quad \boldsymbol{L}_i=\begin{bmatrix}F(X_{\mathrm{E}}^{\mathrm{o}},X_{\mathrm{I}}^{\mathrm{o}})\\ G(X_{\mathrm{E}}^{\mathrm{o}},X_{\mathrm{I}}^{\mathrm{o}})\end{bmatrix}$$

式中：$\boldsymbol{L}_i$ 为利用内外定标参数当前值 $(\boldsymbol{X}_{\mathrm{E}}^{\mathrm{o}},\boldsymbol{X}_{\mathrm{I}}^{\mathrm{o}})$ 代入式（3.40）计算得到的误差向量；$\boldsymbol{A}_i$ 为误差方程式（3.41）的系数矩阵；$\boldsymbol{X}$ 为外定标参数改正数 $\mathrm{d}\boldsymbol{X}_{\mathrm{E}}$；$\boldsymbol{P}_i$ 为当前定向点的像点量测精度对应的权；F_i 和 G_i 分别为沿轨指向角残差 $F(\boldsymbol{X}_{\mathrm{E}},\boldsymbol{X}_{\mathrm{I}})$、$G(\boldsymbol{X}_{\mathrm{E}},\boldsymbol{X}_{\mathrm{I}})$ 的函数模型，微分后得到的相应误差方程。

计算法方程系数矩阵，有

$$\begin{cases}\boldsymbol{A}^{\mathrm{T}}\boldsymbol{P}\boldsymbol{A} = \sum_{i=1}^{K}\boldsymbol{A}_i^{\mathrm{T}}\boldsymbol{P}_i\boldsymbol{A}_i \\ \boldsymbol{A}^{\mathrm{T}}\boldsymbol{P}\boldsymbol{L} = \sum_{i=1}^{K}\boldsymbol{A}_i^{\mathrm{T}}\boldsymbol{P}_i\boldsymbol{L}_i\end{cases} \tag{3.42}$$

$$\boldsymbol{A}=\begin{bmatrix}\boldsymbol{A}_1\\ \vdots \\ \boldsymbol{A}_i \\ \vdots \\ \boldsymbol{A}_K\end{bmatrix},\quad \boldsymbol{P}=\begin{bmatrix}\boldsymbol{P}_1 & 0 & \cdots & \cdots & 0\\ \vdots & \ddots & & & \vdots\\ 0 & \cdots & \boldsymbol{P}_i & \cdots & 0\\ \vdots & & & \ddots & \\ 0 & \cdots & \cdots & 0 & \boldsymbol{P}_K\end{bmatrix},\quad \boldsymbol{L}=\begin{bmatrix}\boldsymbol{L}_1\\ \vdots \\ \boldsymbol{L}_i \\ \vdots \\ \boldsymbol{L}_K\end{bmatrix}$$

$$\boldsymbol{X}=(\boldsymbol{A}^{\mathrm{T}}\boldsymbol{P}\boldsymbol{A})^{-1}(\boldsymbol{A}^{\mathrm{T}}\boldsymbol{P}\boldsymbol{L})$$

按照 $\boldsymbol{X}_{\mathrm{E}}^{\mathrm{o}}=\boldsymbol{X}_{\mathrm{E}}^{\mathrm{o}}+\boldsymbol{X}$ 更新外定标参数 X_{e} 的当前值，重复执行步骤（5），直到外定标参数改正数小于预设阈值时停止迭代，执行步骤（6）。

（6）解算内定标参数，将所得外定标参数 X_{e} 的当前值视为真值，内定标参数 X_{i} 视为待求的未知参数，将内定标参数 X_{i} 和外定标参数 X_{e} 的当前值 $(\boldsymbol{X}_{\mathrm{E}}^{\mathrm{o}},\boldsymbol{X}_{\mathrm{I}}^{\mathrm{o}})$ 代入式（3.40），对每个定向点。对式（3.40）进行线性化处理，建立误差方程，即

$$\boldsymbol{V}_i=\boldsymbol{B}_i\boldsymbol{Y}-\boldsymbol{L}_i,\ \boldsymbol{P}_i \tag{3.43}$$

$$\boldsymbol{B}_i=\begin{bmatrix}\dfrac{\partial F_{\mathrm{i}}}{\partial X_{\mathrm{I}}}\\[2ex] \dfrac{\partial G_{\mathrm{i}}}{\partial X_{\mathrm{I}}}\end{bmatrix}=$$

$$\begin{bmatrix}
\frac{\partial F_{\mathrm{i}}}{\partial(ax_0)} & \frac{\partial F_{\mathrm{i}}}{\partial(ax_1)} & \frac{\partial F_{\mathrm{i}}}{\partial(ax_2)} & \frac{\partial F_{\mathrm{i}}}{\partial(ax_3)} & \frac{\partial F_{\mathrm{i}}}{\partial(ax_4)} & \frac{\partial F_{\mathrm{i}}}{\partial(ax_5)} & \frac{\partial F_{\mathrm{i}}}{\partial(ax_6)} & \frac{\partial F_{\mathrm{i}}}{\partial(ax_7)} & \frac{\partial F_{\mathrm{i}}}{\partial(ax_8)} & \frac{\partial F_{\mathrm{i}}}{\partial(ax_9)}\\
\frac{\partial F_{\mathrm{i}}}{\partial(ay_0)} & \frac{\partial F_{\mathrm{i}}}{\partial(ay_1)} & \frac{\partial F_{\mathrm{i}}}{\partial(ay_2)} & \frac{\partial F_{\mathrm{i}}}{\partial(ay_3)} & \frac{\partial F_{\mathrm{i}}}{\partial(ay_4)} & \frac{\partial F_{\mathrm{i}}}{\partial(ay_5)} & \frac{\partial F_{\mathrm{i}}}{\partial(ay_6)} & \frac{\partial F_{\mathrm{i}}}{\partial(ay_7)} & \frac{\partial F_{\mathrm{i}}}{\partial(ay_8)} & \frac{\partial F_{\mathrm{i}}}{\partial(ay_9)}\\
\frac{\partial G_{\mathrm{i}}}{\partial(ax_0)} & \frac{\partial G_{\mathrm{i}}}{\partial(ax_1)} & \frac{\partial G_{\mathrm{i}}}{\partial(ax_2)} & \frac{\partial G_{\mathrm{i}}}{\partial(ax_3)} & \frac{\partial G_{\mathrm{i}}}{\partial(ax_4)} & \frac{\partial G_{\mathrm{i}}}{\partial(ax_5)} & \frac{\partial G_{\mathrm{i}}}{\partial(ax_6)} & \frac{\partial G_{\mathrm{i}}}{\partial(ax_7)} & \frac{\partial G_{\mathrm{i}}}{\partial(ax_8)} & \frac{\partial G_{\mathrm{i}}}{\partial(ax_9)}\\
\frac{\partial G_{\mathrm{i}}}{\partial(ay_0)} & \frac{\partial G_{\mathrm{i}}}{\partial(ay_1)} & \frac{\partial G_{\mathrm{i}}}{\partial(ay_2)} & \frac{\partial G_{\mathrm{i}}}{\partial(ay_3)} & \frac{\partial G_{\mathrm{i}}}{\partial(ay_4)} & \frac{\partial G_{\mathrm{i}}}{\partial(ay_5)} & \frac{\partial G_{\mathrm{i}}}{\partial(ay_6)} & \frac{\partial G_{\mathrm{i}}}{\partial(ay_7)} & \frac{\partial G_{\mathrm{i}}}{\partial(ay_8)} & \frac{\partial G_{\mathrm{i}}}{\partial(ay_9)}
\end{bmatrix}$$

$\boldsymbol{Y}=\mathrm{d}\boldsymbol{Y}_{\mathrm{I}}=$

$$\begin{bmatrix} \mathrm{d}(ax_0) & \mathrm{d}(ax_1) & \mathrm{d}(ax_2) & \mathrm{d}(ax_3) & \mathrm{d}(ax_4) & \mathrm{d}(ax_5) & \mathrm{d}(ax_6) & \mathrm{d}(ax_7) & \mathrm{d}(ax_8) & \mathrm{d}(ax_9) \\ \mathrm{d}(ay_0) & \mathrm{d}(ay_1) & \mathrm{d}(ay_2) & \mathrm{d}(ay_3) & \mathrm{d}(ay_4) & \mathrm{d}(ay_5) & \mathrm{d}(ay_6) & \mathrm{d}(ay_7) & \mathrm{d}(ay_8) & \mathrm{d}(ay_9) \end{bmatrix}^{\mathrm{T}}$$

$$\boldsymbol{L}_i=\begin{bmatrix} F(\boldsymbol{X}_{\mathrm{E}}^{\mathrm{o}},\boldsymbol{X}_{\mathrm{I}}^{\mathrm{o}}) \\ G(\boldsymbol{X}_{\mathrm{E}}^{\mathrm{o}},\boldsymbol{X}_{\mathrm{I}}^{\mathrm{o}}) \end{bmatrix}$$

式中：$\boldsymbol{L}_i$ 为利用内外定标参数当前值$(\boldsymbol{X}_{\mathrm{E}}^{\mathrm{o}},\boldsymbol{X}_{\mathrm{I}}^{\mathrm{o}})$代入式（3.40）计算得到的误差向量；$\boldsymbol{B}_i$ 为误差方程式（3.43）的系数矩阵；$\boldsymbol{Y}$ 为内定标参数改正数 $\mathrm{d}\boldsymbol{Y}_{\mathrm{I}}$；$\boldsymbol{P}_i$ 为当前定向点的像点量测精度对应的权；$\boldsymbol{F}_{\mathrm{i}}$ 和 $\boldsymbol{G}_{\mathrm{i}}$ 分别为沿轨指向角残差 $F(\boldsymbol{X}_{\mathrm{E}},\boldsymbol{X}_{\mathrm{I}})$、$G(\boldsymbol{X}_{\mathrm{E}},\boldsymbol{X}_{\mathrm{I}})$的函数模型，微分后得到的相应误差方程。

计算法方程系数矩阵，有

$$\begin{cases} \boldsymbol{B}^{\mathrm{T}}\boldsymbol{P}\boldsymbol{B}=\sum\limits_{i=1}^{K}\boldsymbol{B}_i^{\mathrm{T}}\boldsymbol{P}_i\boldsymbol{B}_i \\ \boldsymbol{B}^{\mathrm{T}}\boldsymbol{P}\boldsymbol{L}=\sum\limits_{i=1}^{K}\boldsymbol{B}_i^{\mathrm{T}}\boldsymbol{P}_i\boldsymbol{L}_i \end{cases} \tag{3.44}$$

$$\boldsymbol{B}=\begin{bmatrix} \boldsymbol{B}_1 \\ \vdots \\ \boldsymbol{B}_i \\ \vdots \\ \boldsymbol{B}_K \end{bmatrix},\quad \boldsymbol{P}=\begin{bmatrix} \boldsymbol{P}_1 & 0 & \cdots & \cdots & 0 \\ \vdots & \ddots & & & \vdots \\ 0 & \cdots & \boldsymbol{P}_i & \cdots & 0 \\ \vdots & & & \ddots & \\ 0 & \cdots & \cdots & 0 & \boldsymbol{P}_K \end{bmatrix},\quad \boldsymbol{L}=\begin{bmatrix} \boldsymbol{L}_1 \\ \vdots \\ \boldsymbol{L}_i \\ \vdots \\ \boldsymbol{L}_K \end{bmatrix}$$

$$\boldsymbol{Y}=(\boldsymbol{B}^{\mathrm{T}}\boldsymbol{P}\boldsymbol{B})^{-1}(\boldsymbol{B}^{\mathrm{T}}\boldsymbol{P}\boldsymbol{L})$$

按照 $\boldsymbol{X}_{\mathrm{I}}^{\mathrm{o}}=\boldsymbol{X}_{\mathrm{I}}^{\mathrm{o}}+\boldsymbol{Y}$ 更新内定标参数 X_{i} 的当前值，重复执行步骤（6），直到内定标参数改正数小于预设阈值时停止迭代，执行步骤（7）。

（7）重复执行步骤（2）~（6），获取不同温度下的外定标参数 X_{e} 和内定标参数 X_{i}。

3.2.1.3　精度验证

在获得了静止轨道卫星定标参数解算结果以后，需要对其质量与精度进行分析与评价，才可以用于预处理系统中。因此，需要建立一套科学、系统的评价方法与指标，对定标参数的结果进行评价，本节探讨针对内、外定标参数的质量评价方法与指标。

对于外定标参数而言，其表现形式虽然是一个安装矩阵，但是由于相机内外定标参数间的强相关性，通过定标解算的安装角，不仅包含了相机的安装角误差，还隐含着姿轨误差、相机内部畸变误差等，因此外定标确定的是一个广义的安装矩阵，并非相机真实的安装关系。所以理论上，严格的相机安装关系是无法测定的。

对于静止轨道卫星而言，其无控定位精度主要受到相机安装角误差、时间同步误差以及姿态漂移误差的影响。其中，相机安装角误差属于系统性偏差；姿态漂移误差尽管在单景影像内总体表现为系统性偏差（局部存在微小的随机抖动），但是从整个卫星运行周期来看，仍然表现出一定的随机性。考虑到当前光学卫星的测姿、测时以及测轨精度已经达到一定水平，光学卫星影像的无控定位精度目前主要由系统性偏差决定。因此，利用单景影像进行外定标，尽管外定标结果包括该景影像的随机偏差，但是仍然可以大幅度提高光学卫星影像的无控定位精度。

外定标参数的主要意义在于提高静止轨道面阵影像的无控定位精度，由于非模型化误差的影响，不同景影像的无控定位精度表现出一定的差异。基于这种考虑，利用多景非定标影像，仅仅简单地通过对比它们定标前后的无控定位误差来评价外定标参数质量即可。

由于内定标模型中的参数并不具有严格的物理意义，因此，直接对其参数本身的精度进行评价缺乏现实意义。鉴于本节采用模拟仿真数据，可以采用在面阵上均匀选取一定数量的探元作为样本，统计这些样本探元定标结果与理想结果的两个方向指向角的偏差，从而客观反映出内定标参数的质量。

根据内定标参数的平差模型，按照平差理论，其最优估计值$\hat{\boldsymbol{X}}_I$ 的方差-协方差矩阵 $\boldsymbol{Q}_{\hat{X}_I\hat{X}_I}$可表示为

$$\begin{cases}\boldsymbol{Q}_{\hat{X}_\mathrm{I}\hat{X}_\mathrm{I}}=\boldsymbol{\sigma}_\mathrm{o}(\boldsymbol{B}^\mathrm{T}\boldsymbol{P}\boldsymbol{B})^{-1}\\ \boldsymbol{\sigma}_\mathrm{o}=\sqrt{\dfrac{\boldsymbol{V}^\mathrm{T}\boldsymbol{P}\boldsymbol{V}}{\boldsymbol{r}}}\end{cases}\tag{3.45}$$

式中：$\boldsymbol{\sigma}_\mathrm{o}$ 为单位权中误差；$\boldsymbol{r}$ 为多余观测；矩阵 $\boldsymbol{Q}_{\hat{X}_\mathrm{I}\hat{X}_\mathrm{I}}$ 的各对角线元素为对应的内定标参数平差结果的理论精度。

此时，根据相机内定标模型，对于任意探元 S，其探元号记为 s，其两个方向的指向角$(\tan(\psi_x),\tan(\psi_y))$可计算，即

$$\boldsymbol{\Psi}=\boldsymbol{C}\,\hat{\boldsymbol{X}}_\mathrm{I}\tag{3.46}$$

$$\boldsymbol{\Psi}=\begin{pmatrix}\psi_x\\ \psi_y\end{pmatrix},\quad \boldsymbol{C}=\begin{bmatrix}1 & ax_0 & \cdots & ax_9 & 0 & 0 & 0 & 0\\ 0 & 0 & 0 & 0 & 1 & ay_0 & \cdots & ay_9\end{bmatrix}$$

根据误差传播定律，探元 S 两个方向指向角 $\boldsymbol{\Psi}$ 的方差-协方差矩阵 $\boldsymbol{Q}_{\Psi\Psi}$ 为

$$\boldsymbol{Q}_{\Psi\Psi}=\boldsymbol{C}\boldsymbol{Q}_{\hat{X}_{\mathrm{I}}\hat{X}_{\mathrm{I}}}\boldsymbol{C}^{\mathrm{T}}=\begin{bmatrix} r_{\varphi_x\varphi_x} & r_{\varphi_x\varphi_y} \\ r_{\varphi_y\varphi_x} & r_{\varphi_y\varphi_y} \end{bmatrix} \tag{3.47}$$

矩阵 $\boldsymbol{Q}_{\Psi\Psi}$ 中的两个对角线元素反映了利用内定标结果 $\hat{\boldsymbol{X}}_{\mathrm{I}}$ 计算 CCD 上探元 S 的两个方向指向角 (ψ_x,ψ_y) 的理论精度 $(\sigma_{\varphi_x},\sigma_{\varphi_y})$，即

$$\begin{cases} \sigma_{\varphi_x}=\sqrt{r_{\varphi_x\varphi_x}} \\ \sigma_{\varphi_y}=\sqrt{r_{\varphi_y\varphi_y}} \end{cases} \tag{3.48}$$

值得注意的是，假设定标解算时所有控制点像点的量测精度在两个方向是相等的，即 $\boldsymbol{P}$ 为单位矩阵，此时由于 φ_x、φ_y 的对称性，矩阵 $\boldsymbol{Q}_{\Psi\Psi}$ 中的两个对角线元素 $r_{\varphi_x\varphi_x}=r_{\varphi_y\varphi_y}$。显然，两个方向指向角的理论精度也是相等的，即 $\sigma_{\varphi_x}=\sigma_{\varphi_y}$。

除了需要对内定标参数进行理论精度评价，还需要对其实际精度进行评价。首先，采用在同一景或不同景的定标场影像上，选择多个定标区域分别单独进行内定标，从而获取多组独立的内定标参数；然后，各个面阵图像上均匀选取一定数量的样本探元，利用各组相机内定标参数，分别计算这些样本探元的指向角；最后，针对各个样本探元，统计各组内定标参数计算得到的指向角的差异，从而对内定标参数的稳定性以及精度进行评价。

3.2.2　实验分析

3.2.2.1　实验数据选取

高分四号是世界上第一颗 50m 分辨率的静止轨道卫星成像系统，也是我国高分辨率对地观测国家重大专项重点计划项目中唯一的一颗静止轨道卫星，它的成功发射拉开了高分辨率静止轨道对地观测系统建设的序幕。为了验证本章所提出来的两种静止轨道高分辨率面阵相机在轨几何定标方法，本章利用我国已经成功发射的静止轨道高分辨率卫星高分四号的影像作为实验数据。

高分四号卫星包含两个面阵传感器，一个是 50m 分辨率的全色和近红外传感器，一个是 500m 分辨率的中波红外传感器。为了保证卫星影像可以匹配到均匀分布的控制点，选取没有大片云及水体的高分四号全色及中波红外影像对高分四号搭载的两个面阵传感器进行在轨几何定标实验工作。由于全色影像中的第一波段具有最强的辐射能量感应范围，较强的信号有利于进行与

参考影像之间的同名点匹配，因此选取第一波段影像进行全色与近红外传感器的几何标定[13]。

基于场地的在轨几何定标方法依赖地面参考数据，实验中选取的用于定标的高分四号影像如图 3.26 所示，其详细参数信息如表 3.2 所列。

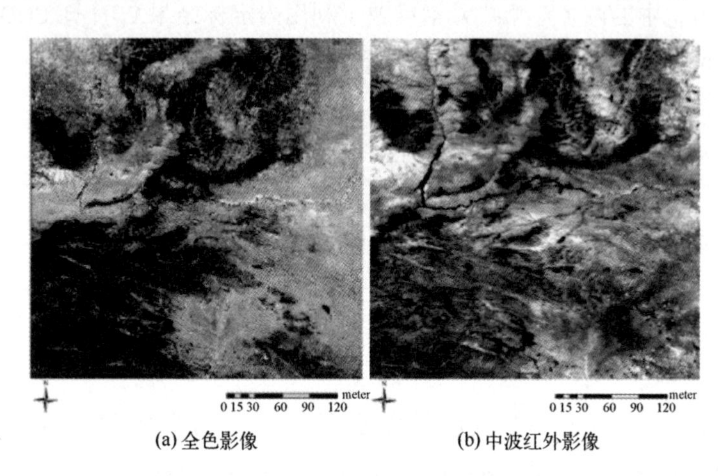

(a) 全色影像　　(b) 中波红外影像

图 3.26　高分四号定标景影像数据示意图

表 3.2　高分四号定标影像数据的详细参数信息

参　　数	全色影像	中波红外影像
地面空间分辨率	约 55m	约 490m
影像大小	10240×10240pixel	1024×1024pixel
获取时间	2016-02-08 12:04:08	2016-02-08 12:05:09
影像中心经纬度	E111.9°，N34.0°	E111.9°，N34.0°
成像姿态角	r（Roll）：5.44°；p（Pitch）：0.88°；y（Yaw）：0°	

参考影像 DOM 采用 Landsat8 获得的分辨率为 15m 的影像，参考影像 DEM 采用 ASTER GDEM2 的分辨率为 30m 的影像。参考影像如图 3.27 所示，其详细参数信息如表 3.3 所列。

表 3.3　高分四号定标参考影像数据的详细参数信息

参　　数	参考数字正射影像	参考数据高程模型
地面空间分辨率/m	15	30
几何精度 RMSE/m	12（平面精度）	17（高程精度）
地表类型	山地与平原	

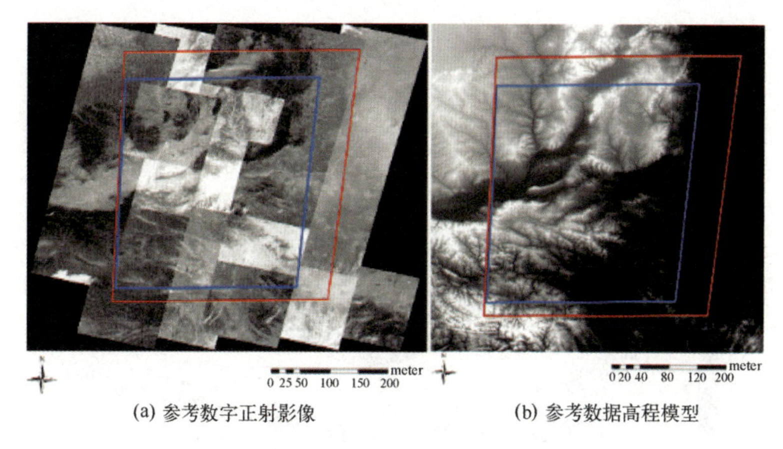

(a) 参考数字正射影像　　(b) 参考数据高程模型

图 3.27　高分四号定标参考影像数据示意图

3.2.2.2　实验结果分析

1）全色与近红外传感器定标结果

将选取的第一波段全色影像与参考影像进行密集匹配，由于高分四号卫星分辨率相对较低，因此在山地的纹理相较于平原地区更加丰富，匹配获得的控制点会明显多于平原地区。为了保证匹配的控制点的均匀分布性，确保内部定标参数的全局一致性拟合精度，可将全色影像划分出均匀的格网，根据统计信息对较密集的格网内控制点进行部分的删除，同时保留较稀疏的格网内的控制点，最终选取 202386 个控制点。利用匹配的控制点对全色与近红外传感器的内外定标参数进行解算标定。表 3.4 显示了全色与近红外传感器的外定标参数。

表 3.4　全色与近红外传感器定标前后的外定标参数

外定标参数	定标前	定标后
$\alpha/(°)$	0.000000	-0.028753
$\beta/(°)$	0.000000	0.105181
$\gamma/(°)$	0.000000	0.379610

由于内外部定标参数本身之间存在相关性，由于采用原始的内定标参数作为“真值”，因此首先通过分步解算获取外定标参数，外部误差与部分的内部畸变误差都得到了补偿，然后基于外定标参数所确定的参考相机坐标系进行内定标参数的解算。为了定性及定量地分析外定标后残余的传感器内部畸

变误差的情况，内定标前后的探元指向角偏差如图 3. 28（a）所示。

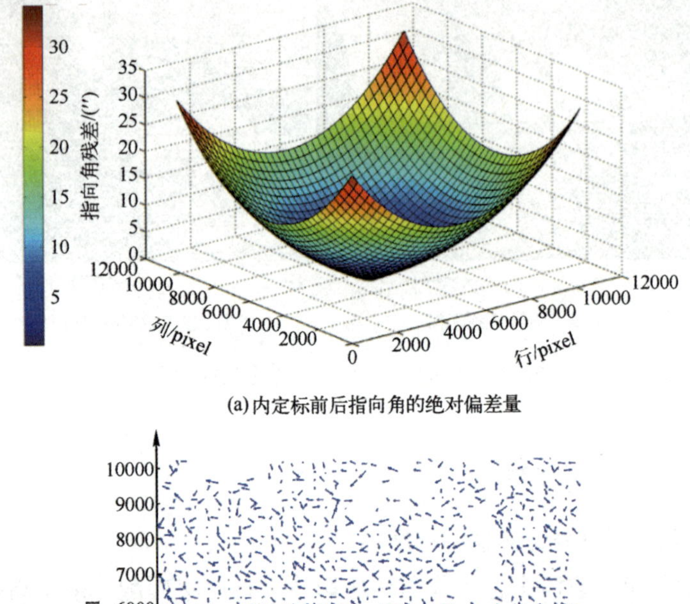

(a) 内定标前后指向角的绝对偏差量

10000
9000
8000
7000
6000
5000
4000
3000
2000
1000
列/pixel
0
2000
4000
6000
8000
10000
1pixel
行/pixel

(b) 内定标后的像方残差

图 3. 28　全色与近红外传感器内定标结果

由图 3. 28（a）可知，外定标后内部的指向角残差具有显著的对称性，且离影像中心越远、指向角残差越大，因此可以推测全色与近红外传感器外定标后残余的内部畸变主要是由于光学镜头的畸变引起的。

经过分步的外定标与内定标，基于更新的全色与近红外传感器的相机参数可以得到更新的定标景影像的 RPC 文件，将定标景影像与参考影像数据进行匹配，根据匹配的同名点及 RPC 几何信息可以计算定标后定标景影像的像方几何残差，如图 3. 28（b）所示，像方残差优于 1pixel 且向量方向随机分布，其几何定位精度如表 3. 5 所列，可见经过内定标处理，影像的内部畸变得到了完全的补偿，定标精度优于 1pixel。

表 3.5　全色定标景影像内定标前后的几何定位精度

单位：pixel

精度	列			行		
	最大值	最小值	均方根值	最大值	最小值	均方根值
定标前	87.239	−77.271	35.447	84.498	−81.655	35.669
定标后	0.900	−1.000	0.405	1.100	−0.900	0.456

2）中波红外传感器定标结果

将中波红外传感器的定标景影像与参考影像进行密集匹配，利用前述方法获取并筛选 36302 个均匀分布的控制点进行外定标与内定标解算。外定标结果如表 3.6 所列，虽然中波红外传感器感光面与全色传感器感光面共用一个光学相机，但是定标后的外定标参数却有着不同的安装角，这是由于相机采用分时成像系统，全色影像与中波红外影像在不同的时间获得，从而引入了不同的外部姿态误差及轨道观测误差，同时外定标参数会吸收各自传感器的部分内部畸变量。因此，外定标参数所确定的相机坐标系并不是真正的相机坐标系，而是一个服务于各自传感器内定标所用的广义的相机坐标基准。

表 3.6　中波红外传感器定标前后的外定标参数

外定标参数	定标前	定标后
α/(°)	0.000000	0.026994
β/(°)	0.000000	0.086810
γ/(°)	0.000000	0.171221

图 3.29（a）中所示的中波红外影像外定标后的残差曲面与图 3.28（a）中所示的全色与近红外影像外定标后的残差曲面相似，这是由于两个传感器虽然具有不同的感光面，但是共用相同的主镜与次镜，因此具有相似的内部畸变情况。同时由于全色与近红外传感器的视场角略大于中波红外传感器的视场角，而视场角越大，镜头畸变量就越大，因此全色与近红外传感器的内部畸变略大于中波红外传感器。

图 3.29（b）显示了中波红外影像内定标以后检测获得的像方残差向量，其几何定位精度如表 3.7 所列。由此可见，经过内定标后，中波红外定标景影像的内精度优于 1pixel，得到了显著提升。

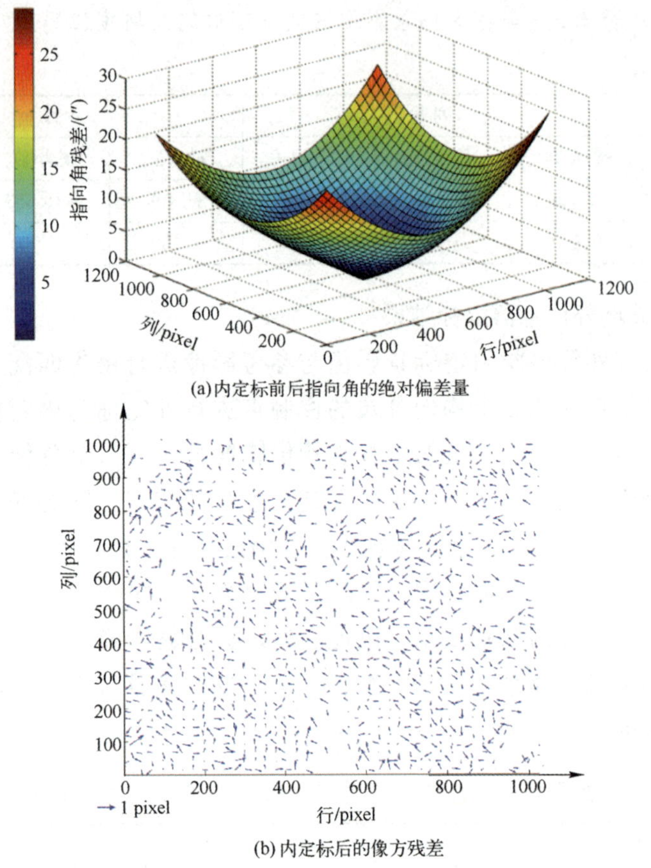

(a)内定标前后指向角的绝对偏差量

(b)内定标后的像方残差

图 3.29 中波红外传感器内定标结果

表 3.7 中波红外定标景影像内定标前后的几何定位精度

单位：pixel

精度	列			行		
	最大值	最小值	均方根值	最大值	最小值	均方根值
定标前	8.625	-6.818	3.241	8.250	-9.001	3.986
定标后	0.800	-0.700	0.310	0.900	-0.900	0.464

3.3 基于交叉约束的自检校定标方法

3.3.1 算法原理

随着未来静止轨道卫星几何分辨率的不断提高，建设大幅宽高精度几何定标场的压力将越来越大。自检校方法可利用重叠影像间的相对几何约束关系实现几何定标参数的自主定标，降低对几何定标场的依赖[14-16]。静止轨道卫星相对于地球表面静止，可以通过控制卫星的姿态角来实现对不同区域的快速访问，因此具有极高的时间分辨率。静止轨道卫星面阵相机可在短时间内获取多张具有相同内部畸变特征的影像，给定标参数自检校提供了充足的条件。

虽然式（3.30）所示的严密物理模型理论上包含了主要的内部畸变误差，但是由于其过分参数化、强相关性和部分参数低显著性的影响，该模型并不能直接作为自主几何定标模型。构建的二维探元指向角模型式（3.36）由于其在两个维度（行、列方向）上都高度自由且互不约束，难以利用交会约束条件对其进行探测。

根据对内部各项误差源的分析，可以构建一个简化的严密自检校模型，即

$$\begin{cases}\tan(\varphi_x(s,l))=\dfrac{(x_p-(k_1x_p(x_p^2+y_p^2)+p_1(3x_p^2+y_p^2)+2p_2x_py_p))}{(f/\text{pixelsize})}\\\tan(\varphi_y(s,l))=\dfrac{(y_p-(k_1y_g(x_g^2+y_g^2)+p_2(3y_g^2+x_g^2)+2p_1x_gy_g))}{(f/\text{pixelsize})}\end{cases}\tag{3.49}$$

$$x_p=s-x_{0\text{initial}},\quad y_p=l-y_{0\text{initial}}$$

式中：(s,l)为像平面坐标；$(x_{0\text{initial}},y_{0\text{initial}})$为初始的相机主点；$f$为初始主距，且与 pixelsize 完全相关。根据参数的相关性，主点的误差可以通过外部的姿态角进行补偿，由于高分辨率静止轨道卫星的视场角极小，因此相机的内部畸变可以通过 x_p 和 y_p 求得，即使$(x_{0\text{initial}},y_{0\text{initial}})$较实际值具有微小的偏差。同时由于切向畸变系数 p_1 和 p_2 与姿态角具有极高的相关性，且在视场角极小的情况下，切向畸变也极小，因此切向畸变同样可忽略处理。因此内定标参数可以简化为由 k_1 和 pixelsize 组成。

为了构建静止轨道卫星面阵相机的在轨自主几何定标模型，可以选择两张具有合适重叠范围的影像，在其重叠区域内匹配均匀分布且较为密集的连接点，构建连接点的相对约束方程，并在其重叠区域内选取少量的控制点，构建控制点的绝对指向约束方程，如图 3.30 所示。由此基于相对约束方程和绝对约束方程，利用少量控制点结合密集连接点的方式，从而降低几何标定对绝对控制的依赖。

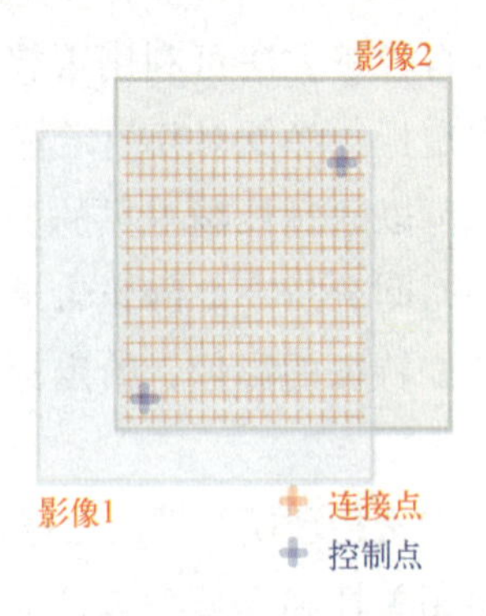

图 3.30　连接点控制点分布情况示意图

1）连接点交会模型

连接点构建的前方交会模型采用参考高程辅助的约束模型，如图 3.31（a）所示，当没有内部畸变存在时，地面点 A 由理想的像点 A_1 和 A_2 通过前方交会而得；然后，光学相机的内部畸变是难以避免的，当有内部畸变存在时，地面点 A 实际成像在 B_1 和 B_2，由于内部畸变参数的未知，根据初始不精确的相机参数构建前方交会模型 $O_{first}B_1$ 和 $O_{second}B_2$，其交会于地面点 B。当高程值未知的时候，无法判断从实际地面交会点 A 到错误地面交会点 B 到底是由于高程误差还是内部畸变造成的；然而当参考高程已知时，则可以得出内部畸变在物方引起 AB 之间的高程残差 ΔH、在像方引起指向残差 $\beta-\alpha$ 的结论。因此，可以通过高程残差 ΔH 实现对内部畸变 $\beta-\alpha$ 的探测与标定。

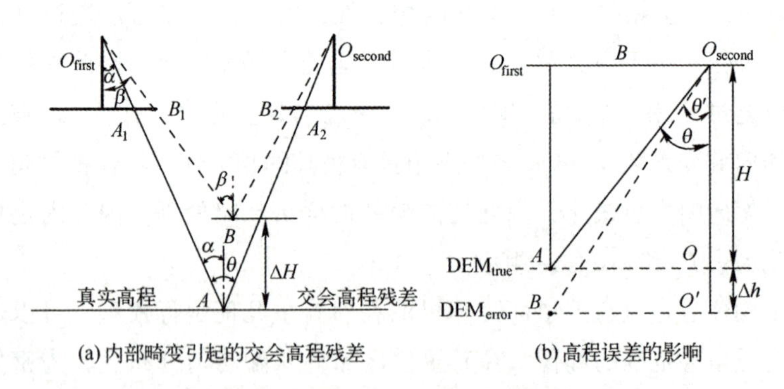

图 3.31　连接点交会模型示意图

由于高程残差 ΔH 是探测内部畸变的唯一指标，参考高程的误差将不可避免地影响到内部畸变的定标精度，如图 3.31（b）所示，由高程误差 Δh 引起

的指向误差 $\Delta\theta$ 为

$$\Delta\theta=\theta-\theta'=\arctan\frac{B}{H}-\arctan\frac{B}{H+\Delta H} \tag{3.50}$$

式中：B 为影像对的基线长度；H 为卫星的轨道高度。由于静止轨道卫星相对于地球表面静止，轨道极高，摄影基线 $B\approx0$，因此参考高程误差引起的指向误差十分微小，采用全球 30m 的 ASTER GDEM2 作为参考高程及可以满足定标精度的要求。

因此，可以构建定标模型，即

$$\begin{pmatrix}\tan(\varphi_x(s,l))\\ \tan(\varphi_y(s,l))\\ -1\end{pmatrix}=\lambda \boldsymbol{R}_{\mathrm{ADS}}^{\mathrm{cam}}\boldsymbol{R}_{\mathrm{J2000}}^{\mathrm{ADS}}(r,p,y)\left(\boldsymbol{R}_{\mathrm{wgs84}}^{\mathrm{J2000}}\begin{pmatrix}X_g\\ Y_g\\ Z_g\end{pmatrix}-\begin{pmatrix}X_{\mathrm{body}}\\ Y_{\mathrm{body}}\\ Z_{\mathrm{body}}\end{pmatrix}\right) \tag{3.51}$$

$$\begin{bmatrix}X_g\\ Y_g\\ Z_g\end{bmatrix}=\begin{bmatrix}\left(\dfrac{a}{\sqrt{1-e^2\sin^2B}}+H\right)\cos B\cos L\\ \left(\dfrac{a}{\sqrt{1-e^2\sin^2B}}+H\right)\cos B\sin L\\ \left[\dfrac{a}{\sqrt{1-e^2\sin^2B}}(1-e^2)+H\right]\sin B\end{bmatrix}$$

式中：$(B,L,H)_i$ 为地面点 G_i 的纬度、经度和高程，由像对连接点 $(s_i,l_i)_{\mathrm{first}}$ 和 $(s_i,l_i)_{\mathrm{second}}$ 前方交会所得，高程 H 可从参考高程中根据经纬度信息 (B,L) 插值而得；参数 a 为地球椭球的长半轴长；参数 e 为地球扁率。由于相机安装角与外部姿态信息完全相关，因此可以假设 $\boldsymbol{R}_{\mathrm{ADS}}^{\mathrm{cam}}=\boldsymbol{I}$，则可得自主几何定标模型的外定标参数为 $(r_{\mathrm{first}},p_{\mathrm{first}},y_{\mathrm{first}},r_{\mathrm{second}},p_{\mathrm{second}},y_{\mathrm{second}},B_i,L_i)$，其中包括影像对的姿态角 $(r_{\mathrm{first}},p_{\mathrm{first}},y_{\mathrm{first}},r_{\mathrm{second}},p_{\mathrm{second}},y_{\mathrm{second}})$ 和连接点 $(s_i,l_i)_{\mathrm{first}}$ 与 $(s_i,l_i)_{\mathrm{second}}$ 对应的地面点 G_i 的经纬度坐标 (B_i,L_i)；自主几何定标模型的内定标参数为 (pixelsize, k_1)。根据前述的相关性分析可知，影像对的姿态量测随机误差、轨道量测的随机误差、安装角误差以及大气折光与光行差误差都被当作姿态量测随机误差而被外定标参数中影像对的姿态参数的改正数 $(\Delta r_{\mathrm{first}},\Delta p_{\mathrm{first}},\Delta y_{\mathrm{first}},\Delta r_{\mathrm{second}},\Delta p_{\mathrm{second}},\Delta y_{\mathrm{second}})$ 补偿，从而为相机内部畸变的探测提供严格的外部姿态基准。

因此，针对每个交会的地面点 G_i，可以构建连接点的误差方程，即

$$
\begin{cases}
v_{\text{first},x,i}=\tan(\varphi_x(s_i,l_i))+\dfrac{U_x(r_{\text{first}},p_{\text{first}},y_{\text{first}},B_i,L_i)}{U_z(r_{\text{first}},p_{\text{first}},y_{\text{first}},B_i,L_i)}\\
v_{\text{first},y,i}=\tan(\varphi_y(s_i,l_i))+\dfrac{U_y(r_{\text{first}},p_{\text{first}},y_{\text{first}},B_i,L_i)}{U_z(r_{\text{first}},p_{\text{first}},y_{\text{first}},B_i,L_i)}\\
v_{\text{second},x,i}=\tan(\varphi_x(s_i,l_i))+\dfrac{U_x(r_{\text{second}},p_{\text{second}},y_{\text{second}},B_i,L_i)}{U_z(r_{\text{second}},p_{\text{second}},y_{\text{second}},B_i,L_i)}\\
v_{\text{second},y,i}=\tan(\varphi_y(s_i,l_i))+\dfrac{U_y(r_{\text{second}},p_{\text{second}},y_{\text{second}},B_i,L_i)}{U_z(r_{\text{second}},p_{\text{second}},y_{\text{second}},B_i,L_i)}
\end{cases}
\tag{3.52}
$$

将式（3.52）线性化可得

$$
\boldsymbol{V}_{\text{tie},k}=\boldsymbol{A}_{\text{tie},k}\boldsymbol{m}_k+\boldsymbol{B}_{\text{tie},k}\boldsymbol{t}_k-\boldsymbol{L}_{\text{tie},k},\boldsymbol{P}_{\text{tie},k}
\tag{3.53}
$$

式中：$\boldsymbol{m}_k=\Delta\boldsymbol{M}_k$ 为内定标参数与姿态角的改正数，其中 $\boldsymbol{M}_k=(\text{pixelsize},k_1,r_{first},p_{\text{first}},y_{\text{first}},r_{\text{second}},p_{\text{second}},y_{\text{second}})_k^{\text{T}}$；$\boldsymbol{t}_k=\Delta\boldsymbol{T}_k$ 为连接点所对应的地面点的平面坐标改正数，其中 $\boldsymbol{T}_k=(B_1,L_1,B_2,L_2,\cdots,B_{\text{Ntie}},L_{\text{Ntie}})_k^{\text{T}}$，Ntie 表示连接点的数量；$\boldsymbol{V}_{\text{tie},k}$为连接点的残差向量；$\boldsymbol{A}_{\text{tie},k}$和 $\boldsymbol{B}_{\text{tie},k}$分别为 m_k 和 t_k 的偏微分矩阵；$\boldsymbol{L}_{\text{tie},k}$为连接点在当前内定标参数与所更新的姿态角条件下求得的像方指向偏差；$\boldsymbol{P}_{\text{tie},k}$为连接点的权矩阵。

2）控制点指向模型

静止轨道卫星可以通过地面控制来调整不同的姿态角以对地球不同区域进行成像，当姿态角接近于±8.7°，成像区域接近于地球边缘。由于地球曲率的影响，随着姿态角的增大，影像的成像物距逐渐增加，成像范围随之增大，对应的空间分辨率随之降低，如图 3.32 所示。

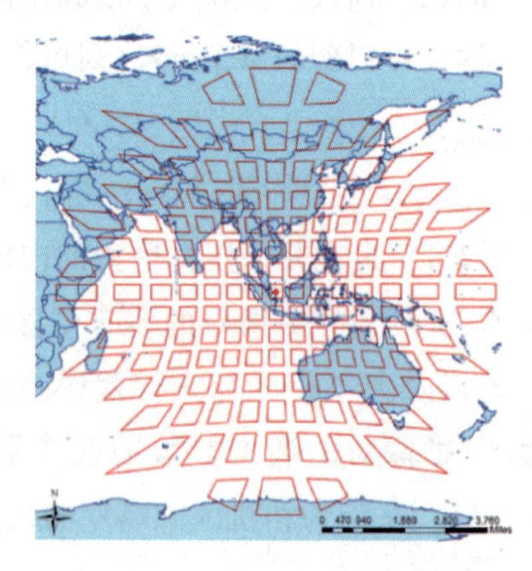

图 3.32　高分四号全色相机为例成像范围示意图

因此，影像绝对姿态的绝对偏差量将导致影像成像物距的错误估计，从而导致影像尺度信息的错误估计。以高分四号全色相机为例，图 3.33 显示了 0.1°的 roll 与 pitch 角姿态绝对偏差量引起的影像尺度误差，可见姿态角越大，由于姿态角绝对偏差量引起的影像尺度误差就越明显。

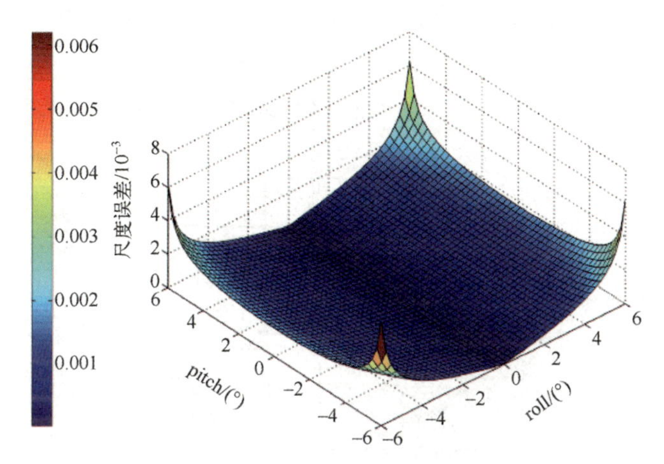

(a) 不同姿态角条件下，由于roll角绝对误差引起的影像尺度误差

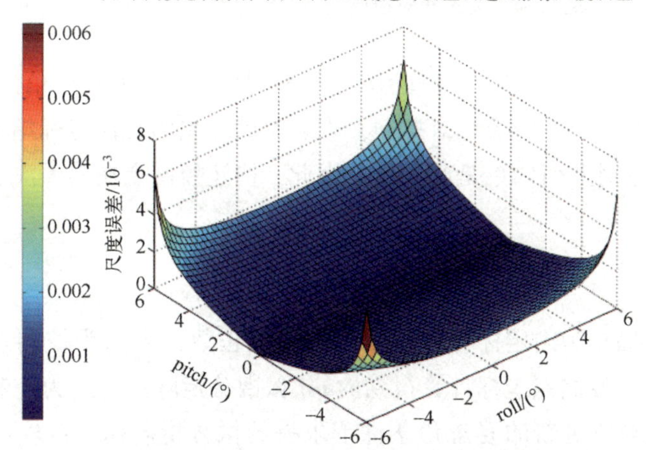

(b) 不同姿态角条件下，由于pitch角绝对误差引起的影像尺度误差

图 3.33　0.1°的 roll 与 pitch 角姿态绝对误差引起的影像尺度误差示意图

由于静止轨道面阵卫星的立体影像对摄影基线几乎为零，重叠区域内连接点的交会光线可以近似看作 WGS84 坐标系下的同一光线，因此，重叠区域内的光线可以近似看作新的虚拟相机坐标系下的小孔成像光线。如图 3.34 所示，O_1 是影像 1 的像主点，O_2 是影像 2 的像主点，OL 是重叠区域 $g_1g_2g_3g_4$ 的同名光线。由于姿态角 roll 与 pitch 的相对误差，WGS84 坐标系下的光线

OO_1 和 OO_2 变为 OO_1' 和 OO_2'。为了确保同名光线 OL 的一致性，内部定标参数就需要调整其尺度信息相关参数值，以补偿由于姿态相对误差造成的尺度误差 O_1O_1' 和 O_2O_2'。由此可见，立体像对的姿态相对误差也将直接影响内定标参数的尺度信息。

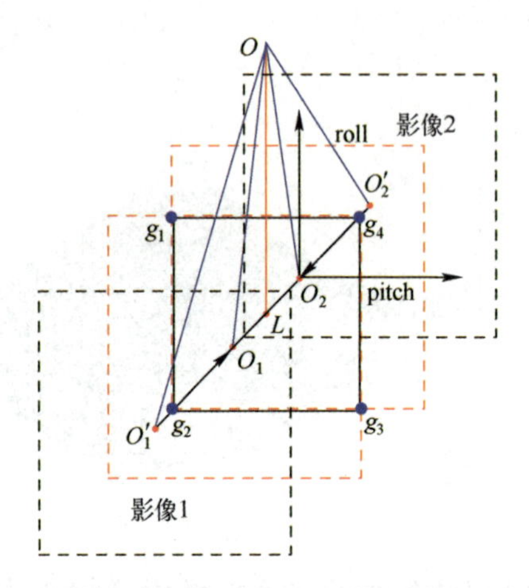

图 3.34　姿态相对误差造成的影像尺度误差示意图

由于外部姿态绝对误差以及相对误差都对内定标参数尺度信息产生影响，单纯依靠连接点而不引入绝对控制，难以得到理想的几何定标结果，因此控制点提供的绝对几何约束是必要的。因此，构建控制点在第 k 次迭代中的误差方程，即

$$\boldsymbol{V}_{\mathrm{gcp},k}=\boldsymbol{A}_{\mathrm{gcp},k}\boldsymbol{m}_k-\boldsymbol{L}_{\mathrm{gcp},k},\ \boldsymbol{P}_{\mathrm{gcp},k} \tag{3.54}$$

式中：$\boldsymbol{m}_k=\Delta\boldsymbol{M}_k$ 为内定标参数与姿态角的改正数；$\boldsymbol{V}_{\mathrm{gcp},k}$ 为控制点的残差向量；$\boldsymbol{A}_{\mathrm{gcp},k}$ 为由控制点坐标计算得到的 $\boldsymbol{m}_k$ 偏微分矩阵；$\boldsymbol{L}_{\mathrm{gcp},k}$ 为控制点在当前内定标参数与所更新的姿态角条件下求得的像方指向偏差；$\boldsymbol{P}_{\mathrm{gcp},k}$ 为控制点的权矩阵。

3.3.2　实验分析

3.3.2.1　实验数据选取

基于交叉约束的自检校定标方法依赖较少的地面参考数据，但需要具有一定重叠区域的两景影像，高分四号自主定标景影像数据示意图如图 3.35 所示，其详细参数信息如表 3.8 所列。

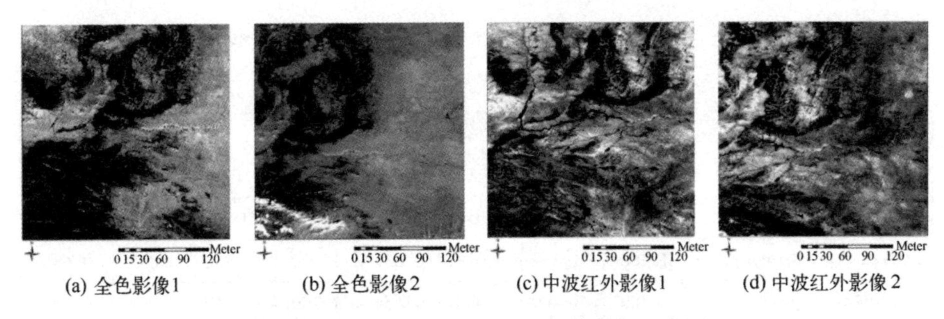

(a) 全色影像1　(b) 全色影像2　(c) 中波红外影像1　(d) 中波红外影像2

图 3.35　高分四号自主定标景影像数据示意图

表 3.8　高分四号自主定标景影像数据详细信息

参　数	全色影像 1	全色影像 2
地面空间分辨率	约 55m	约 55m
影像大小	10240×10240pixel	10240×10240pixel
获取时间	2016-02-08 12:04:08	2016-02-09 11:25:28
影像中心经纬度	E111.9°, N34.0°	E113.7°, N35.6°
成像姿态角	r (roll): 5.44°; p (pitch): 0.88°; y (yaw): 0°	r (roll): 5.54°; p (pitch): 1.08°; y (yaw): 0°
参数	中波红外影像 1	中波红外影像 2
地面空间分辨率	约 490m	约 490m
影像大小	1024×1024pixel	1024×1024pixel
获取时间	2016-02-08 12:05:09	2016-02-09 11:26:28
影像中心经纬度	E111.9°, N34.0°	E113.7°, N35.6°
成像姿态角	r (roll): 5.44°; p (pitch): 0.88°; y (yaw): 0°	r (roll): 5.54°; p (pitch): 1.08°; y (yaw): 0°

3.3.2.2　实验结果分析

1）简化的严密物理量测模型验证

为了验证简化的物理量测模型的有效性，本节将三种简化的严密物理量测模型进行对比，其中 SPIM1(k_1, pixelsize, p_1, p_2)，SPIM2(k_1, pixelsize)，SPIM3(k_1)分别表示包含不同畸变参数的简化的物理量测模型。分别统计采用二维指向角模型与三种简化的物理量测模型进行全色与中波红外影像定标后的定标景影像定位精度，如表 3.9 与表 3.10 所列。

表 3.9 不同畸变模型条件下全色影像定标景定位精度统计表

单位：pixel

精　度	列				行			
	MAX	MIN	MEAN	RMS	MAX	MIN	MEAN	RMS
二维指向角模型	0.900	−1.000	−0.047	0.405	1.100	−0.900	0.016	0.456
SPIM1(k_1 ,pixelsize, p_1 , p_2)	1.100	−1.100	0.028	0.637	1.100	−1.100	0.035	0.686
SPIM2(k_1 ,pixelsize)	1.100	−1.100	−0.068	0.654	1.200	−1.100	0.057	0.695
SPIM3(k_1)	17.800	−18.200	−0.489	6.343	19.200	−18.800	1.003	6.602

表 3.10 不同畸变模型条件下中波红外影像定标景定位精度统计表

单位：pixel

精　度	列				行			
	MAX	MIN	MEAN	RMS	MAX	MIN	MEAN	RMS
二维指向角模型	0.800	−0.700	0.037	0.310	0.900	−0.900	−0.098	0.464
SPIM1(k_1 ,pixelsize, p_1 , p_2)	0.900	−0.900	−0.055	0.357	0.900	−1.000	−0.107	0.457
SPIM2(k_1 ,pixelsize)	0.900	−1.000	0.052	0.418	0.900	−1.000	−0.147	0.466
SPIM3(k_1)	2.200	−2.100	0.128	1.184	1.900	−2.200	0.161	1.122

由表 3.9 和表 3.10 可以看出，经过定标处理后，SPIM1 模型与 SPIM2 模型同复杂的 20 个参数的二维指向角定标模型所能达到的定位精度十分近似，均优于 1pixel；然而 SPIM3 模型的定标补偿精度相对较差。根据前述的分析可知，尽管二维指向角模型由于其复杂的模型参数设计，能够补偿部分局部畸变，因此具有最高的检校精度，但是其模型参数高度自由，难以利用重叠交会光线进行相对约束，因此并不适用于缺少充分绝对几何约束的自主定标过程。使用 SPIM1 与 SPIM2 模型进行定标的像方残差如图 3.36 和图 3.37 所示，像方残差向量方向随机且小于 1pixel，因此验证了其在描述与补偿相机内部畸变能力上的有效性。考虑到 SPIM1 与 SPIM2 补偿畸变能力的相似性，同时切向畸变 p_1 和 p_2 与姿态角 pitch 和 roll 在同时计算时会因为它们高度的相关性而使得解算存在不稳定性，因此本节最终选择 SPIM2 作为自主几何定标模型的内部畸变模型。

2）自主几何定标方法验证

为了验证自主几何定标方法的有效性，本节利用两组重叠的全色影像对与中波红外影像对分别进行自主几何定标的实验。根据前述的分析可知，SPIM2 模型与二视影像对的姿态观测量构成的总体未知数为 8 个，理论上，

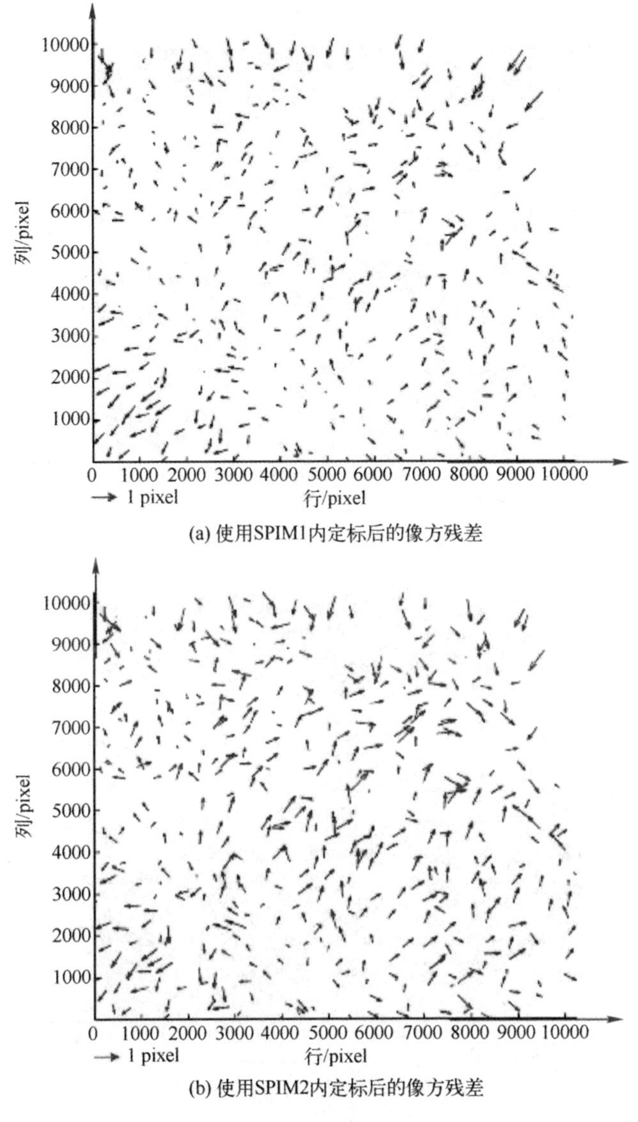

(a) 使用SPIM1内定标后的像方残差

(b) 使用SPIM2内定标后的像方残差

图 3.36 全色定标景影像定标结果

根据构建的误差方程，只要重叠区域内的 2 个控制点即可实现对于定标参数的解算，然而由于缺乏覆盖整个影像的几何约束信息，因此解算的定标参数难以实现影像全局最优的畸变补偿效果。因此，在全选 2 个控制点作为绝对几何基准约束的基础上，在影像对重叠区域范围内匹配均匀分布的密集连接点，利用连接点的交会光线约束实现畸变参数的全局最优估计。如图 3.38 所示，绿色点表示匹配的连接点，其中全色影像对连接点 1345 个，中波红外影

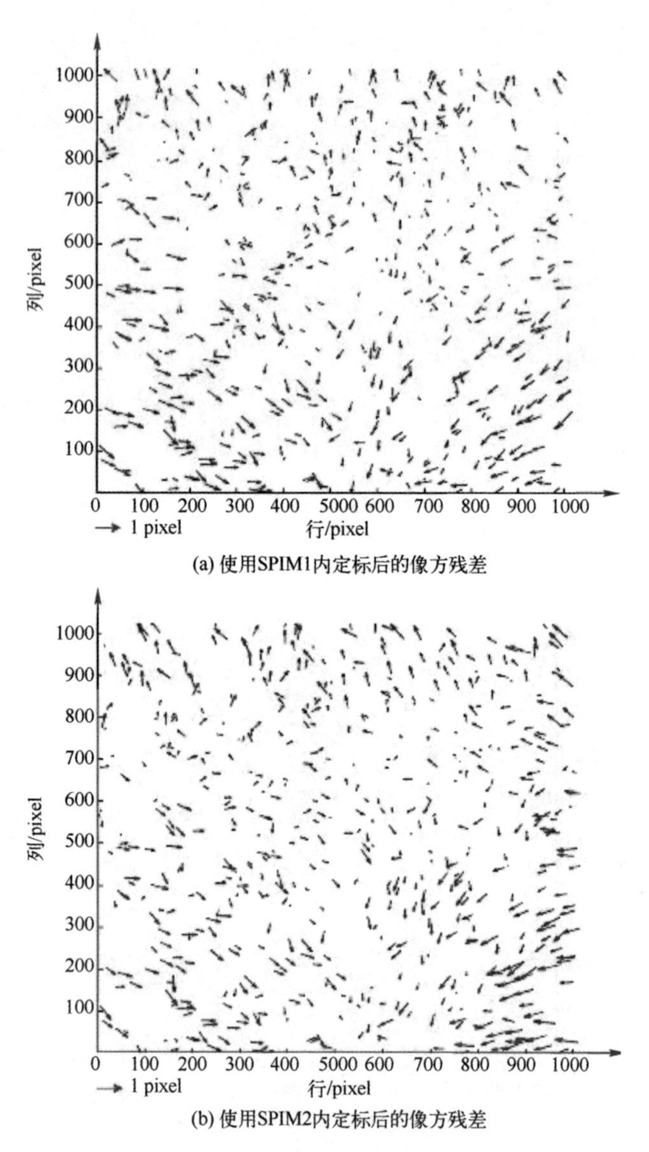

(a) 使用SPIM1内定标后的像方残差

(b) 使用SPIM2内定标后的像方残差

图 3.37　中波红外定标景影像定标结果

像对连接点 1087 个，影像对重叠区域内的红色点表示 2 个控制点。基于利用最少控制点进行绝对约束的前提，本节进行不同数量控制点与连接点组合策略的自主定标对比实验，定标精度如表 3.11 和表 3.12 所列。对于内部相对几何定位精度的评价同样采用基于 RPC 仿射变换参数的统计方法[17-18]，即利用影像与参考影像匹配的 4 个角点的同名点作为控制点作仿射变化，利用其余匹配的同名点作为检查点统计其内部精度，其中 MAX 与 MIN 分别代表最大、最小绝对定位精度，max、min、rms 分别代表仿射变换后内部相对定位精度的最大值、最小值、均方根值。RPC 仿射变换参数的统计方法如下：

$$\begin{cases} x+a_0+a_1x+a_2y=\mathrm{RPC}_x(\mathrm{lat},\mathrm{lon},h) \\ y+b_0+b_1x+b_2y=\mathrm{RPC}_y(\mathrm{lat},\mathrm{lon},h) \end{cases} \tag{3.55}$$

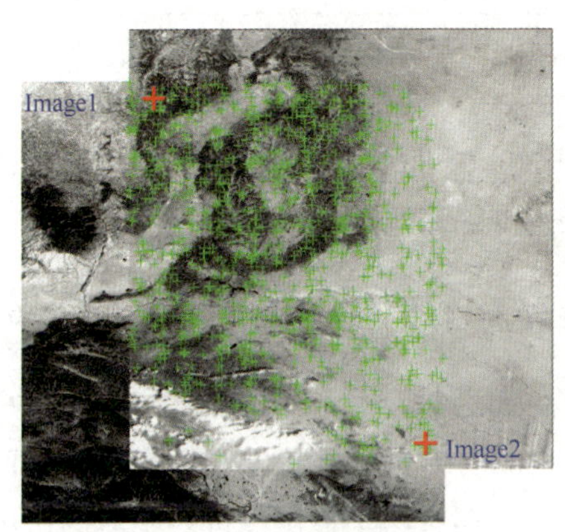

(a) 全色影像对

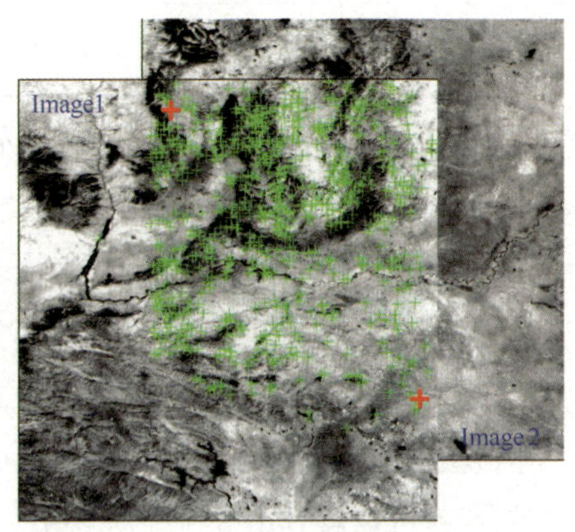

(b) 中波红外影像对

图 3.38　重叠区域内连接点以及选取的两个控制点的分布情况示意图
（红色点代表控制点；绿色点代表连接点）

表 3.11　全色影像不同策略下的几何定标精度

单位：pixel

策略/SPIM2模型	列					行					Scale
	MAX	MIN	max	min	rms	MAX	MIN	max	min	rms	
仅连接点	233.1	-448.0	2.6	-2.9	1.25	358.2	-375.1	2.8	-2.3	1.38	0.8596
连接点+1个控制点	225.6	-440.7	2.4	-2.4	1.17	350.2	-364.9	2.5	-2.2	1.24	0.8786
仅两个控制点	12.3	-17.2	12.7	-16.2	6.34	13.6	-15.7	11.9	-11.3	6.76	0.9994
连接点+2个控制点	2.0	-1.9	1.1	-1.0	0.66	1.7	-1.5	1.1	-1.1	0.72	1.0001

表 3.12　中波红外影像不同策略下的几何定标精度

单位：pixel

策略/ SPIM2模型	列					行					Scale
	MAX	MIN	max	min	rms	MAX	MIN	max	min	rms	
仅连接点	26.4	-42.5	1.7	-1.9	0.79	36.7	-34.5	1.4	-1.5	0.72	0.8425
连接点+1个控制点	27.5	-38.7	1.2	-1.2	0.63	34.2	-32.5	1.2	-1.3	0.60	0.8825

续表

策略/ SPIM2 模型	列					行					Scale
	MAX	MIN	max	min	rms	MAX	MIN	max	min	rms	
仅两个控制点	2.1	−2.0	2.2	−2.0	0.96	3.3	−3.9	3.2	−2.6	1.15	0.9995
连接点+2 个控制点	1.5	−1.2	1.0	−0.9	0.395	1.2	−1.5	0.9	−0.9	0.459	1.0003

为了分析前述的尺度信息，可以利用式（3.56）对尺度信息 Scale 进行描述，其中尺度信息 Scale 越接近于 1，则尺度误差 Scaleerror 就会越小。

$$\text{Scale}=\begin{vmatrix} a_1+1 & a_2 \\ b_1 & b_2+1 \end{vmatrix}=(a_1+1)(b_2+1)-a_2b_1 \tag{3.56}$$

$$\text{Scaleerror}=|\text{Scale}-1| \tag{3.57}$$

由表 3.11 和表 3.12 可见，根据式（3.44）虽然理论上重叠区域内的两个控制点就可以解算出 8 个定标参数，且其拥有两个控制点进行绝对的尺度约束，因此其尺度误差很小，但是其定标精度却很差，内部精度难以实现亚像素级别的要求。这主要是因为尽管重叠区域内的两个控制点可以让约束方程在数学上可解，但是并不能实现全局最优的解算，因此难以实现对于内部畸变的有效补偿。当引入重叠区域内密集连接点的交会约束后，定标精度显著提高，虽然直接定位精度中最大与最小误差大于 1pixel（这本质上是由于极小的尺度误差造成的），但是经过仿射变换后的内部相对精度与表 3.9 和表 3.10 中采用 SPIM2 模型并依靠密集绝对控制点所达到的内部相对精度十分近似，且尺度误差很小，实现了定标参数对于内部几何畸变消除的目的。

之所以会存在极小的尺度误差，是因为选取的两个控制点不可避免地存在部分测量误差，同时在控制点与连接点变权解算的过程中，控制点对于尺度误差的约束存在一定波动范围，但是这并不会造成定标精度与可靠性的显著下降。对于测试景而言，姿态误差、轨道误差、安装误差等外部误差会造成成像物距的错误估计，这同样会引起影像的尺度误差，然而根据式（3.55）可知，经过仿射变换改正后，影像的内部相对畸变可得到有效消除。仅依靠连接点或者连接点与一个控制点的组合方式，并不能实现定标参数的最优估计，并且尺度误差极大，因此这也印证了前述的控制点对于影像尺度约束的重要性。实际上，通过理论分析可知，利用控制点在影像沿轨以及垂轨方向上对影像进行尺度约束的最小数量为两个。表 3.13 与表 3.14 显示了利用“连接点+2 个控制点结合 SPIM2 模型”的自主定标策略求得的定标参数，对于其他测试景的内部相对精度[17-18]，可以看出该定标参数可以保证其他测试景的内部相对精度实现优于1pixel的指标。综合以上结果可见，高分辨率静止轨道面阵卫星高分四号采用SPIM2模型以及两个控制点与密集连接点组合的自主几何定标方式，可以有效地实现对内部畸变的探测与补偿。同时，由于中波红外影像几何分辨率低于全色影像几何分辨率，因此，从像素精度评价结果上看，中波红外影像定标精度优于全色影像定标精度。

表3.13 全色影像内部相对精度统计表

单位：pixel

成像区域	成像时间	精度RMSE		
		列	行	平面
E95.7°，N32.7°	2016-02-02 11:20:43	0.63	0.68	0.93
E99.9°，N32.6°	2016-02-02 11:22:37	0.67	0.71	0.98
E96.5°，N15.7°	2016-02-02 11:26:29	0.61	0.69	0.92
E100.2°，N28.4°	2016-02-02 11:32:06	0.69	0.76	1.03
E118.9°，N32.2°	2016-02-02 11:46:19	0.68	0.77	1.03
E114.7°，N32.1°	2016-02-02 11:48:13	0.71	0.8	1.07
E103.3°，N33.8°	2016-03-06 10:48:19	0.59	0.62	0.86
E103.3°，N33.8°	2016-03-06 13:07:48	0.64	0.79	1.02
E133.4°，N48.3°	2016-07-08 09:04:03	0.61	0.67	0.91
E101.4°，N47.6°	2016-09-06 15:37:20	0.73	0.81	1.09

表3.14 中波红外影像内部相对精度统计表

单位：pixel

成像区域	成像时间	精度RMSE		
		列	行	平面
E95.7°，N32.7°	2016-02-02 11:21:43	0.45	0.52	0.69
E99.9°，N32.6°	2016-02-02 11:23:37	0.44	0.59	0.74
E96.5°，N15.7°	2016-02-02 11:27:29	0.43	0.49	0.65
E100.2°，N28.4°	2016-02-02 11:33:06	0.57	0.53	0.78
E118.9°，N32.2°	2016-02-02 11:47:19	0.52	0.56	0.76
E114.7°，N32.1°	2016-02-02 11:49:13	0.45	0.41	0.61
E103.3°，N33.8°	2016-03-06 10:49:19	0.51	0.47	0.69
E103.3°，N33.8°	2016-03-06 13:08:48	0.48	0.53	0.72
E133.4°，N48.3°	2016-07-08 09:05:03	0.44	0.46	0.64
E101.4°，N47.6°	2016-09-06 15:38:20	0.41	0.56	0.69

3）重叠类型对于自主几何定标结果的影响分析

为了探究影像对重叠关系和重叠区域大小对自主几何定标精度的影响，本节利用精确定标获取的二维指向角模型作为模拟影像的几何模型，通过调整影像对的姿态角关系来实现不同类型的重叠类型（类型 1 为上下重叠关系；类型 2 为左右重叠关系；类型 3 为对角重叠关系），且每种重叠类型包括 1/3 重叠区域、1/2 重叠区域、2/3 重叠区域（以重叠的边长比例作为衡量标准）三种不同尺度的重叠。利用真实的成像时间、轨道信息、模拟的姿态角以及参考 DEM 与 DOM 仿真出全色影像对与中波红外影像对来进行自主几何定标实验（采用连接点+2 个控制点结合 SPIM2 模型的定标策略），影像统计结果如表 3.15 所列。

表 3.15　不同重叠关系对定标精度的影像统计结果

单位：pixel

重叠类型	2/3 重叠 RMSE			1/2 重叠 RMSE			1/3 重叠 RMSE		
全色	列	行	平面	列	行	平面	列	行	平面
1	0.61	0.71	0.94	0.65	0.78	1.02	0.65	0.77	1.01
2	0.62	0.75	0.97	0.64	0.74	0.98	0.63	0.76	0.99
3	0.63	0.73	0.96	0.76	0.82	1.12	8.9	9.6	13.09
中波红外	列	行	平面	列	行	平面	列	行	平面
1	0.43	0.46	0.63	0.43	0.47	0.64	0.43	0.50	0.66
2	0.42	0.49	0.65	0.41	0.49	0.64	0.46	0.45	0.64
3	0.40	0.45	0.60	0.48	0.54	0.72	1.4	1.9	2.36

根据前述分析可知，由于简化的严密物理量测模型具有中心对称的几何特性，因此本节并没有对于重叠范围具有过于严苛的要求。如表 3.15 所列，对于重叠类型 1 与类型 2 而言，即使重叠范围的边长仅占总边长的 1/3（可以对影像 2/3 的范围进行约束），也没有对最终的检校结果产生明显的影响；然而对于重叠类型 3 而言，当重叠范围的边长仅占总边长的 1/3（可以对影像 2/9 的范围进行约束）时，因为相互重叠的范围太过有限，因此检校结果误差较大。虽然从结果上看，本节提出的中心对称简化的严密物理量测模型对于重叠方式并没有过高的要求，但是为了达到理论上的全局最优结果，在实际应用中良好的重叠覆盖仍是最优的选项，特别是在全局一致量测模型是否能够很好地补偿内部畸变并无先验定论的情况下。

3.4 本章小结

本章首先基于摄影测量中的共线方程构建了静止轨道卫星影像的几何成像模型，通过对影响静止轨道面阵相机几何定位的各项误差源的分析与论述，进一步构建了静止轨道面阵相机的几何定标的物理模型；然后针对严格物理模型中的参数相关性问题，提出了一种基于二维指向角的几何定标模型，并结合静止轨道光学卫星未来高分辨率的发展趋势，提出了一种适用于静止轨道光学卫星面阵相机的自检校模型，以降低对定标场的依赖；最后利用成像数据进行几何定位误差的定量分析和几何定标模型的正确性的实验验证，通过实验验证分析，证明了本章所提出的二维指向角模型和自检校模型均能表达静止轨道面阵相机的内部畸变模型，其定标的流程方法能应用到静止轨道面阵相机的在轨几何定标任务中。

参考文献

[1] 雷蓉．星载线阵传感器在轨几何定标的理论与算法研究［D］．郑州：解放军信息工程大学，2011.

[2] 张力，张继贤，陈向阳，等．基于有理多项式模型 RFM 的稀少控制 SPOT-5 卫星影像区域网平差［J］．测绘学报，2009，38（4）：302-310.

[3] BALTSAVIAS E, ZHANG L, EISENBEISS H. DSM generation and interior orientation of IKONOS images using a testfield in Switzerland［J］. Photogrammetrie, Fernerkundung, Geoinformation, 2006,（1）: 41-54.

[4] BOUILLON A, BERNARD M, GIGORD P, et al. SPOT5 HRS geometric performances: using block adjustment as a key issue to improve quality of DEM generation［J］. ISPRS Journal of Photogrammetry & Remote Sensing, 2006, 60（3）: 134-146.

[5] DIAL G. IKONOS satellite mapping accuracy［C］//Proceedings of ASPRS, Washington DC, 2000.

[6] FRASER C, BALTSAVIASE P, GRUEN A. Processing of IKONOS imagery for sub-meter 3D positioning and building extraction［J］. International Journal of Photogrammetry and Remote Sensing, 2005, 56（3）: 177-194.

[7] FRASER C S, HANLEY H B, YAMAKAWA T. High precision geopositioning from Ikonos

satellite imagery [C]//Proceedings ASPRS Annual Meeting, Washington DC, 2002.

[8] 袁修孝，余翔．高分辨率卫星遥感影像姿态角系统误差检校 [J]. 测绘学报，2012，41 (3)：385-392.

[9] 郭永富．静止轨道卫星在轨温度参数变化规律研究 [J]. 航天器工程，2011，20 (1)：76-81.

[10] CAO J S, YUAN X X, GONG J Y. In-orbit geometric calibration and validation of ZY-3 three-line cameras based on CCD-Detector look angles [J]. The Photogrammetric Record, 2015, 30 (150): 211-226.

[11] WANG M, YANG B, HU F. On-orbit geometric calibration model and its applications for high-resolution optical satellite imagery [J]. Remote Sensing, 2014, 6 (5): 4391-4408.

[12] YANG B, WANG M. On-orbit geometric calibration method of ZY-1 02C panchromatic camera [J]. Journal of Remote Sensing, 2013, 17 (5): 1175-1190.

[13] LOWE D G. Distinctive image features from scale-invariant keypoints [J]. International Journal of Computer Vision, 2004, 60 (2): 91-110.

[14] CHENG Y, WANG M, JIN S, et al. New on-orbit geometric interior parameters self-calibration approach based on three-view stereoscopic images from high-resolution multi-TDI-CCD optical satellites [J]. Optics Express, 2018, 26 (6): 7475-7493.

[15] DELVIT J, GRESLOU D, AMBERG V, et al. Attitude assessment using Pleiades-HR capabilities [C]. Proceedings of the International Archives of the Photogrammetry, Melbourne, VIC, Australia, 2012, 25: 525-530.

[16] PI Y D, YANG B, WANG M, et al. On-orbit geometric calibration using a cross-image pair for the linear sensor aboard the agile optical satellite [J]. IEEE Geoscience and Remote Sensing Letters, 2017, 14 (7): 1176-1180.

[17] FRASER C S, HANLEY H B. Bias compensation in rational functions for IKONOS satellite imagery [J]. Photogrammetric Engineering & Remote Sensing, 2003, 69 (1): 53-57.

[18] HANLEY H B, YAMAKAWA T, FRASER C S. Sensor orientation for high-resolution satellite imagery [J]. International Archives of Photogrammetry Remote Sensing and Spatial Information Sciences, 2002, 34: 69-75.

第4章　静止轨道光学成像高精度传感器校正模型与方法

在高分辨率光学卫星地面数据预处理中，传感器校正是一个非常重要的环节，其目的是针对不同的传感器的设计特点，根据相机内部的安装关系获取完整视场的整幅影像和与传感器参数无关的成像模型，便于后续影像的进一步处理和应用。而对于静止轨道高分辨率面阵相机而言，在地面数据预处理中进行传感器校正也是一项非常必要的工作。

对于中低轨卫星的多线阵 CCD 拼接的传感器校正，主要有基于像方的拼接和基于物方的拼接两种方法。其中，基于像方的拼接主要是基于多线阵之间的连接点构建像方变换模型，实现相邻 CCD 重叠区的影像的配准；而基于物方的拼接是在相机几何定标的基础上，根据相机的设计特点，结合其几何成像模型，采用虚拟线阵重成像的方式，解决多线阵的拼接、多波段的配准和镜头畸变等问题，实现高精度的几何处理[1-2]。

本章针对静止轨道卫星高分辨率面阵相机多面阵拼接的设计特点，分析了与航空多镜头相机和中低轨卫星中的多线阵 CCD 拼接相机在设计安装上的差异，对其传感器校正过程中存在的问题进行理论分析，进而从算法实现的层次提出了基于像方投影转换和基于物方虚拟重成像的传感器校正方法。

4.1　传感器校正的含义

在中低轨光学线阵卫星地面数据预处理中，传感器校正处理的结果称为传感器校正产品，是指对0级影像经过了辐射校正和传感器校正（CCD

条带拼接处理、波段配准处理等），但没有经过进一步几何处理的影像产品[3-5]，主要包括拼接的完整影像和对应的通用几何模型。静止轨道高分辨率光学卫星采用面阵拼接的成像方式，其传感器校正结果为无畸变的虚拟面阵影像。

4.1.1 有理函数模型

有理函数模型（Rational Function Model，RFM）是一种直接建立像点像素坐标和与其对应的物方点地理坐标关系的有理多项式模型，它类似于简单的多项式模型，与传感器的参数无关，是对传感器严格几何成像模型的一种拟合表达。RFM 模型具有计算效率高、坐标正反算无须迭代的特点，已广泛应用于中低轨线阵推扫成像卫星和中低分辨率 SAR 卫星，经国内外学者对 SPOT5、IKONOS、QuickBird 等卫星影像进行验证试验，证明了其可以提供高精度、高稳定性的结果；另外针对中低分辨率的 SAR 卫星，RFM 模型拟合严格成像模型的精度已经达到 0.05pixel 的精度，因此可以取代传感器自身的严格几何成像模型进行后续的影像处理和应用[6-9]。

为了保证计算的稳定性，RFM 模型将像点图像坐标(l,s)和物方点的经纬度坐标(B,L)和椭球高 H 进行正则化处理，使坐标范围在$[-1,1]$之间，有

$$l_n=\frac{l-\text{LineOff}}{\text{LineScale}},\quad s_n=\frac{s-\text{SampleOff}}{\text{SampleScale}} \tag{4.1}$$

$$U=\frac{B-\text{LonOff}}{\text{LonScale}},\quad V=\frac{L-\text{LatOff}}{\text{LatScale}},\quad W=\frac{H-\text{HeiOff}}{\text{HeiScale}} \tag{4.2}$$

RFM 模型数学表现形式为

$$\begin{cases} l_n=\dfrac{\text{Num}_L(U,V,W)}{\text{Den}_L(U,V,W)} \\ s_n=\dfrac{\text{Num}_S(U,V,W)}{\text{Den}_S(U,V,W)} \end{cases} \tag{4.3}$$

$$\begin{aligned}\text{Num}_L(U,V,W)=&a_1+a_2V+a_3U+a_4W+a_5VU+a_6VW+a_7UW+a_8V^2+a_9U^2+\\&a_{10}W^2+a_{11}UVW+a_{12}V^3+a_{13}VU^2+a_{14}VW^2+a_{15}V^2U+a_{16}U^3+\\&a_{17}UW^2+a_{18}V^2W+a_{19}U^2W+a_{20}W^3\end{aligned}$$

$$\begin{aligned}\text{Den}_L(U,V,W)=&b_1+b_2V+b_3U+b_4W+b_5VU+b_6VW+b_7UW+b_8V^2+b_9U^2+\\&b_{10}W^2+b_{11}UVWb_{12}V^3+b_{13}VU^2+b_{14}VW^2+b_{15}V^2U+b_{16}U^3+\\&b_{17}UW^2+b_{18}V^2W+b_{19}U^2W+b_{20}W^3\end{aligned}$$

$$\begin{aligned}\mathrm{Num}_S(U,V,W)=&c_1+c_2V+c_3U+c_4W+c_5VU+c_6VW+c_7UW+c_8V^2+c_9U^2+\\&c_{10}W^2+c_{11}UVW+c_{12}V^3+c_{13}VU^2+c_{14}VW^2+c_{15}V^2U+c_{16}U^3+\\&c_{17}UW^2+c_{18}V^2W+c_{19}U^2W+c_{20}W^3\end{aligned}$$

$$\begin{aligned}\mathrm{Den}_S(U,V,W)=&d_1+d_2V+d_3U+d_4W+d_5VU+d_6VW+d_7UW+d_8V^2+d_9U^2+\\&d_{10}W^2+d_{11}UVW+d_{12}V^3+d_{13}VU^2+d_{14}VW^2+d_{15}V^2U+d_{16}U^3+\\&d_{17}UW^2+d_{18}V^2W+d_{19}U^2W+d_{20}W^3\end{aligned}$$

式中：$a_i,b_i,c_i,d_i(i=1,2,\cdots,20)$为有理多项式系数。

4.1.2　虚拟影像定义

在航空面阵影像预处理和低轨光学线阵卫星地面数据预处理中，针对面阵的拼接和多线阵 CCD 的拼接，都有虚拟影像定义的引入。顾名思义，虚拟影像不是传感器的真实成像，是真实影像的“再表达”影像，是根据传感器的设计、内部安装关系、根据其几何成像关系等进行的重排影像[1,2,10]，将无畸变的虚拟影像作为传感器校正产品影像。

对于静止轨道高分辨率面阵相机而言，针对其单镜头、多面阵拼接的设计特点，为了方便后续的影像处理，在数据的地面预处理中，引入了“虚拟面阵影像”的定义，作为传感器校正处理之后的影像产品名称，其影像本身进行了多面阵的辐射归一化处理、多面阵的无缝拼接处理、几何成像模型通用化处理，为后续的影像处理提供归一化影像产品。

针对静止轨道面阵相机的安装特点，虚拟面阵与真实面阵共用一个相机镜头。在几何成像建模时，共用统一的外方位元素，如图 4.1 所示。

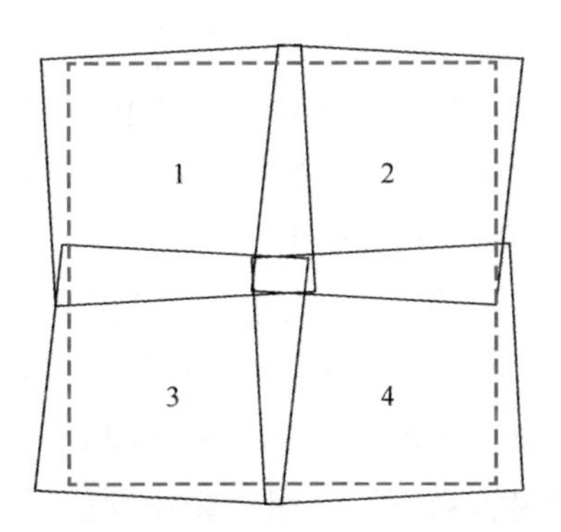

图 4.1　真实面阵与虚拟面阵示意图

虚拟影像虽然掩盖了真实面阵的成像过程，但在保留与真实面阵影像同一几何定位精度的前提下，完成了各片面阵影像在视觉上的无缝拼接，同时为影像再生产提供了统一的产品形式，为后续的影像应用提供了方便。

4.2 传感器校正模型

与传统航空面阵相机、低轨卫星线阵相机相比，静止轨道高分辨率光学卫星的成像载荷具有独特的设计特点，当前建立的航空面阵、低轨线阵相机的传感器校正模型难以适用。本节针对静止轨道光学卫星面阵相机的成像特点，根据虚拟影像与原始影像间几何映射关系的建立方式，介绍静止轨道光学卫星的两个传感器校正模型——基于像方拼接的传感器校正方法和基于物方一致性的传感器校正方法。

4.2.1 基于像方拼接的传感器校正方法

1）算法原理

在航空大面阵组合相机的数据预处理中，为了方便后续影像产品应用，往往需要在预处理时输出全幅虚拟影像。所谓全幅虚拟影像，其本质上都是基于传感器严格几何成像模型，将多幅视场不连续但又彼此关联的影像，通过影像重排将其转换成一幅无缝拼接的虚拟影像。在航空多面阵相机的处理中，王慧等[11]分析了多镜头、多面阵 CCD 航空影像的几何特点，构建了虚拟影像的数学模型，在影像几何拼接误差模型的基础上，进一步分析了拼接误差对精度的影响；针对中国测绘科学研究院所研制的大面阵组合相机，崔红霞等[12]提出了基于每两幅影像重叠区内的同名点的相对自检校方法，将不同投影中心的影像拼接成同一投影中心的虚拟影像，研究结果表明，合成后的虚拟影像不仅实现了多幅影像的无缝拼接，并且能保证影像的几何定位精度，可以满足后续大比例尺测图的精度要求。

静止轨道面阵相机在设计上类似于航空面阵的多面阵拼接设计，但又有所差异。对于静止轨道卫星而言，各片感光面之间共用一个镜头，处在同一相机平面，且相互之间满足中心投影的关系，因此，虚拟面阵可以与各片真实面阵设置在同一相机坐标系下，共用一套外方位元素，虚拟面阵的焦距是各片面阵的焦距，虚拟面阵的 4 个角点是包含各片面阵的最小外接矩阵的角点。基于此，提出了一种基于像方拼接方法实现对静止轨道卫星面阵进行传感器校正，其本质就是各片面阵上的探元与对应虚拟面阵上的探元具有相同的相机坐标系下的指向，通过相机坐标系下的指向一致性构建各片面阵与虚拟面阵上各探元的映射关系，并通过影像重排生成虚拟影像。

如图 4.2 所示，虚拟片上的像点 $g_0(s,l)$ 与第 4 片面阵的像点 $g_4(s,l)$ 具有相同的相机内部指向，X 轴方向指向角为 $\varphi_x(s,l)$，Y 轴方向指向角为 $\varphi_y(s,l)$。通过相机内部指向的一致性，基于此构建虚拟面阵的上像点 $(s,l)_0$ 映射关系，即

$$\mathrm{FUNC}(F):(s,l)_0 \rightarrow (s,l)_{i=1,2,3,4} \tag{4.4}$$

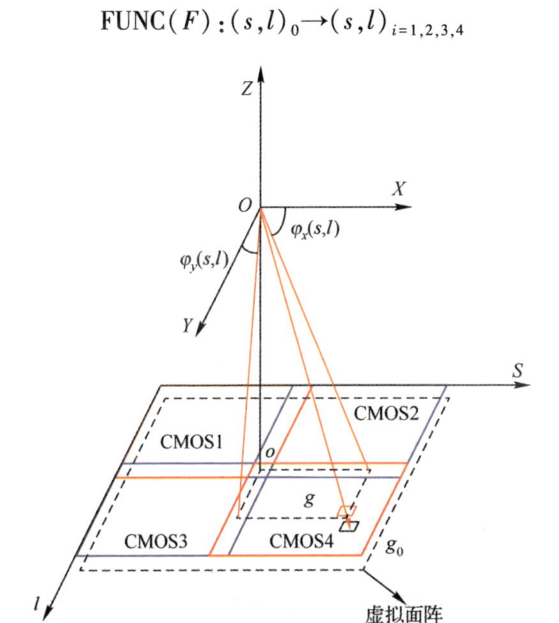

图 4.2　基于像方拼接的传感器校正原理图

2）算法流程

基于像方投影转换的传感器校正的算法是：首先在对相机各片面阵进行严格几何定标的前提下，构建各真实面阵精确指向；然后根据虚拟面阵的位置设置，进一步构建虚拟面阵的各个探元的指向，从而建立两者之间在像方上的映射关系；最后通过影像重采样输出虚拟影像。具体的算法实现流程如图 4.3 所示。

本节按照其算法原理，对基于像方拼接的传感器校正方法展开论述。

（1）虚拟面阵与真实面阵的探元指向模型构建。

由第 3 章构建的各片面阵的探元指向模型可知，各真实面阵的探元指向模型为

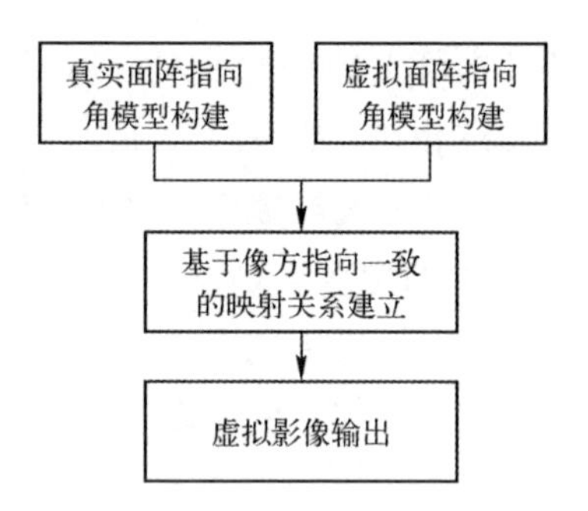

图 4.3　基于像方拼接的传感器校正算法实现流程

$$\begin{bmatrix}\tan_i(\psi_x(s,l))\\ \tan_i(\psi_y(s,l))\\ -1\end{bmatrix}=\lambda \boldsymbol{R}_{\text{ins}}^{\text{cam}}\boldsymbol{R}_{\text{J2000}}^{\text{ins}}\boldsymbol{R}_{\text{wgs}}^{\text{J2000}}\begin{bmatrix}X_g-X_{\text{body}}\\ Y_g-Y_{\text{body}}\\ Z_g-Z_{\text{body}}\end{bmatrix} \tag{4.5}$$

$$\begin{cases}\tan_i(\psi_x(s,l))=a_ix_0+a_ix_1\cdot s+a_ix_2\cdot l+a_ix_3\cdot s\cdot l+a_ix_4\cdot s^2+\\ \qquad a_ix_5\cdot l^2+a_ix_6\cdot s^2\cdot l+a_ix_7\cdot s\cdot l^2+a_ix_8\cdot s^3+a_ix_9\cdot l^3\\ \tan_i(\psi_y(s,l))=a_iy_0+a_iy_1\cdot s+a_iy_2\cdot l+a_iy_3\cdot s\cdot l+a_iy_4\cdot s^2+a_iy_5\cdot l^2+\\ \qquad a_iy_6\cdot s^2\cdot l+a_iy_7\cdot s\cdot l^2+a_iy_8\cdot s^3+a_iy_9\cdot l^3\end{cases}$$

式中：$i=1,2,3,\cdots$为各片面阵的序号；$\tan_i(\psi_x(s,l))$与$\tan_i(\psi_y(s,l))$为虚拟面阵的各探元的指向；$a_ix_0,\cdots,a_ix_9,a_iy_0,\cdots,a_iy_9$为分片几何定标获得的各片精确内定标系数。

虚拟面阵与各片面阵共用一套外部姿轨参数与相机坐标系，不同的是虚拟面阵与各片面阵的各探元的相机内部指向模型存在差异。虚拟面阵是消除了影像的高阶畸变，满足简单的“针孔”成像模型。因此，构建虚拟面阵与各面阵的探元指向角模型可表示为

$$\begin{bmatrix}\tan_0(\psi_x(s,l))\\ \tan_0(\psi_y(s,l))\\ -1\end{bmatrix}=\lambda \boldsymbol{R}_{\text{ins}}^{\text{cam}}\boldsymbol{R}_{\text{J2000}}^{\text{ins}}\boldsymbol{R}_{\text{wgs}}^{\text{J2000}}\begin{bmatrix}X_g-X_{\text{body}}\\ Y_g-Y_{\text{body}}\\ Z_g-Z_{\text{body}}\end{bmatrix} \tag{4.6}$$

$$\begin{cases}\tan_i(\psi_x(s,l))=a_ix_0+a_ix_1\cdot s\\ \tan_i(\psi_y(s,l))=a_iy_0+a_iy_2\cdot l\end{cases}$$

式中：$\tan_0(\psi_x(s,l))$与$\tan_0(\psi_y(s,l))$为虚拟面阵的各探元的指向。设虚拟面阵的主点在$s-l$坐标系中为$o(s_x,l_y)$，焦距为f，像素尺寸为 pixel，则虚拟面阵指向角模型参数为

$$
\begin{cases} a_0x_0=-\dfrac{s_x\cdot \text{pixel}}{f} \\ a_0x_1=\dfrac{\text{pixel}}{f} \end{cases}
\quad
\begin{cases} a_0y_0=-\dfrac{l_x\cdot \text{pixel}}{f} \\ a_0y_2=\dfrac{\text{pixel}}{f} \end{cases}
\tag{4.7}
$$

（2）虚拟面阵与真实面阵像方映射关系生成。

构建完成虚拟面阵与各面阵的相机内部各探元指向角模型，需要根据像方指向一致性构建虚拟面阵探元与各真实面阵探元的映射关系，即

$$
(s,l)_0 \xrightarrow{\text{FUNC}(G)} (s,l)_{i=1,2,3,4} \tag{4.8}
$$

式中：$(s,l)_0$为虚拟面阵影像像素坐标；$(s,l)_{i=1,2,3,4}$为各面阵影像像素坐标。具体的实现步骤如下：

① 根据真实面阵各探元的指向角模型，建立真实面阵探元到指向的映射关系，即

$$
f_{i=1,2,3,4}:(s_j,l_j)_i \rightarrow (\tan(\varphi_x)_j,\tan(\varphi_y)_j)_i \tag{4.9}
$$

② 根据虚拟面阵的定义，建立虚拟面阵探元到指向的映射关系，即

$$
f_0:(s_j,l_j)_0 \rightarrow (\tan(\varphi_x)_j,\tan(\varphi_y)_j)_0 \tag{4.10}
$$

③ 建立 $\text{FUNC}(F):(s,l)_0\rightarrow(s,l)_{i=1,2,3,4}$之间的映射关系。

由于$f^{-1}_{i=1,2,3,4}:(\tan(\varphi_x)_j,\tan(\varphi_y)_j)_i\rightarrow(s_j,l_j)_i$的函数关系难以通过$f_{i=1,2,3,4}$的公式变换构建，而$f^{-1}_0:(\tan(\varphi_x)_j,\tan(\varphi_y)_j)_0\rightarrow(s_j,l_j)_0$的映射关系是简单的线性变换，不存在高次项，可以由$f_0$公式变换所得。因此，本节采用虚拟格网点，通过构建$(s_j,l_j)_i\rightarrow(\tan(\varphi_x)_j,\tan(\varphi_y)_j)_i\rightarrow(s_j,l_j)_0$的映射关系，获得大量$(s_j,l_j)_i\leftrightarrow(s_j,l_j)_0$虚拟点对，根据虚拟点对选择合适的数学模型从而求解 $\text{FUNC}(F):(s,l)_0\rightarrow(s,l)_{i=1,2,3,4}$的映射关系，如图 4.4 所示。

它们之间可以通过多项式模型构建完成相互映射，即

$$
\begin{cases}
s_i=a_{0i}x_0+a_{0i}x_1\cdot s+a_{0i}x_2\cdot l+a_{0i}x_3\cdot s\cdot l+a_{0i}x_4\cdot s^2+a_{0i}x_5\cdot l^2+ \\
\quad a_{0i}x_6\cdot s^2\cdot l+a_{0i}x_7\cdot s\cdot l^2+a_{0i}x_8\cdot s^3+a_{0i}x_9\cdot l^3 \\
l_i=a_{0i}y_0+a_{0i}y_1\cdot s+a_{0i}y_2\cdot l+a_{0i}y_3\cdot s\cdot l+a_{0i}y_4\cdot s^2+a_{0i}y_5\cdot l^2+ \\
\quad a_{0i}y_6\cdot s^2\cdot l+a_{0i}y_7\cdot s\cdot l^2+a_{0i}y_8\cdot s^3+a_{0i}y_9\cdot l^3
\end{cases}
\tag{4.11}
$$

式中：$a_{0i}x_0,\cdots,a_{0i}x_9,a_{0i}y_0,\cdots,a_{0i}y_9(i=1,2,3,4)$为 FUNC($F$)中虚拟面阵与各面阵的映射函数的系数。

由于各面阵内部指向角模型为三次多项式模型，而虚拟面阵为简单的一次线性模型，因此，构建三次多项式模型的映射函数，可以拟合虚拟面阵探

元与各面阵探元的实际映射关系，为下一步虚拟影像的生成提供依据。

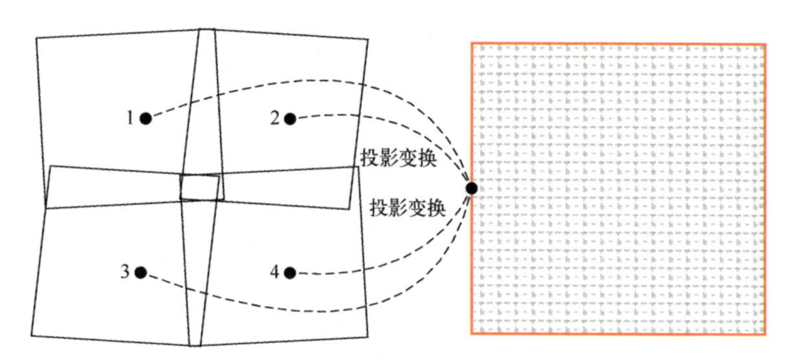

图 4.4　基于像方拼接的传感器校正方法示意图

通过在各面阵上均匀地布设虚拟格网点，来求得映射函数的多项式系数，具体步骤如下：

① 在各面阵上均匀地选取格网点数据$(s_j,l_j)_i$，求得对应像素的指向$\tan_i(\psi_x(s_j,l_j))$与$\tan_i(\psi_y(s_j,l_j))$。

② 由于虚拟面阵的内部指向是简单一次线性模型，因此可以通过指向来轻易获得其对应的影像坐标，根据式（4-7）与$\tan_i(\psi_x(s_j,l_j))\tan_i(\psi_y(s_j,l_j))$的值求得虚拟面阵对应的格网点数据$(s_j,l_j)_0$，即$(s_j,l_j)_i\rightarrow(\tan(\varphi_x)_j, \tan(\varphi_y)_j)_i\rightarrow(s_j,l_j)_0$，从而获得大量的各片面阵上像点与对应的虚拟片上的像点的点对坐标，即$(s_j,l_j)_0\leftrightarrow(s_j,l_j)_{i=1,2,3,4}$。

③ 通过最小二乘方法，解算映射函数的多项式系数。

（3）虚拟面阵影像生成。

通过影像灰度重采样的方法输出虚拟影像，具体步骤如下：

① 逐像素遍历虚拟面阵上各探元$(s_j,l_j)_0$，根据所建立的映射关系计算对应的各面阵影像上的像素值。

② 由于建立的虚拟面阵与各个单片面阵成像像点之间的对应关系不一定为整像素值，因此需要对单片面阵上的像素信息进行影像重采样，以生成虚拟灰度影像。

4.2.2　基于虚拟重成像的高精度传感器校正方法

1）算法原理

静止轨道面阵相机基于物方虚拟重成像的传感器校正方法是指利用静止轨道卫星各片面阵的摄影几何约束关系，基于物方空间的连续性，建立虚拟影像与原始影像的像点坐标换算关系，进而实现对原始影像的无缝拼接处理。因此，基于物方虚拟重成像的传感器校正方法主要体现在两个方面：

（1）建立虚拟影像与物方空间的坐标映射关系。

（2）建立各片面阵原始影像与物方空间的坐标映射关系。

其基本原理是在相机焦平面上设计一个完整的虚拟面阵，与其他 4 片面阵共用一套姿轨参数、相机焦距和主点参数。一方面，基于虚拟面阵的成像几何模型，建立虚拟景像点与物方空间的坐标映射关系；另一方面，在满足片间几何定位精度一致的前提下，基于 4 片面阵的成像几何模型建立物方空间与原始影像像点的坐标映射关系，建立虚拟景与原始影像的像点坐标对应关系，最终通过影像重排输出高精度拼接处理的虚拟景影像。而虚拟影像本身可以等效或近似等效为一幅单面阵影像，虚拟影像的生成过程相当于在虚拟面阵曝光重成像的过程。

如图 4.5 所示，假设在某一成像曝光时刻，虚拟面阵对地面上的一块区域

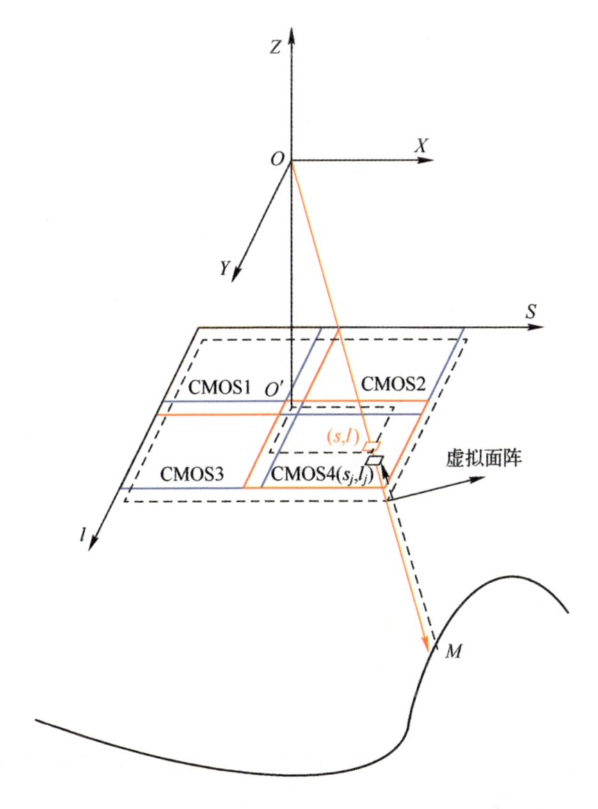

图 4.5　基于物方一致性传感器校正方法原理示意图

成像，并记录为一个虚拟景影像。对于虚拟景影像上的每一个像素，首先基于虚拟的成像几何模型正算其物点坐标，然后基于 4 片面阵的成像几何模型反算物点在原始影像上的位置，最后通过灰度重采样获得该像素的灰度信息，生成一个完整的虚拟影像。

2）算法流程

基于物方虚拟重成像的传感器校正算法的核心是基于真实面阵影像像点和虚拟面阵影像像点在物方空间的一致性，建立两者之间的坐标对应关系。在算法实现时，首先根据外部姿态和轨道参数、真实面阵的与虚拟面阵的内方位元素，构建真实面阵与虚拟面阵的严格几何成像模型，并根据严格几何成像模型输出与之对应的 RPC 参数；然后利用生成的真实面阵与虚拟面阵的 RPC 参数，基于物方一致性的约束条件，建立两者影像坐标之间的映射关系；最后依据所建立映射关系生成虚拟影像。具体的算法实现流程图如图 4.6 所示。

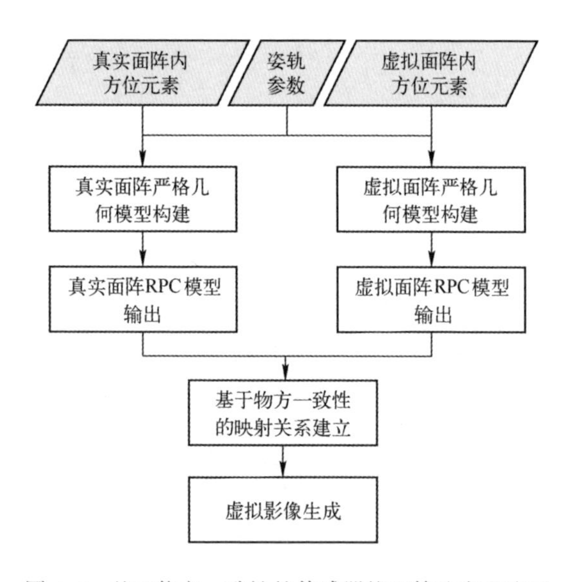

图 4.6　基于物方一致性的传感器校正算法实现流程

（1）单面阵严格几何成像模型构建与 RPC 参数生成。

通过分片几何定标，基于检校的真实内方位元素及成像时刻的姿轨数据，建立真实面阵的严密成像几何模型，进而恢复成像时刻投影中心与 CCD 面阵上每一个成像探元以及探元对应地物点的成像对应关系，即

$$\begin{bmatrix} \tan_i(\psi_x(s,l)) \\ \tan_i(\psi_y(s,l)) \\ -1 \end{bmatrix} = \lambda \boldsymbol{R}_{\text{ins}}^{\text{cam}} \boldsymbol{R}_{\text{J2000}}^{\text{ins}} \boldsymbol{R}_{\text{wgs}}^{\text{J2000}} \begin{bmatrix} X_g - X_{\text{body}} \\ Y_g - Y_{\text{body}} \\ Z_g - Z_{\text{body}} \end{bmatrix} \tag{4.12}$$

式中：(s,l)为影像上的探元坐标；$\tan_i(\psi_x(s,l))$和$\tan_i(\psi_y(s,l))$为相机坐标系下各面阵 i 的探元 x 方向和 y 方向上的光轴指向；(X_g, Y_g, Z_g)为该探元对应的物方点在 WGS84 坐标系下的坐标；$(X_{\text{body}}, Y_{\text{body}}, Z_{\text{body}})$为测定的卫星位置在 WGS84 坐标系下的坐标；$\boldsymbol{R}_{\text{wgs}}^{\text{J2000}}$为 WGS84 坐标系到 J2000 坐标系的旋转矩阵；$\boldsymbol{R}_{\text{J2000}}^{\text{ins}}$为 J2000 坐标系到卫星本体坐标系的旋转矩阵；$\boldsymbol{R}_{\text{ins}}^{\text{cam}}$为卫星本体坐标系到相机坐标系的旋转矩阵；$\lambda$ 为比例系数。

在构建分片真实面阵严格几何成像模型的基础上，利用 RPC 参数的求解方法输出各真实面阵的 RFM 模型。

（2）虚拟面阵确定及其 RFM 模型生成。

类似于虚拟面阵的设置方法，虚拟面阵的焦距是各片面阵的焦距，虚拟面阵的 4 个角点是包含各片面阵的最小外接矩阵的角点，在焦面上等间隔分布像元，计算虚拟面阵的内方位元素；基于虚拟面阵内方位元素、真实成像姿轨建立虚拟面阵的严密成像几何模型。

如图 4.5 所示，构建虚拟面阵相机坐标系，使合成后的虚拟影像等效（或近似等效）于一个中心投影影像。其中虚拟面阵大小包含 4 个面阵，$O'O$ 垂直于虚拟面阵。

虚拟面阵的严密成像几何模型为

$$\begin{bmatrix} S \\ L \\ -f \end{bmatrix} = \lambda \boldsymbol{R}_{\text{ins}}^{\text{cam}} \boldsymbol{R}_{\text{J2000}}^{\text{ins}} \boldsymbol{R}_{\text{wgs}}^{\text{J2000}} \begin{bmatrix} X_g - X_{\text{body}} \\ Y_g - Y_{\text{body}} \\ Z_g - Z_{\text{body}} \end{bmatrix} \tag{4.13}$$

式中：(S,L)为虚拟面阵影像上的像点坐标；f 为卫星地面设计提供的地面标定值。利用虚拟格网点生成 RPC 参数。

（3）真实面阵与虚拟面阵映射关系建立。

与基于像方投影转换的传感器校正方法不同的是，基于物方一致性的映射关系可以利用所建立的 RFM 模型的正反算进行，无须虚拟格网点进行求解。主要步骤如下：

① 利用真实面阵的 RFM 模型，构建真实面阵像点与物点的映射关系，有

$$f_{i=1,2,3,4}:(s_j, l_j)_i \overset{\text{RPC}_i}{\leftrightarrow} (\text{Lon}, \text{Lat}, H) \tag{4.14}$$

② 利用虚拟面阵 RFM 模型，构建虚拟面阵像点与物点的映射关系，有

$$f_0:(s_j,l_j)_0 \overset{\text{RPC}_0}{\leftrightarrow} (\text{Lon},\text{Lat},H) \tag{4.15}$$

③ 构建从虚拟面阵像点到真实面阵像点的映射关系，即$(s_j,l_j)_0 \overset{\text{RPC}_0}{\leftrightarrow} (\text{Lon},\text{Lat},H) \overset{\text{RPC}_i}{\leftrightarrow} (s_j,l_j)_i$，最终获得$(s,l)_0 \xrightarrow{\text{FUNC}(F)} (s,l)_{i=1,2,3,4}$，如图 4.7 所示。

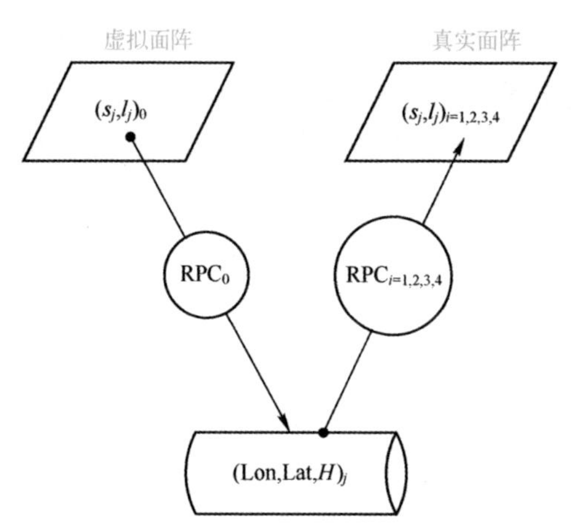

图 4.7　真实面阵与虚拟面阵的映射关系

（4）虚拟影像生成。

通过灰度重采样的方法生成虚拟影像，具体步骤如下：

① 逐像素遍历虚拟面阵上各探元$(s_j,l_j)_0$，利用建立的虚拟面阵严密成像几何模型及某一高程参考面（SRTM-DEM 或平均高程），将其投影到地面坐标，将(lat,lon)利用建立的单片面阵严密成像几何模型投影到单片面阵像素位置$(s_j,l_j)_{i=1,2,3,4}$。

② 由于建立的虚拟面阵与各个单片面阵成像像点之间的对应关系不一定为整像素值，因此需要对单片面阵上的像素信息进行影像重采样，以生成虚拟灰度影像。

4.3　传感器校正仿真验证与分析

4.3.1　实验对象设计

本节研究的对象为静止轨道高分辨率面阵相机，整个相机的设计以高分四号静止轨道观测卫星所搭载的可见光近红外相机为参考，在此基础上，按

照高分辨率的设计需要，确定了具体的相机设计参数，如表4.1所列。

表4.1　静止轨道高分辨率面阵相机设计参数

项　目	设　计　值
焦距	25783mm
像元大小	9μm
探测器	4片10240×10240pixel面阵CMOS器件
空间分辨率	10m
成像区域	400km×400km
视场角（FOV）	0.4°×0.4°

整个相机采用CMOS器件，在焦平面的设计上，利用4片面阵视场拼接的方式获取更大的成像视场，相比于高分四号相机的设计，通过延长焦距的方式获取10m的空间分辨率。其焦平面设计参见图1.2。

4.3.2　实验数据仿真

以河南地区30m分辨率的DEM数据和15m分辨率的陆地卫星（Landsat）的增强型专题绘图仪（ETM）影像数据作为正射影像数据源，对静止轨道高分辨率面阵相机成像数据进行模拟。首先依次按照仿真的姿轨参数、每个面阵设计参数和相机内部的畸变系数，基于DEM数据迭代计算模拟影像上像点的摄影光线与地面的交点，然后由交点的平面坐标得到像点在正射影像上的位置，最后通过灰度重采样获得该点的像素值，从而获取每片的模拟影像。模拟的ETM影像数据如图4.8所示。

图4.8　河南地区15m分辨率的ETM影像数据

模拟的 4 片影像数据如图 4.9 所示。

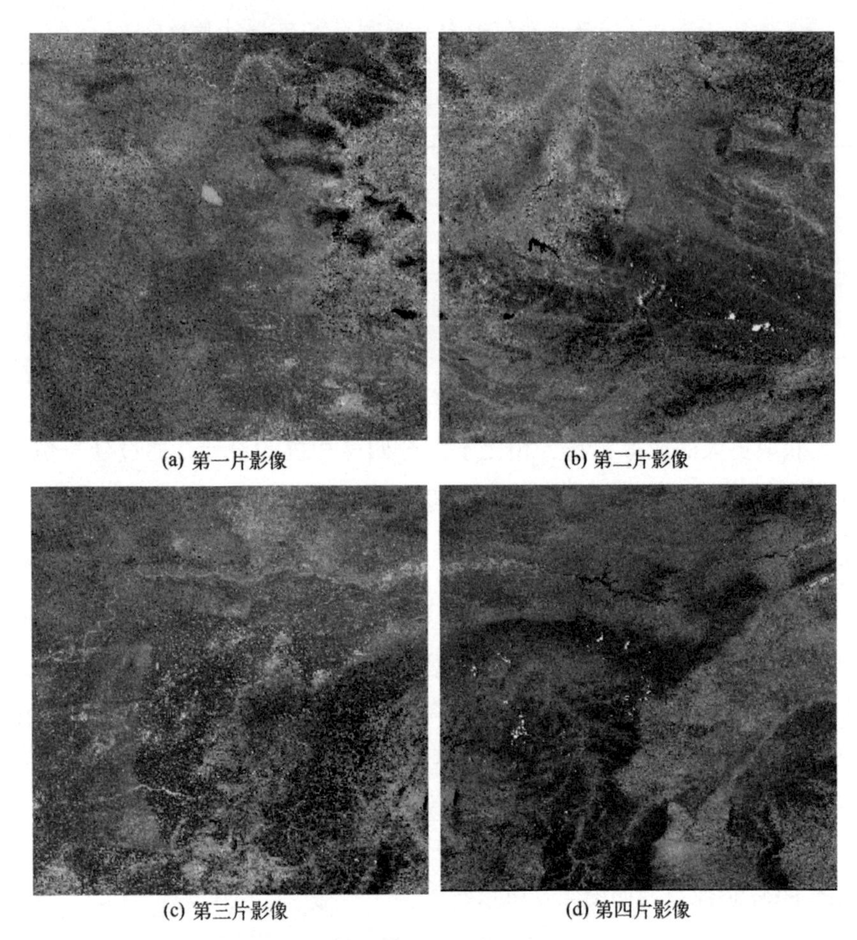

(a) 第一片影像　(b) 第二片影像

(c) 第三片影像　(d) 第四片影像

图 4.9　定标模拟影像数据

实验中的姿轨参数通过 STK 软件进行仿真模拟，利用 STK 软件中轨道和姿态模拟相应的功能模块仿真了 2015 年 4 月 14 日 4 时这一时刻的静止轨道卫星的一个卫星星历和一个卫星姿态观测值，其中姿态观测值采用四元数形式，如表 4.2 和表 4.3 所列。

表 4.2　卫星星历轨道参数

卫星星历	卫星位置/km			卫星速度/(km/s)		
	X	Y	Z	X_v	Y_v	Z_v
值	-16475.669838	38814.245767	0.088411	0.000210	0.000089	0.000000

表 4.3　卫星星历姿态参数

星　时	Q_0	Q_1	Q_2	Q_3
2015-04-14 04:00:00	0.682776964891	0.619265922209	0.260041491079	0.287582608519

4.3.3　实验结果与分析

1）像方实验验证与分析

本节对基于像方投影转换的传感器校正方法进行实验验证，利用前述河南地区的模拟影像数据和姿轨参数，首先建立各片真实面阵的严格几何成像模型，并根据严格几何成像模式输出对应的分片 RPC 参数，然后根据设置的虚拟面阵参数，获取其内方位元素，结合所模拟的姿轨参数输出其 RPC 参数文件，最后根据基于像方投影转换的传感器校正方法流程，建立虚拟面阵到各片真实面阵的像方映射关系，经过灰度重采样获取整幅拼接后的虚拟影像，如图 4.10 所示。

图 4.10　像方投影变换传感器校正后的虚拟影像

由于获取的成像模拟数据和生成 RPC 参数使用的内外方位元素是一致的，对各面阵的影像和同一地区的正射影像的精度是完全一致的，因此，一方面采用目视的方法验证无缝拼接的正确性，另一方面通过对输出的传感器校正产品，利用正射影像和河南地区的 30m DEM 进行精度验证，通过在两幅影像上选取对应的同名像点（保证均匀分布），来验证拼接后整幅影像是否能保持几何精度的一致性。选取的同名点如表 4.4 所列。

表 4.4　传感器校正产品与正射影像的同名点

点号	传感器校正产品		正射影像		高程/m	误差/pixel	
	X/pixel	Y/pixel	X/(°)	Y/(°)		D_x	D_y
0	374	373	115. 1392	32. 19818	80. 578	0. 1	0
1	2596. 5	374. 5	114. 6642	32. 19726	41	0. 1	-0. 1
2	4818	375	114. 1895	32. 19573	110. 759	0. 1	0
3	7040. 5	362. 5	113. 7147	32. 19167	163. 533	0. 2	0. 2
4	9255	374	113. 2418	32. 19388	167	0	0. 2
5	11481. 5	367. 5	112. 7663	32. 19276	118	0	0. 1
6	13706. 5	374	112. 2911	32. 19497	72	0	-0. 1
7	15785	372. 5	111. 8472	32. 19485	138	0. 1	0. 1
8	372. 5	2597	115. 1537	32. 70957	31	-0. 1	-0. 1
9	2594. 5	2597	114. 6756	32. 7078	47	-0. 1	0. 1
10	4818	2596	114. 1973	32. 70619	75	0	0
11	7037	2593	113. 7202	32. 70374	211. 689	-0. 1	0
12	9262. 5	2591. 5	113. 2418	32. 70342	147. 948	0. 1	0. 1
13	11485	2597	112. 764	32. 70478	138	0	0
14	13706	2596. 5	112. 2865	32. 70531	98	-0. 2	0. 1
15	15752	2562. 5	111. 8467	32. 69771	169	-0. 1	-0. 1
16	374	4818. 5	115. 168	33. 22439	50	-0. 1	-0. 1
17	2592. 5	4818. 5	114. 6874	33. 22276	42	-0. 1	0. 1
18	4801. 5	4814. 5	114. 209	33. 22057	45. 408	0. 1	0. 1
19	7038. 5	4818	113. 7248	33. 2198	158. 983	0	-0. 2
20	9261	4819	113. 2437	33. 21962	154. 223	-0. 1	0
21	11484. 5	4818. 5	112. 7625	33. 21926	183	0	0. 1
22	13706	4816	112. 2817	33. 21872	236. 675	-0. 1	0
23	374. 5	7038	115. 183	33. 74357	50	0	-0. 1
24	2588. 5	7040	114. 7	33. 74233	46	0	0. 2
25	4819	7040. 5	114. 2137	33. 74115	55	0. 1	-0. 1
26	7035	7041	113. 7306	33. 74026	75	-0. 1	0
27	9261	7040. 5	113. 2454	33. 73965	87. 485	0	-0. 1
28	11485	7037	112. 7607	33. 73836	122	0. 1	0. 8

续表

点号	传感器校正产品		正射影像		高程/m	误差/pixel	
	X/pixel	Y/pixel	X/(°)	Y/(°)		D_x	D_y
29	13703	7037	112.2776	33.73041	1350.8	0.1	-2.1
30	373.5	9261	115.1989	34.26847	44.342	0.2	0
31	2594	9262	114.711	34.26694	53	-0.1	-0.1
32	4817.5	9262.5	114.2226	34.26562	66	-0.1	0
33	7037.5	9259	113.7352	34.26358	106.061	-0.2	0.1
34	9263	9252.5	113.2467	34.26086	227.957	0.2	-0.6
35	11481.5	9262.5	112.7598	34.26241	296	0.1	0.7
36	13707	9254	112.2714	34.25929	524.386	0.1	-0.1
37	374.5	11483.5	115.2149	34.79821	60	0	-0.1
38	2596.5	11482	114.723	34.796	66	0	-0.1
39	4819	11483	114.2314	34.79472	84	0.1	0.1
40	7040.5	11483.5	113.74	34.79385	101	-0.1	-0.1
41	9261.5	11484.5	113.2488	34.79328	127.188	-0.1	0.6
42	11483	11480.5	112.7577	34.79181	212.494	0.1	-0.1
43	13705.5	11485	112.2662	34.79235	331.402	-0.2	0.2
44	369.5	13632	115.2322	35.31544	57	-0.1	-0.2
45	2596.5	13639.5	114.7358	35.31542	52	0.1	-0.1
46	4805	13647.5	114.2435	35.31573	83	0	-0.1
47	7041	13649	113.7454	35.3152	75	0	0
48	9246.5	13659	113.254	35.3156	270.152	0.1	0.1
49	11472.5	13674	112.7582	35.31397	923.785	0	0.6

综上可以得到如下实验结论：

（1）通过目视得知，经过像方投影转换的传感器校正后输出的虚拟影像，实现了目视上的无缝拼接，在输出影像的范围上包含了 4 片真实的面阵影像，从影像的目视效果上证明了基于像方投影转换方法的正确性。

（2）对表 4.4 所获取的控制点进行统计，计算 X 方向和 Y 方向上的中误差可以得出相对于正射影像，传感器校正产品的几何定位精度在 X 方向为 0.1pixel，在 Y 方向上为 0.387pixel。

2）物方实验验证与分析

利用同一套测试数据，对基于物方虚拟重成像的传感器校正方法进行实验验证，首先建立各片真实面阵和虚拟面阵的严格几何成像模型，并根据严格几何成像模式输出分片 RPC 参数和虚拟面阵的 RPC 参数，然后根据基于物方虚拟重成像的传感器校正方法流程建立虚拟面阵到各片真实面阵的对应映射关系，最后经过灰度重采样获取整幅拼接后的虚拟影像，如图 4. 11 所示。

图 4. 11　基于物方一致性传感器校正后的虚拟影像

和像方投影转换传感器校正算法的实验一致，在虚拟影像上和正射影像上，利用 30m DEM 数据均匀选取一定数据的控制点，选取的控制点列表如表 4. 5 所列。

表 4. 5　传感器校正产品与正射影像的控制点列表

点号	传感器校正产品		正射影像		高程/m	误差/pixel	
	X/pixel	Y/pixel	X/(°)	Y/(°)		D_x	D_y
0	374. 5	373	374. 5	373	80. 5	0	0. 2
1	2596. 5	374. 5	2596. 5	374. 5	41	0. 1	0. 2
2	4815	375	4815	375	110	0	0. 2
3	7031	366	7031	366	162. 887	0. 1	0. 2
4	9260. 5	372. 5	9260. 5	372. 5	169	−0. 1	0. 3
5	11481. 5	367. 5	11481. 5	367. 5	118	−0. 1	0. 1
6	13706	373. 5	13706	373. 5	72	−0. 1	−0. 1
7	15785. 5	372. 5	15785. 5	372. 5	138. 155	−0. 1	0. 1

续表

点号	传感器校正产品		正射影像		高程/m	误差/pixel	
	X/pixel	Y/pixel	X/(°)	Y/(°)		D_x	D_y
8	372. 5	2597	372. 5	2597	31	0	0. 1
9	2594. 5	2597	2594. 5	2597	47	0	0. 3
10	4818	2596	4818	2596	75	−0. 1	0. 1
11	7031. 5	2596	7031. 5	2596	203. 582	0	−0. 7
12	9263	2592	9263	2592	147. 831	0	0
13	11485	2597	11485	2597	138	0	−0. 1
14	13706	2596. 5	13706	2596. 5	98	−0. 2	0
15	15840. 5	2551	15840. 5	2551	904	0. 9	0. 4
16	375	4818. 5	375	4818. 5	50	0	0
17	2592. 5	4818. 5	2592. 5	4818. 5	42	−0. 1	0. 2
18	4813	4812	4813	4812	49	−0. 1	0. 1
19	7039. 5	4817. 5	7039. 5	4817. 5	158. 938	0. 1	−0. 1
20	9263	4818	9263	4818	155. 213	−0. 1	0. 1
21	11484. 5	4818. 5	11484. 5	4818. 5	183	−0. 1	0
22	13707	4815	13707	4815	236	−0. 1	−0. 2
23	374. 5	7038	374. 5	7038	50	0. 1	0
24	2587	7041	2587	7041	47	0. 1	0
25	4818. 5	7040. 5	4818. 5	7040. 5	55	0	0
26	7041	7040	7041	7040	74. 591	−0. 1	0
27	9261	7040. 5	9261	7040. 5	87. 374	0	−0. 1
28	11483	7039. 5	11483	7039. 5	122	−0. 1	−0. 3
29	13703	7037	13703	7037	1350. 8	0	−2. 3
30	373. 5	9261	373. 5	9261	44. 342	0. 2	0
31	2594	9262	2594	9262	53	0	−0. 1
32	4819	9261. 5	4819	9261. 5	66	0	−0. 1
33	7040. 5	9262. 5	7040. 5	9262. 5	106. 769	−0. 2	0
34	9260	9255	9260	9255	226	−0. 1	0. 2
35	11484. 5	9262	11484. 5	9262	295	0	0. 5
36	13705	9254. 5	13705	9254. 5	520. 588	0	−0. 2
37	374. 5	11483. 5	374. 5	11483. 5	60	0	−0. 1
38	2597	11483. 5	2597	11483. 5	66	−0. 1	−0. 1

续表

点号	传感器校正产品		正射影像		高程/m	误差/pixel	
	X/pixel	Y/pixel	X/(°)	Y/(°)		D_x	D_y
39	4819	11483	4819	11483	84	0.2	0
40	7040.5	11485	7040.5	11485	101	0	-0.2
41	9261.5	11484.5	9261.5	11484.5	127.108	-0.1	0.4
42	11485	11483	11485	11483	211.299	-0.1	-0.2
43	13705.5	11485	13705.5	11485	331.402	-0.2	-0.1
44	365	13632	365	13632	56	0.1	-0.2
45	2595.5	13638.5	2595.5	13638.5	53	0.1	-0.1
46	4818	13645	4818	13645	84	0	-0.2
47	7041	13649	7041	13649	75	0	-0.2
48	9261	13657	9261	13657	288.732	0	-0.5
49	11469.5	13673.5	11469.5	13673.5	926	0	0.4
50	13669	13688	13669	13688	904	0.1	2.1

对表4.5所获取的控制点进行统计，计算 X 方向和 Y 方向上的中误差可以得出结论：相对于正射影像，基于物方一致性输出的传感器校正产品的精度在 X 方向为0.161pixel，在 Y 方向上为0.502pixel。这说明经过物方一致性的传感器校正处理后，虚拟影像在实现了各片影像无缝拼接的基础上，保证了与分片影像在几何定位精度上的一致性。

基于物方一致性的传感器校正方法是通过物方一致性建立了真实面阵和虚拟面阵的对应关系，相对于像方投影转换的方法，在真实面阵和虚拟面阵的映射关系中引入了外部姿轨参数。下面对上述实验中所使用的姿轨参数设置对应的误差，利用姿轨参数误差仿真分别输出分片的RPC参数和虚拟面阵的RPC参数，重复上面的实验过程，来验证外部姿轨参数对传感器校正产品精度的影响。

利用单面阵影像和对应区域的正射影像和DEM，均匀地在影像上选取控制点，每个真实面阵选取的控制点列表如表4.6所列。

表4.6　第一片面阵影像与正射影像的控制点列表

点号	第一片面阵影像		正射影像		高程/m	误差/pixel	
	X/pixel	Y/pixel	X/(°)	Y/(°)		D_x	D_y
0	371	373.5	115.1285	32.21099	61	-5.4	-5.8

续表

点号	第一片面阵影像		正射影像		高程/m	误差/pixel	
	X/pixel	Y/pixel	X/(°)	Y/(°)		D_x	D_y
1	1506	337	114.8889	32.19992	30	-5.4	-6.5
2	2552.5	361	114.6677	32.20255	39	-5.3	-5.7
3	3780	374	114.4075	32.20275	82	-5.3	-5.8
4	4922.5	375	114.1648	32.20109	118	-5.4	-6.5
5	6012.5	334	113.9327	32.18991	177.036	-5.4	-5.9
6	7196	374	113.6807	32.19822	144.318	-5.4	-6.1
7	8308.5	373	113.4436	32.19639	275.763	-5.5	-5.9
8	9454	346.5	113.1994	32.18854	545.245	-5	-7.5
9	10103	362.5	113.061	32.19404	210	-5.5	-5.8
10	362	1457	115.1394	32.4563	26	-5.3	-5.8
11	1492	1504	114.9002	32.46401	42	-5.4	-5.8
12	2636.5	1503.5	114.657	32.4614	51	-5.4	-5.6
13	3785.5	1499.5	114.4122	32.45845	67	-5.4	-5.8
14	4897.5	1495	114.1749	32.45571	55	-5.4	-4.5
15	6060	1511.5	113.9265	32.45823	136	-5.5	-6.6
16	7193	1451.5	113.684	32.44361	122	-5.5	-5.8
17	8332	1510.5	113.4403	32.45632	184	-5.5	-6.4
18	9470.5	1510.5	113.1965	32.45512	346.865	-5.6	-7.1
19	10097	1510	113.0625	32.45501	349.694	-5.5	-7.2
20	366	2637	115.1479	32.72508	37.667	-5.3	-5.7
21	1511.5	2646.5	114.904	32.72488	21	-5.4	-5.8
22	2648.5	2647.5	114.6613	32.72295	30	-5.4	-5.7
23	3784.5	2636.5	114.4181	32.71858	57	-5.4	-5.7
24	4915.5	2648.5	114.1757	32.71989	78	-5.5	-5.7
25	6059.5	2648.5	113.9302	32.7189	87	-5.4	-5.9
26	7150.5	2642	113.6961	32.71613	231.686	-4	-7.4
27	8305	2632.5	113.4477	32.71346	194	-5.5	-5.8
28	9471	2646	113.1972	32.71684	134	-5.4	-5.8
29	10102	2643.5	113.0615	32.71629	132	-5.5	-5.7
30	372	3774	115.1554	32.98584	42	-6	-5
31	1507.5	3784.5	114.9126	32.98632	29	-5.5	-5.7

续表

点号	第一片面阵影像		正射影像		高程/m	误差/pixel	
	X/pixel	Y/pixel	X/(°)	Y/(°)		D_x	D_y
32	2645.5	3785.5	114.6686	32.98497	37	−5.4	−6.8
33	3775.5	3779.5	114.4256	32.98187	50	−5.5	−5.9
34	4923	3784.5	114.1786	32.98188	53	−5.5	−5.8
35	6056	3777.5	113.9344	32.97913	104	−5.5	−5.8
36	7191	3786	113.6897	32.98066	92.744	−5.5	−5.8
37	8326.5	3749	113.4446	32.97141	148	−5.4	−5.7
38	9466	3785.5	113.1988	32.97974	156	−5.5	−5.8
39	10101.5	3785	113.0618	32.97975	143	−5.5	−5.8
40	349.5	4904.5	115.169	33.24724	47	−5.3	−5.7
41	1498.5	4912.5	114.9221	33.24724	39	−5.5	−5.7
42	2648.5	4921	114.6744	33.24763	43	−5.5	−5.8
43	3786	4914	114.4288	33.24481	44	−5.6	−5.8
44	4918	4908	114.1841	33.24245	46.98	−5.4	−5.6
45	6054	4918.5	113.9383	33.24412	69	−5.4	−5.8
46	7195.5	4922.5	113.6911	33.24414	137.728	−5.4	−5.8
47	8287	4884.5	113.4547	33.23492	160	−5.5	−5.8
48	9466.5	4922.5	113.1994	33.24384	166	−5.4	−6.5
49	10011	4893.5	113.0815	33.23693	165.718	−5.5	−5.8
50	374	6051	115.1724	33.51381	48.428	−5.3	−5.7

从表4.6可以看出，第一片面阵影像在存在姿轨参数误差的情况下，几何精度相对于正射影像在 *X* 方向的中误差为5.444pixel，在 *Y* 方向上中误差为5.938pixel，两个方向整体存在8.056pixel。

表4.7　第二片面阵影像与正射影像的控制点列表

点号	第二片面阵影像		正射影像		高程/m	误差/pixel	
	X/pixel	Y/pixel	X/(°)	Y/(°)		D_x	D_y
0	318	365.5	113.0662	32.19471	212.238	−5.5	−5.8
1	1512	374.5	112.8116	32.19759	112	−5.6	−5.8
2	2646.5	375	112.5698	32.19809	123	−5.5	−5.8
3	3764.5	370	112.3316	32.19813	68	−5.5	−5.8
4	4899.5	318.5	112.0902	32.18753	79	−5.5	−5.8

续表

点号	第二片面阵影像		正射影像		高程/m	误差/pixel	
	X/pixel	Y/pixel	X/(°)	Y/(°)		D_x	D_y
5	6010.5	335.5	111.854	32.19256	132	-5.4	-5.8
6	327.5	1510.5	113.0644	32.4551	348.013	-5.5	-7.1
7	1490.5	1443	112.8156	32.44001	269.954	-4.8	-6.1
8	2646.5	1511	112.568	32.45714	77	-5.5	-5.7
9	3781	1507	112.3252	32.45675	92	-5.5	-5.8
10	6018.5	1512	111.8472	32.45991	124	-5.5	-5.9
11	348.5	2648.5	113.0601	32.71741	133	-5.5	-5.7
12	1494.5	2641.5	112.8138	32.71594	106	-5.5	-5.7
13	2636	2635.5	112.5687	32.71485	104	-4.8	-5.9
14	3782.5	2647.5	112.3222	32.7181	95	-5.4	-5.8
15	4918	2648.5	112.0784	32.71894	113.902	-5.6	-5.7
16	5982.5	2613.5	111.8503	32.71167	148.551	-5.5	-5.7
17	374.5	3784.5	113.0548	32.97962	140	-5.5	-5.8
18	1512	3779.5	112.8094	32.97869	101	-5.5	-5.8
19	2645.5	3785	112.5649	32.97996	120	-5.5	-5.9
20	3784	3785.5	112.3193	32.9802	150	-5.5	-5.8
21	4921	3786	112.0742	32.98079	168	-5.4	-5.8
22	5975.5	3781	111.8471	32.97985	246.81	-5.8	-5.6
23	373	4922	113.0554	33.24356	162	-5.4	-5.7
24	1511.5	4912	112.8089	33.24109	172	-5.6	-5.7
25	2632	4913	112.5663	33.24147	163	-5.5	-5.7
26	3784.5	4923	112.3167	33.24379	231.36	-5.6	-6.7
27	4874.5	4866	112.0811	33.22988	362.081	-5	-6
28	5955	4920	111.8472	33.2441	225	-5.4	-5.9
29	373	6049	113.0556	33.50676	143	-5.4	-5.8
30	1510	6050	112.8086	33.50571	343.119	-5.4	-6.7
31	2592	6045.5	112.5735	33.50521	252	-5.4	-6
32	3738.5	6049	112.3243	33.50609	265.249	-5.5	-5.8
33	4915	6009	112.0689	33.49466	642.403	-5.4	-6.9
34	5937	6054.5	111.847	33.50246	1038.379	-5.5	-4.9
35	372.5	7195.5	113.0559	33.77611	85	-5.7	-5.8

续表

点号	第二片面阵影像		正射影像		高程/m	误差/pixel	
	X/pixel	Y/pixel	X/(°)	Y/(°)		D_x	D_y
36	1509.5	7183	112.8081	33.77275	141.284	-5.4	-5.7
37	2647.5	7196.5	112.5599	33.77498	292.522	-5.4	-6.1
38	3786	7196.5	112.3116	33.77211	781.776	-5.4	-8.4
39	369.5	8331	113.0567	34.04328	134	-5.4	-5.7
40	1509.5	8333	112.8074	34.04296	284.56	-5.4	-6.6
41	2648.5	8332.5	112.5581	34.04081	573	-5.6	-6.5
42	3783.5	8329	112.3097	34.04017	581.906	-5.4	-6.7
43	4877.5	8329	112.0702	34.03991	595.351	-5.5	-4.8
44	5895.5	8331.5	111.8474	34.04228	479.994	-5.4	-7.1
45	339.5	9445	113.0633	34.30286	675.674	-5.5	-6.1
46	1496	9468.5	112.8095	34.30981	482.016	-5.5	-4.7
47	2647.5	9469	112.5566	34.31172	307	-5.6	-5.8
48	318	365.5	113.0662	32.19471	212.238	-5.5	-5.8
49	1512	374.5	112.8116	32.19759	112	-5.6	-5.8
50	2646.5	375	112.5698	32.19809	123	-5.5	-5.8

从表4.7可以看出，第二片面阵影像在存在姿轨参数误差的情况下，几何精度相对于正射影像在X方向的中误差为5.497pixel，在Y方向上中误差为6.031pixel，两个方向上总体有8.161pixel。

表4.8　第三片面阵影像与正射影像的控制点列表

点号	第三片面阵影像		正射影像		高程/m	误差/pixel	
	X/pixel	Y/pixel	X/(°)	Y/(°)		D_x	D_y
0	373.5	327.5	113.0558	34.45831	348.315	-5.4	-6
1	1483.5	369	112.8118	34.46612	579.884	-5.4	-5.7
2	2645.5	373.5	112.5561	34.46904	321.744	-5.5	-5.3
3	3753.5	366	112.3122	34.46769	293	-5.4	-5.3
4	4923	375	112.0547	34.46971	409	-5.5	-6.7
5	5919.5	303	111.8361	34.45381	288	-3.5	-5.9
6	374.5	1511.5	113.0561	34.74074	278.029	-5.5	-4.7
7	1511.5	1511.5	112.805	34.74211	123	-5.5	-5.9
8	2647.5	1506.5	112.554	34.74108	112	-5.5	-5.8

续表

点号	第三片面阵影像		正射影像		高程/m	误差/pixel	
	X/pixel	Y/pixel	X/(°)	Y/(°)		D_x	D_y
9	3780. 5	1510. 5	112. 3036	34. 74126	270	−5. 4	−6. 4
10	4923	1508. 5	112. 0511	34. 74085	301	−5. 4	−5. 9
11	375	2644. 5	113. 0563	35. 01396	109	−5. 5	−5. 7
12	1510. 5	2646. 5	112. 8045	35. 01442	113	−5. 3	−5. 8
13	2648. 5	2646. 5	112. 552	35. 01343	270. 815	−5. 4	−5. 9
14	3784. 5	2646. 5	112. 3	35. 01295	404. 747	−5. 4	−6. 9
15	4922	2649	112. 0476	35. 01272	568. 691	−5. 5	−7
16	366. 5	3781. 5	113. 0584	35. 28599	428. 072	−5. 3	−7. 3
17	1508	3784. 5	112. 8043	35. 28364	866. 706	−5. 4	−8. 4
18	2649	3785. 5	112. 5502	35. 28428	783. 151	−5. 4	−6. 4
19	3755	3783. 5	112. 304	35. 27927	1468. 498	−5. 4	−8. 6
20	4877. 5	3760. 5	112. 0542	35. 27323	1445. 637	−5. 4	−4. 4

从表 4. 8 可以看出，第三片面阵影像在存在姿轨参数误差的情况下，几何精度相对于正射影像在 X 方向的中误差为 5. 482pixel ，在 Y 方向上中误差为 6. 430pixel，在两个方向上总体有 8. 450pixel。

表 4. 9　第四片面阵影像与正射影像的控制点列表

点号	第四片面阵影像		正射影像		高程/m	误差/pixel	
	X/pixel	Y/pixel	X/(°)	Y/(°)		D_x	D_y
0	374	375	115. 2023	34. 47603	51	−5. 3	−5. 8
1	1508. 5	375	114. 9536	34. 47498	70	−5. 4	−5. 7
2	2648. 5	371	114. 7033	34. 47323	60	−5. 5	−5. 7
3	3785. 5	375	114. 4533	34. 47337	62	−5. 4	−5. 7
4	4919. 5	374. 5	114. 2037	34. 47249	70	−5. 6	−5. 7
5	6054	368	113. 9539	34. 47005	116	−5. 5	−5. 7
6	7194. 5	372	113. 7028	34. 47044	140. 089	−5. 4	−5. 8
7	8296	373	113. 4604	34. 47028	175. 515	−5. 3	−5. 9
8	9437. 5	373. 5	113. 2093	34. 46923	333. 978	−5. 4	−5. 8
9	10093. 5	344. 5	113. 0651	34. 46239	346. 31	−5. 5	−5. 7
10	375	1509	115. 2102	34. 74623	63	−5. 4	−5. 8
11	1499. 5	1511. 5	114. 9629	34. 74612	60	−5. 4	−5. 8

续表

点号	第四片面阵影像		正射影像		高程/m	误差/pixel	
	X/pixel	Y/pixel	X/(°)	Y/(°)		D_x	D_y
12	2645.5	1505.5	114.7104	34.74388	61	-5.4	-5.7
13	3783	1508.5	114.4594	34.74379	75	-5.4	-5.7
14	4923	1511	114.2076	34.74364	83	-5.4	-5.7
15	6058.5	1511.5	113.9566	34.74324	81	-5.5	-5.8
16	7194.5	1510.5	113.7055	34.7423	116	-5.3	-5.8
17	8332.5	1508.5	113.4539	34.74126	156.42	-5.5	-5.8
18	9468.5	1508	113.203	34.7404	257.405	-5.5	-6.2
19	10100.5	1511	113.0636	34.74054	322.265	-5.3	-5.6
20	372	2649	115.219	35.01929	63.611	-5.3	-5.9
21	1509.5	2644.5	114.968	35.01762	64	-5.5	-5.8
22	2645.5	2646	114.7167	35.01739	68	-6.2	-5.9
23	3786	2646.5	114.4644	35.01686	72	-5.4	-5.9
24	4919.5	2648	114.2131	35.01661	74	-5.4	-5.9
25	6059.5	2648	113.9602	35.01602	75	-5.4	-5.8
26	7190.5	2646.5	113.7091	35.01515	90.455	-5.5	-6
27	8333	2649	113.4556	35.01547	105	-5.5	-6.6
28	9471	2646	113.2032	35.01442	99	-5.4	-5.8
29	10102.5	2646	113.0632	35.01436	109	-5.5	-5.9
30	372.5	3778.5	115.227	35.29102	59	-5.3	-5.7
31	1508	3785	114.9757	35.29223	63	-5.4	-5.8
32	2648.5	3785	114.7227	35.2919	55	-5.4	-5.8
33	3785	3776	114.4702	35.28914	69	-5.4	-5.8
34	4923	3785.5	114.217	35.29082	87	-5.3	-5.9
35	6053	3786	113.9652	35.29062	69	-6.2	-6
36	7191.5	3784.5	113.7117	35.28972	77	-5.4	-5.7
37	8334	3785.5	113.4572	35.2898	54	-5.4	-5.8
38	9470.5	3785	113.2041	35.28794	262.7	-5.4	-6.3
39	369.5	8331	113.0644	35.28716	393.76	-5.5	-7

从表4.9可以看出，第四片面阵影像在存在姿轨参数误差的情况下，几何精度相对于正射影像在 X 方向的中误差为5.526pixel，在 Y 方向上中误差为5.951pixel，两个方向总体为8.121pixel。

利用同样的方法对拼接输出的虚拟面阵影像选取控制点，选取的控制点列表如表4.10所列。

表4.10 虚拟面阵影像与正射影像的控制点列表

点号	虚拟面阵影像		正射影像		高程/m	误差/pixel	
	X/pixel	Y/pixel	X/(°)	Y/(°)		D_x	D_y
0	371.5	370.5	115.1397	32.1975	61	-6.3	-5.7
1	2590.5	370.5	114.6654	32.19625	30	-6.5	-5.8
2	4794	370.5	114.1946	32.19467	39	-6.5	-5.9
3	7038	371	113.7153	32.19364	82	-6.4	-6.3
4	9203.5	363	113.2528	32.19141	118	-6.3	-5.8
5	11485	350.5	112.7657	32.18897	177.036	-5.8	-6.5
6	13701.5	357.5	112.2924	32.19108	144.318	-5.8	-5.7
7	15784.5	358.5	111.8473	32.19155	275.763	-6.5	-5.7
8	373.5	2591.5	115.1534	32.70816	545.245	-6.4	-5.7
9	2582.5	2576	114.6781	32.70296	210	-6.4	-5.8
10	4730.5	2533	114.2161	32.6916	26	-5.8	-5.7
11	7015	2579	113.725	32.70056	42	-5.7	-6.4
12	9259.5	2593.5	113.2424	32.70381	51	-6.5	-5.8
13	11485	2597	112.764	32.70466	67	-6.4	-5.7
14	13691	2570	112.29	32.69911	55	-5.7	-5.8
15	15797.5	2533.5	111.8373	32.69013	136	-5.5	-6
16	359	4801	115.1711	33.22019	122	-6.5	-5.7
17	2517.5	4747	114.7034	33.2061	184	-5.7	-5.8
18	4801.5	4814.5	114.209	33.22052	346.865	-6.4	-5.9
19	7039	4815	113.7246	33.21916	349.694	-6.5	-6.7
20	9240.5	4817	113.2483	33.21911	37.667	-5.8	-5.9
21	11474.5	4799	112.7647	33.21466	21	-6.5	-5.8
22	13675.5	4811	112.2885	33.21747	30	-5.7	-6.1
23	15708.5	4735	111.8487	33.20068	57	-5.8	-6
24	357.5	7041	115.1867	33.74418	78	-6.3	-5.8
25	2525.5	6985.5	114.7136	33.72955	87	-5.8	-6
26	4817.5	7040	114.214	33.74091	231.686	-6.4	-5.7
27	7028.5	7038	113.732	33.73946	194	-6.4	-5.7
28	9261	7040.5	113.2454	33.73953	134	-6.4	-5.8

续表

点号	虚拟面阵影像		正射影像		高程/m	误差/pixel	
	X/pixel	Y/pixel	X/(°)	Y/(°)		D_x	D_y
29	11438	7034	112. 771	33. 73766	132	-6. 4	-5. 7
30	13704	7036	112. 2773	33. 73017	42	-6. 5	-8. 6
31	344. 5	9259. 5	115. 2053	34. 26804	29	-6. 3	-5. 8
32	2547. 5	9251	114. 7211	34. 26422	37	-6. 5	-5. 8
33	4819	9261. 5	114. 2223	34. 26529	50	-6. 5	-5. 8
34	7039. 5	9229	113. 7348	34. 25634	53	-6. 4	-5. 6
35	9260	9255	113. 2474	34. 26138	104	-6. 4	-6. 5
36	11484. 5	9262	112. 7591	34. 26241	92. 744	-6. 4	-6. 1
37	13694. 5	9254. 5	112. 2741	34. 25938	148	-6. 4	-6
38	374. 5	11483. 5	115. 2149	34. 79806	156	-6. 4	-5. 7
39	2566. 5	11485	114. 7297	34. 79661	143	-6. 5	-5. 7
40	4805	11470	114. 2344	34. 79153	47	-6. 4	-5. 8
41	7040. 5	11485	113. 74	34. 79409	39	-6. 4	-5. 9
42	9232. 5	11485	113. 2553	34. 79328	43	-6. 5	-6. 1
43	11474	11464	112. 7597	34. 7877	44	-6. 5	-6
44	13690. 5	11479. 5	112. 2697	34. 79117	46. 98	-5. 7	-6. 6
45	372. 5	13632	115. 2316	35. 3153	69	-6. 5	-5. 9
46	2593. 5	13640	114. 7364	35. 31541	137. 728	-6. 3	-5. 8
47	4818	13645	114. 2407	35. 31499	160	-6. 5	-5. 8
48	7039. 5	13649	113. 7457	35. 31511	166	-6. 4	-5. 9
49	9246. 5	13654. 5	113. 254	35. 31447	165. 718	-6. 5	-5. 8
50	11464	13661. 5	112. 7602	35. 31079	48. 428	-6. 4	-5. 2

从表 4. 10 可以看出，虚拟面阵影像在引入外部姿轨参数误差的情况下，几何精度相对于正射影像在 X 方向的中误差为 6. 134pixel，在 Y 方向上中误差为 5. 983pixel，两个方向总体为 8. 56pixel。

从以上的控制点列表可以得出以下结论：

（1）在设置了姿轨参数误差之后，各片真实面阵影像相对于正射影像在 X 方向和 Y 方向都出现了位置的偏差，且在两个方向上的偏差都具有明显的系统性，也进一步说明了姿轨参数对于静止轨道面阵相机几何定位误差的影响。

（2）从虚拟面阵影像的控制点列表可以看出，拼接后的影像和各片真实面阵的影像一致，在影像的 X 方向和 Y 方向上也都出现了偏移，且偏移也具有系统性。

（3）对比真实面阵和虚拟面阵相对于参考正射影像的几何精度，可以看出经过传感器校正后的图像在存在姿轨参数误差的前提下，虚拟面阵影像的几何定位精度和单片真实面阵的几何定位精度一致，进而说明了外部姿轨参数的误差不影响虚拟面阵的内部精度，也进一步说明了物方虚拟重成像的传感器校正方法的有效性。

4.4　本章小结

本章针对静止轨道高分辨率光学卫星传感器成像的几何特点，对传感器校正产品的定义进行了阐述，引入了虚拟面阵影像的概念，并根据虚拟影像与原始影像间几何映射关系的建立方式，提出了基于像方拼接的传感器校正方法和基于物方一致性的传感器校正方法，通过模拟仿真数据的分析，验证了这两种传感器校正算法的正确性和可行性。从传感器校正产品的几何精度上看，两种算法都能保证校正后整景影像的几何精度与分片影像精度的一致性。

参考文献

[1] 胡芬. 三片非共线 TDICCD 成像数据内视场拼接理论与算法研究［D］. 武汉：武汉大学，2010.

[2] 潘俊，胡芬，王密，等. 基于虚拟线阵的 ZY-102C 卫星 HR 相机内视场拼接方法［J］. 武汉大学学报（信息科学版），2015，4（4）：436-443.

[3] 潘红播，张过，唐新明，等. 资源三号测绘卫星传感器校正产品几何模型［J］. 测绘学报，2014，42（4）：516-522.

[4] 唐新明，周平，张过，等. 资源三号测绘卫星传感器校正产品生产方法研究［J］. 武汉大学学报（信息科学版），2014，39（3）：288-294.

[5] 刘斌，孙喜亮，邸凯昌，等. 资源三号卫星传感器校正产品定位精度验证与分析［J］. 国土资源遥感，2012，24（4）：36-40.

[6] GRODECKI J, DIAL G. Block adjustment of high-resolution satellite images described by rational polynomials [J]. Photogrammetric Engineering and Remote Sensing, 2003, 69 (1): 59-68.

[7] FRASER C S, DIAL G, GRODECKI J. Sensor orientation via RPCs [J]. ISPRS Journal of Photogrammetry and Remote Sensing, 2006, 60 (3): 182-194.

[8] FRASER C S, HANLEY H B. Bias-compensated RPCs for sensor orientation of high-resolution satellite imagery [J]. Photogrammetric Engineering and Remote Sensing, 2005, 71 (8): 909-915.

[9] TAO C V, HU Y. A comprehensive study of the rational function model for photogrammetric processing [J]. Photogrammetric Engineering and Remote Sensing, 2001, 67 (12): 1347-1358.

[10] 张过, 刘斌, 江万寿. 虚拟CCD线阵星载光学传感器内视场拼接 [J]. 中国图象图形学报, 2012, 17 (6): 696-701.

[11] 王慧, 吴云东, 张永生. 面阵CCD数字航测相机影像几何拼接误差模型与分析 [J]. 测绘学院学报, 2003, 4: 257-262.

[12] 崔红霞, 林宗坚, 孟文利, 等. 大面阵数码相机相对自检校 [J]. 光电工程, 2009, 36 (6): 81-85.

第5章　静止轨道光学成像多模态和序列影像高精度配准方法

静止轨道光学卫星是近年来发展较为迅猛的新型对地观测卫星，多通道多模态成像是其主要特点之一。静止轨道卫星一般能搭载多个成像通道，涵盖可见光、近红外、短波红外、中波红外以及长波红外等不同谱段，实现全谱段观测，蕴含丰富的光谱信息。不同谱段成像的影像能够更有效地分析地物的光谱特性，获得更精确的处理结果。

静止轨道光学卫星另一重要的特点是可以对某一区域进行“凝视”观测，获取一定时间间隔、具有连贯性的时序图像，以“视频录像”的方式获得比传统对地观测卫星更多的动态信息以及目标的运动矢量信息，分析其瞬时特性，特别适于观测动态目标[1-3]。

无论是多模态影像还是序列影像，高精度配准都是后续研究与应用的基础。由于卫星处于高速运动中，多模态影像、序列影像之间仍然会存在一定的相对偏差，需要对这些偏差进行纠正[4-6]。

5.1 基于虚拟参考平面的多模态影像配准方法

遥感影像由于尺寸较大，一般情况下在进行匹配的时候需要分块进行，通过地理坐标进行分块就是其中的一种典型做法[7]。虽然静止轨道卫星的视场角较小，但是其轨道高，成像范围也比较广。在大范围成像的同时，分辨率差异较大的影像不能简单地通过地理坐标建立同名匹配块进行分块匹配[7]。在建立同名匹配块的时候，不仅需要消除匹配块之间的比例尺度与旋转角度差异，还需要消除匹配块的形变差异。

如图 5.1 所示，本节提出了基于虚拟参考平面的多模态影像配准方法。

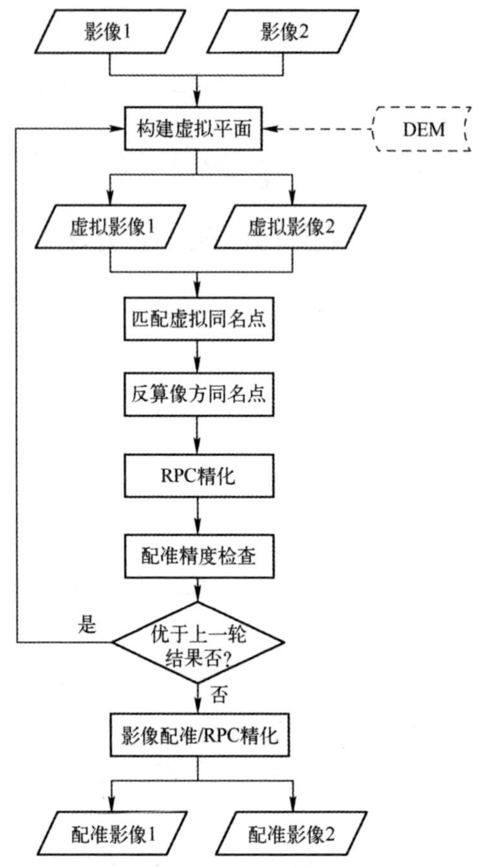

图 5.1　基于虚拟参考平面的多模态影像配准流程图

（1）将不同通道成像的多模态影像虚拟化至同一平面，消除尺度、方向以及形变差异，还可以引入 DEM 消除地形误差，提高待匹配影像的初始精度。

（2）通过模板匹配或特征点匹配虚拟同名点。

（3）得到虚拟同名点之后，严格反向投影回各自的像方坐标系，得到最终匹配的同名点。

（4）根据匹配得到的同名点构建变换模型，并对 RPC 参数进行精化，检查配准精度，判断是否比上一轮精度更好。如果精度更好则进行迭代优化，否则完成影像的配准，使得多模态影像精确配准。

该方法能够基于地理信息的约束，提高待匹配影像的初始精度，最终为影像配准提供高精度的像方同名点。

5.1.1　多模态虚拟参考平面构建

将多模态影像虚拟化至统一的平面，消除尺度、方向以及匹配块之间的形变差异。在虚拟参考平面构建时，设置一个统一的虚拟参考平面，并将参与匹配的两个影像全部投影至虚拟参考平面。以较低分辨率影像的平均高程面为虚拟参考平面，将较高分辨率的影像虚拟化至虚拟参考平面。如图 5.2 所示，先基于地理信息建立原始平面影像与虚拟参考平面的变换模型，再将原始平面影像投影到虚拟参考平面上。

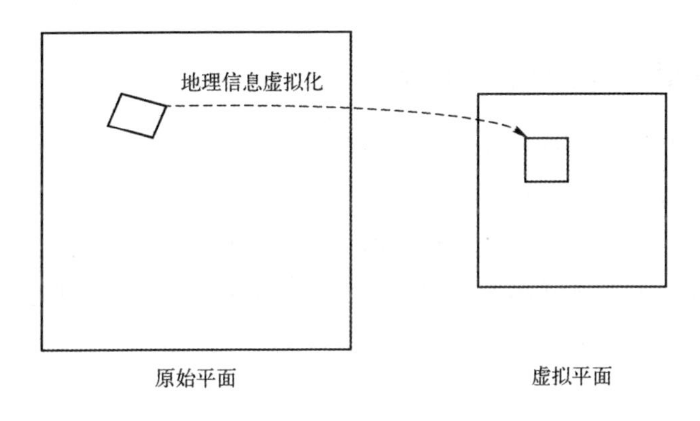

图 5.2　虚拟参考平面构建示意图

其主要步骤为：

(1) 在虚拟参考平面上用微分纠正的方式，将虚拟参考平面划分成均匀的格网。

(2) 通过地理信息构建虚拟参考平面的格网与原始平面之间的变换模型，如图 5.3 所示，先将左影像上的像方点投影到物方上，再将物方信息正算到右影像的像方点上，即可确定左右影像的同名点，而后根据同名点构建变换模型。

(3) 将原始平面的数据重采样至虚拟参考平面。

此外，为了方便后续的匹配，在构建虚拟参考平面时，先计算多模态的重叠区，再将虚拟参考平面的范围限制在重叠区以内。虚拟参考平面构建是通过微分纠正进行的，具备天然的并行性，本节采用了 GPU 加速，效率相对于 CPU 版本能够提升数百倍[8]。

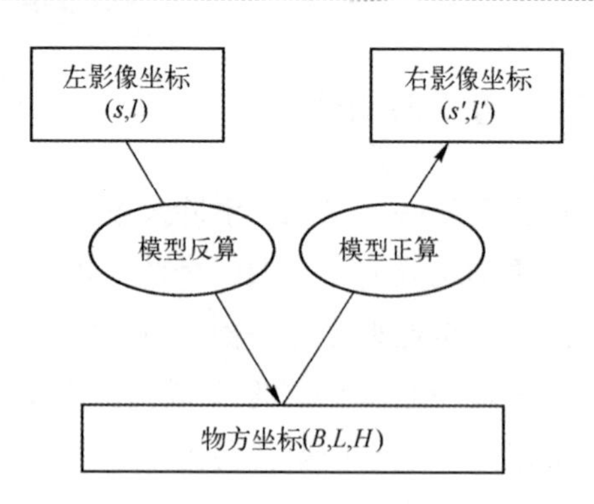

图 5.3　物方匹配示意图

5.1.2　虚拟同名点匹配与精化

得到虚拟参考平面之后，多模态数据在地理上实现了粗配准，得到相对精确的初值，在此基础上可以进一步进行同名点的匹配工作。如图 5.4 所示，虚拟影像的大小完全一致，虚拟参考平面上对应的点也是地理位置相对应的点。由于遥感影像范围比较大，在匹配的时候一般需要进行分块匹配。由于虚拟参考平面之间的点是一一对应的，因此可以非常方便地构建同名匹配块。

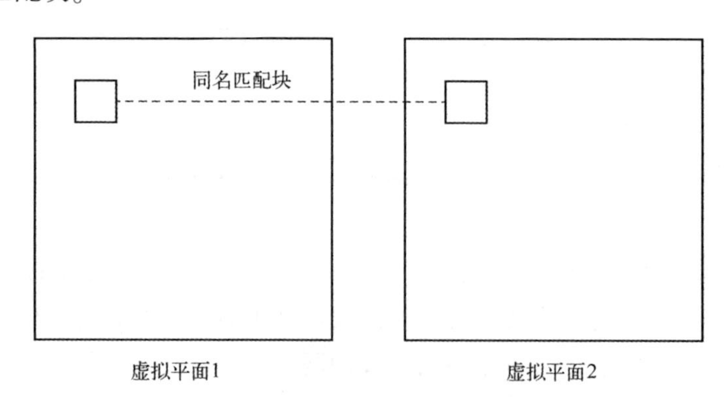

图 5.4　同名匹配块匹配示意图

本节选用 SIFT（尺度不变特征转换）算法进行粗匹配，通过 Ransac 算法[9]（随机抽样一致性算法）剔除误匹配的影响，并且使用最小二乘匹配法对同名点进行进一步精化。

Ransac 算法的基本流程如下：

(1) 从初始的匹配点对中随机抽取一组匹配同名点对，通过该点对计算变换模型。

（2）用该变换模型分别计算剩余点对的残差，当残差小于某个指定的阈值时，则认为该点对是内点，大于阈值则认为该点对是外点。

（3）重复步骤（1）和（2）指定的次数，内点数量最大的模型，则认为是变换模型，外点则是误匹配点。

从 Ransac 的算法描述中可以看出，Ransac 算法受到随机抽样次数、阈值设定等参数的影响，这些参数需要根据经验进行设定，变换模型也可根据实际情况选用仿射变换、投影变换等。

5.1.3　虚拟同名点反投影

在虚拟参考平面上的同名点匹配与精化之后，得到的同名点的像素坐标是虚拟参考平面上的坐标，并不是真实的像方坐标。因此，需要将虚拟同名点严格反投影到各自影像的像方坐标系。如图 5.5 所示，在得到虚拟同名点之后，将虚拟同名点反投影到原始影像上，其计算公式是各个格网基于地理信息虚拟化的反向公式，正反算的过程是严格对应的。经过反投影之后即可得到多模态影像各自的像方同名点。

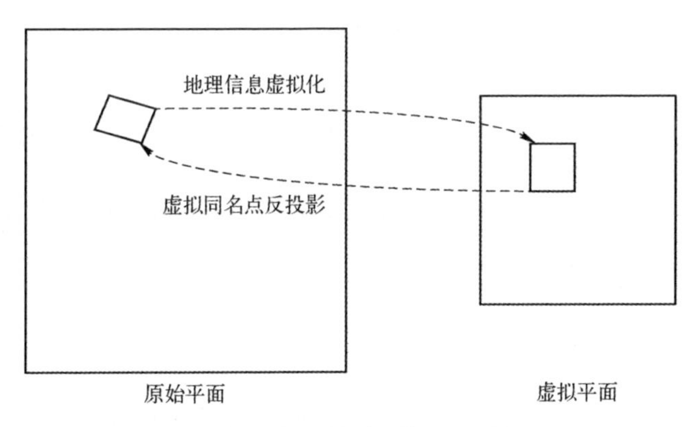

图 5.5　虚拟同名点反投影示意图

5.1.4　变换模型构建与配准

得到各自像方同名点之后，即可通过同名点构建变换模型。变换模型选用仿射变换模型，仿射变换模型的表达式为

$$\begin{cases} x = a_0 + a_1 x' + a_2 y' \\ y = b_0 + b_1 x' + b_2 y' \end{cases} \tag{5.1}$$

通过三组同名点即可拟合仿射变换模型，匹配得到的大量同名点，可以

用最小二乘方法进行拟合。

拟合得到变换模型之后，即可以对影像进行重采样实现多模态影像的配准，或者通过该变换模型精化 RPC 参数，为后续处理提供基础。

基于虚拟参考平面的多模态影像配准方法，可将多模态影像虚拟化至统一的平面，实现尺度、方向上的一致性。在虚拟化的过程中，通过微分纠正能够有效改正内部畸变，还可以加入 DEM 改正地形误差。在虚拟参考平面上进行像方匹配时，能够有效提升匹配的同名点数量与匹配精度。将虚拟同名点反向投影回各自的像方坐标系，则可以得到最终匹配的同名点，通过这些同名点即可以构建变换模型进行影像重采样或者 RPC 参数精化。

5.1.5 实验分析

为了保障多模态影像配准精度，提高空-谱融合的效果，本节通过虚拟参考平面实现多模态影像之间的方向、尺度归一化，提高影像匹配时的初始配准精度，以优化同名点匹配效果，实现多模态影像之间的高精度配准。

本节实验分为两个部分：

（1）不同方法的对比实验。通过与常见的配准方法进行对比，验证基于虚拟参考平面的多模态配准方法的效果。

（2）配准精度分析与讨论。定性定量分析多模态影像之间的配准精度与效果。

通过不同方法的对比实验以及配准精度的定性与定量分析，验证面向静止轨道多模态影像之间的配准效果。

5.1.5.1 实验数据

本节基于虚拟参考平面的多模态影像配准实验选用高分四号空间分辨率为 400m 的中波红外通道与空间分辨率为 50m 的可见光近红外通道影像，旨在使两者精确配准。表 5.1 所列为选用的高分四号实验数据信息，选用 4 组同时成像的全谱段与中波红外数据。

表 5.1 空-谱融合数据列表

编号	成像日期	具体时间	成像区域	成像模式	帧数	成像谱段	分辨率/m
1	2018-10-31	11:01:30	E114.8°，N27.0°	全谱段	1	B1~B5	50
		11:02:16		中波红外	1	B6	400

续表

编号	成像日期	具体时间	成像区域	成像模式	帧数	成像谱段	分辨率/m
2	2019-10-19	13:50:58	E114.1°，N30.3°	全谱段	1	B1~B5	50
		13:51:43		中波红外	1	B6	400
3	2017-03-02	12:20:21	E116.4°，N29.1°	全谱段	1	B1~B5	50
		12:21:06		中波红外	1	B6	400
4	2018-06-12	10:20:21	E113.3°，N34.1°	全谱段	1	B1~B5	50
		10:21:06		中波红外	1	B6	400

5.1.5.2　不同方法的对比实验

为了验证基于虚拟参考平面的多模态影像配准方法的有效性，本节分别对比了整体SIFT匹配的配准算法和分块SIFT匹配的配准算法[10-11,7]，用以验证本节所提配准算法的优越性，且这三个算法的特征点提取都是基于SIFT。其中，分块匹配是对影像进行降采样匹配，获得影像之间的粗几何关系，而后构建同名块，并对同名块进行匹配；整体匹配是直接对待匹配的两者影像进行匹配。本节所提方法是：构建虚拟片，将参与配准的影像虚拟化至同一平面，提高初始配准精度；分块一一匹配，迭代修正RPC参数，直至退出。为了控制变量，本节所使用的SFIT与Ransac等其他配置均相同，主要的区别就是整体SIFT匹配是输入整张影像，分块SIFT匹配是在粗匹配的基础上分块精匹配。

图5.6所示为整体SIFT匹配算法、分块SIFT匹配算法以及本节所提算法匹配结果的分布图，4组影像分别对应实验数据中第1~4组数据。从图中可以看出，整体SIFT算法匹配的点数量有限，甚至在很多地区都匹配不到点。分块SIFT算法与本节所提算法的匹配点分布较好，但整体而言本节所提算法的分布密度要优于分块SIFT算法，且本节所提算法在影像边缘的匹配效果优异性更加明显，具体可参见影像中红色圆圈部分。本节通过微分的方式构建虚拟参考平面，能够校正边缘处存在的畸变，直接分块的时候并未校正这些畸变，从而导致匹配不到点。

表5.2所列为整体SIFT匹配、分块SIFT匹配以及本节所提方法的匹配点数量对比。从表中可以看出，本节所提算法的正确匹配点数量明显优于其他两个方法的匹配点数量，分块SIFT匹配点的数量略低于本节所提算法，而整体SIFT算法匹配点的数量要显著低于其他两个算法。从匹配点的正确率来

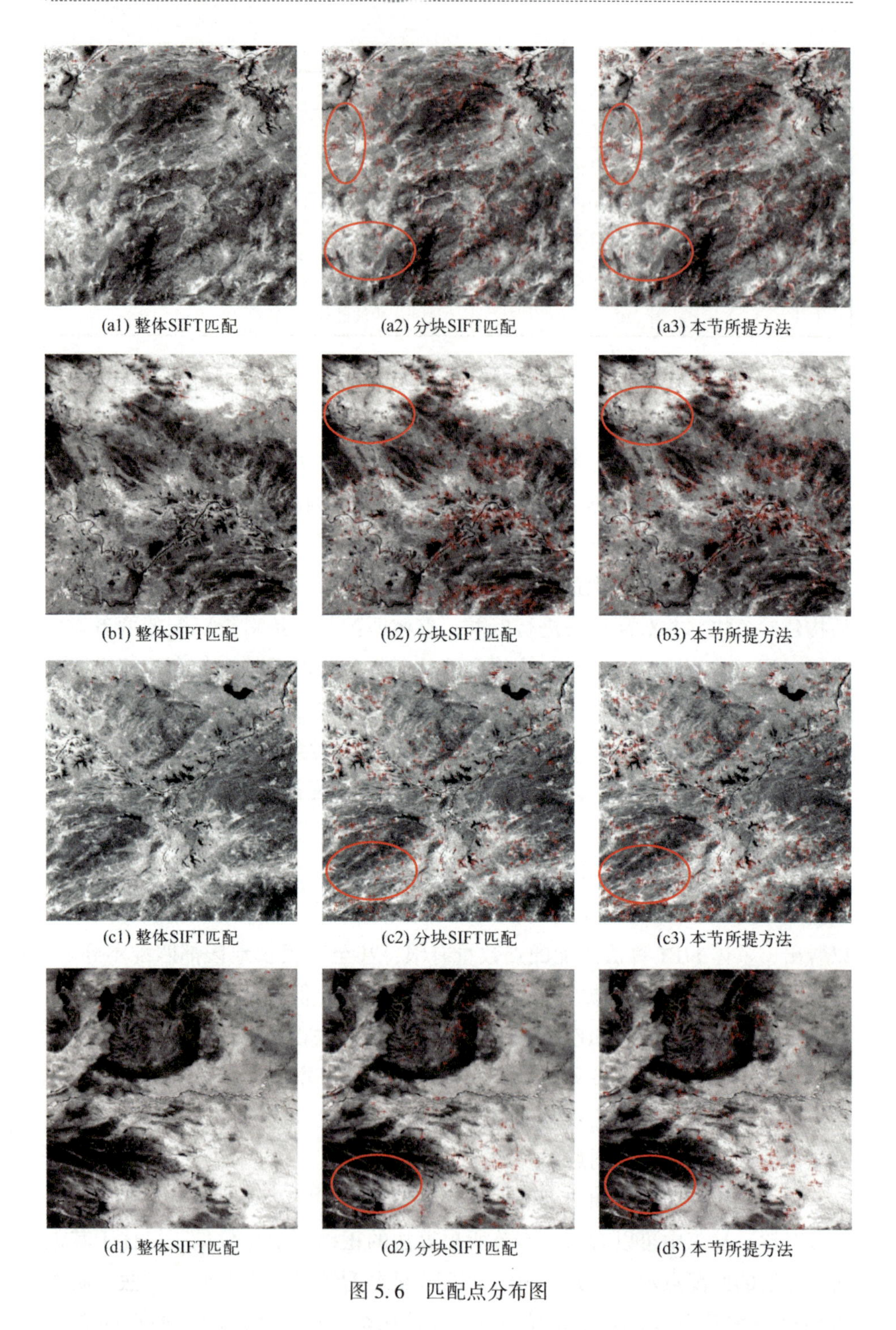

(a1) 整体SIFT匹配　(a2) 分块SIFT匹配　(a3) 本节所提方法

(b1) 整体SIFT匹配　(b2) 分块SIFT匹配　(b3) 本节所提方法

(c1) 整体SIFT匹配　(c2) 分块SIFT匹配　(c3) 本节所提方法

(d1) 整体SIFT匹配　(d2) 分块SIFT匹配　(d3) 本节所提方法

图 5.6　匹配点分布图

看，本节所提算法也明显高于其他匹配算法，在这 4 组测试影像当中，本节所提算法的正确率大部分在 80%以上。由于 SIFT 与 Ransac 算法的参数一致，影响结果的主要因素是本节提出的基于虚拟片匹配迭代的方法，这也表明本节所提方法的有效性，能够明显提升匹配的质量。

从该实验可以看出，本节基于虚拟片进行匹配的时候，能够匹配到的有效点数量与正确率都领先于其他算法，这是因为在构建虚拟片时，本质上已经基于地理信息完成了方向和尺度的归一化，并且对影像内部的畸变进行了粗略校正，提升了初始配准精度。此外，在迭代修正的过程中，还会不断修正影像的初始配准精度。而分块 SIFT 匹配的方法虽然在开始匹配前就进行了降采样预估初始偏移量，但是并没有校正影像内部的畸变，当影像的范围较大时，分块匹配的方法效果就会大幅降低。

表 5.2　不同方法匹配点数量

影像标识	说　明	匹配点数	正确点数	正确率
1	整体 SIFT 匹配	145	122	0.841
	分块 SIFT 匹配	1721	1462	0.850
	本节所提方法	**1828**	**1611**	**0.881**
2	整体 SIFT 匹配	70	59	0.843
	分块 SIFT 匹配	**1744**	**1396**	0.800
	本节所提方法	1466	1297	**0.884**
3	整体 SIFT 匹配	45	35	0.777
	分块 SIFT 匹配	1466	1083	0.738
	本节所提方法	**1612**	**1403**	**0.870**
4	整体 SIFT 匹配	44	28	0.636
	分块 SIFT 匹配	410	302	0.736
	本节所提方法	**471**	**379**	**0.804**

5.1.5.3　配准精度分析与讨论

为了验证多模态影像之间的配准精度，本节对配准结果进行定性和定量分析。

1）定性分析

为了直观地展示配准的效果，本节将 4 组影像中的部分区域进行放大显示，4 组影像分别对应实验数据中第 1～4 组数据。图 5.7 所示为本次实验 4 组影像配准的目视效果对比图，从这 4 组影像的对比可以看出，经过配准之后，影像达到了很好的配准效果，且不同地区目视特征明显的地物具有相同的像素坐标，满足了后续融合的应用需求。

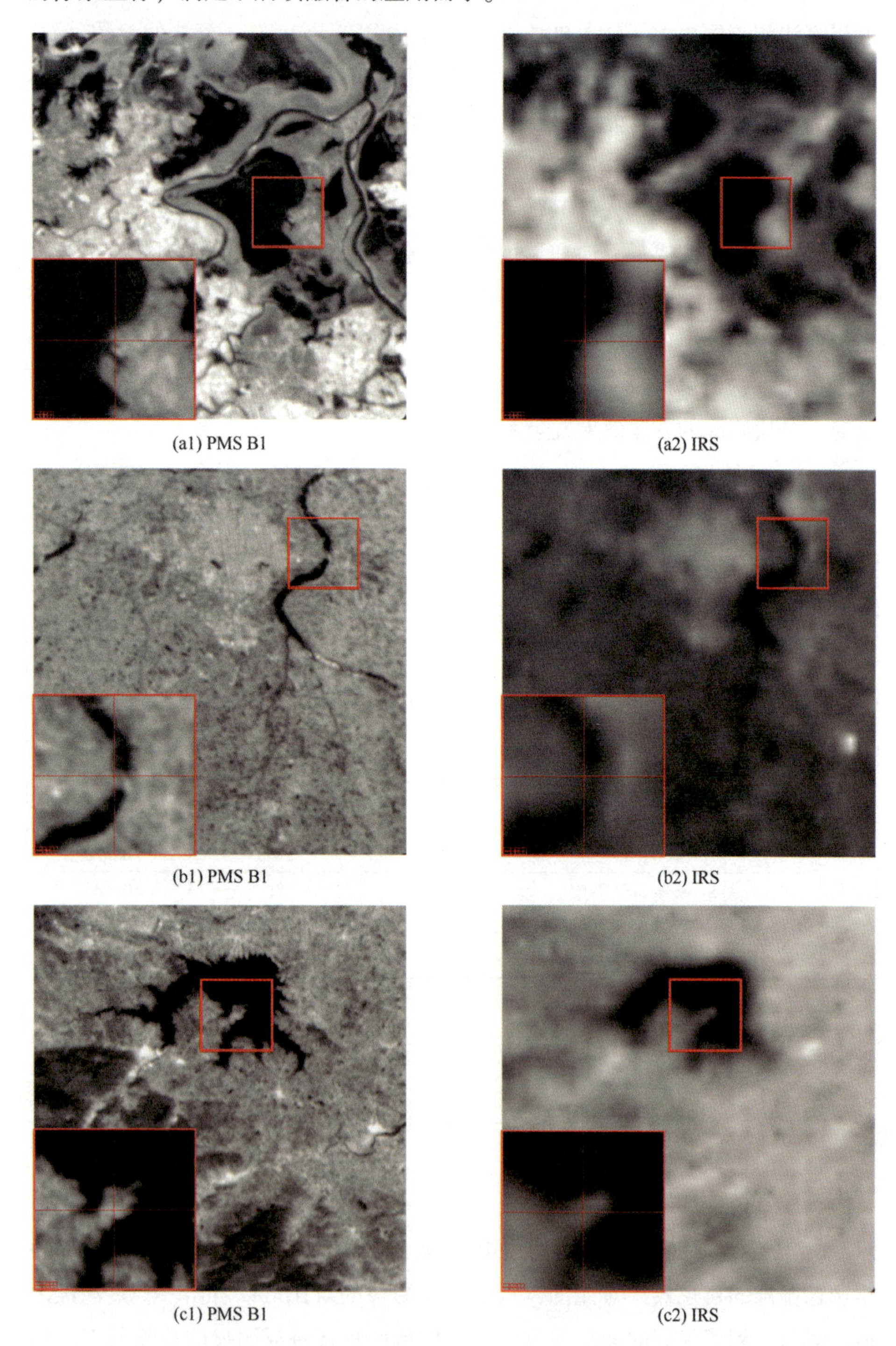
(a1) PMS B1　　(a2) IRS

(b1) PMS B1　　(b2) IRS

(c1) PMS B1　　(c2) IRS

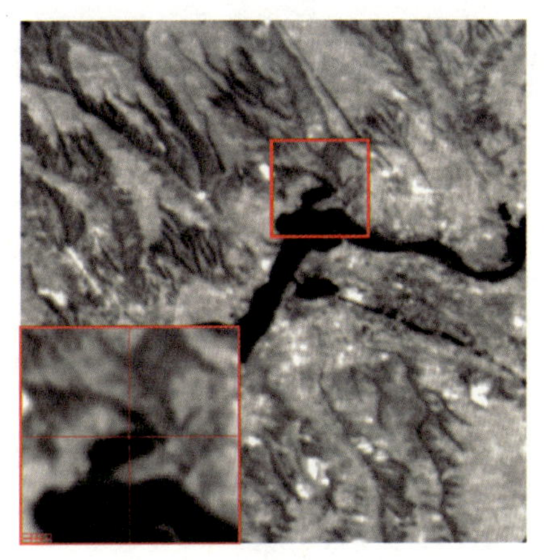

(d1) PMS B1

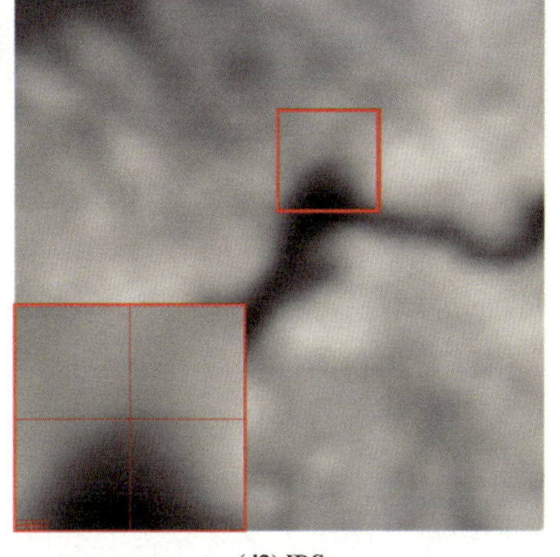

(d2) IRS

图 5.7　配准效果目视对比图

2）定量分析

为了定量地分析多模态影像之间的配准精度，本节采用中误差进行分析。如表 5.3 所列，经过配准之后，这 4 组影像行列方向的中误差均在 1pixel 以内，综合中误差也基本在 1pixel 以内，且相对于配准之前精度也得到了明显提升。此外，配准之后检查点的数量相较之前得到了明显提升，这表明初始配准精度越高，匹配点数量越多，配准效果越好，证明了迭代匹配算法的有效性。

表 5.3　多模态配准精度（红外像素）

影像标识	说　明	检查点数量	RMSE_x/pixel	RMSE_y/pixel	RMSE_xy/pixel
1	配准前	1599	1.147	0.691	1.340
	配准后	**1611**	**0.592**	**0.619**	**0.856**
2	配准前	1311	1.255	**0.500**	1.351
	配准后	**1396**	**0.595**	0.592	**0.839**
3	配准前	1380	0.759	1.064	1.308
	配准后	**1403**	**0.651**	**0.692**	**0.950**
4	配准前	378	1.516	**0.836**	1.731
	配准后	**379**	**0.596**	0.845	**1.035**

5.2 基于云掩膜的凝视序列影像亚像素精配准方法

凝视序列影像之间会存在一定的误差，本节主要讲述校正这些误差的方法。就凝视序列影像而言，运动的云层将会显著地影响凝视序列影像之间匹配与亚像素精配准。而凝视序列影像的时-空融合对影像之间的配准精度有着严格的要求，所以需要充分考虑运动的云层对匹配与配准的影响。本节首先基于超像素进行云掩膜计算，然后基于虚拟参考平面对凝视序列影像进行粗配准，最后采用基于松弛法匹配的小面元微分精纠正，最大程度地消除凝视序列影像之间潜在的系统误差和随机误差。

如图 5.8 所示，首先将凝视序列影像虚拟化至统一的虚拟参考平面，然后进行云掩膜计算，在云掩膜的基础上进行虚拟同名点匹配、反算像方同名点等操作，最后对影像进行粗配准。因为凝视序列影像的初始分辨率一致，因此需要进一步进行精配准，同样在云掩膜的基础上，采用基于松弛匹配法的小面元微分精配准方法对影像进行精配准，得到最终的配准产品。

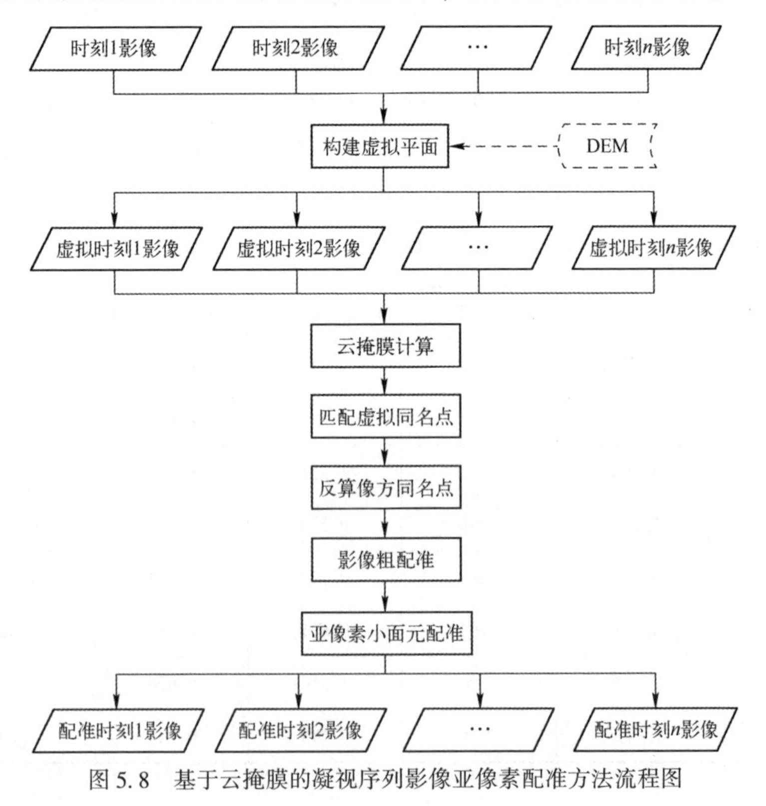

图 5.8　基于云掩膜的凝视序列影像亚像素配准方法流程图

5.2.1　基于超像素的云掩膜检测

静止轨道凝视序列影像在匹配配准时，会受到运动云层的严重干扰，从而导致失配等现象。因此本节首先进行云掩膜的计算，并在云掩膜的基础上，剔除误匹配点。

由于静止轨道遥感影像中存在噪声，基于像素的光谱阈值云检测方法会将部分噪声误检为云[12]，而基于对象的静止轨道遥感影像处理方法能够有效地消除噪声对云检测的影响。文献［13］提出利用超像素进行云层检测的算法，所谓超像素是指将纹理、颜色、亮度等特征相似的临近像素聚类形成像素块，每一个像素块可以看作一个新的超像素。简单线性迭代聚类算法[14-16]（Simple Linear Iterative Clustering，SLIC）是一种经典的超像素分割算法，该算法将彩色影像从 RGB 空间转换至 Lab 空间，利用其中的亮度分量 L（Luminosity）作为输入，L 分量能够密切匹配人眼的亮度感知。由于全色谱段的灰度响应范围较广，比较适合作为超像素分割的输入，因此本节选用全色谱段作为静止轨道遥感影像输入。

SLIC 超像素方法的具体实施步骤如下：

（1）初始化聚类中心（种子点）。通过设定的超像素个数，均匀地在影像上划分格网，格网的中心作为种子点，得到种子点的集合。

（2）计算梯度最低点。在种子点 $S\times S$ 的邻域范围内计算梯度最低的点，并以该点作为新的聚类中心，以防止种子点落在梯度较高的边界上。

（3）分配每个像素点的标签。计算 $2S\times 2S$ 领域范围内每个像素点到种子点的距离，并且将像素点的标签设置为最近种子点的标签。由于输入是灰度影像，因此与经典的 SLIC 方法不同，本节算法只计算灰度距离与空间距离，即

$$\begin{cases} d_c=\sqrt{(\mathrm{DN}_j-\mathrm{DN}_i)^2} \\ d_s=\sqrt{(x_j-x_i)^2+(y_j-y_i)^2} \\ D=d_c+\dfrac{m}{S}d_s \end{cases} \tag{5.2}$$

式中：d_c 为灰度距离；d_s 为空间距离；D 为最终的距离度量；DN 为灰度值；(x,y) 为像素点的空间位置；j 为待归类的像素点；i 为种子点；m 为常数，本节设为 10；S 为超像素大小。

（4）计算新的聚类中心。在上述步骤中已经计算出每个像素点的类别，

将每个类别几何中心设置为新的聚类中心，并且计算残差量。

（5）迭代计算，重复步骤（3）与步骤（4），当完全收敛或者残差量小于设定的阈值，则跳出循环，得到最终的超像素分割结果。

在得到超像素分割结果之后，计算每一个超像素的均值与方差。由于云层区域相对于其他地物灰度均值一般较高，并且波动量很小，因此通过对目标通道特性的统计分析，可以得到云层区域的均值与方差，并将其作为阈值进行云检测的判定。

通过判断超像素的均值与方差，可以初步筛选出云层的超像素，但是对于云层边界区域的薄云则有可能出现筛选遗漏，因为薄云区域的灰度值变化会比较剧烈，其方差可能会超出阈值。因此以初步筛选的云层超像素作为种子点进行区域增长，判断作为种子点的邻接超像素的灰度均值是否大于阈值，若大于阈值则认为是云层。对区域增长的过程进行循环，直至没有新的云层加入，从而恢复云层边界的薄云区域。

云层区域增长结束之后，云层之间可能会存在少量的孔洞，此时对云层区域进行膨胀处理，以消除其中的孔洞。以云层区域的单个像素点为种子点，判断种子点 8 邻域的点是否为云层，并且作为下一层膨胀的种子点，经过多轮迭代得到最终的处理结果。

5.2.2 基于云掩膜的凝视序列影像粗配准

本章进行凝视序列影像融合的时候，需要将配准好的凝视序列影像作为统一的输入，如果进行两两影像配准，则会导致误差传递，凝视序列影像的第一帧与最后一帧仍然会存在相对误差，因此本节的解决办法是采用虚拟参考平面的方法，先将凝视序列影像虚拟化到统一的平面后再进行匹配与配准工作。

本节基于虚拟参考平面的配准方法与多模态配准方法类似，其中最主要的区别是虚拟参考平面的构建。多模态配准时虚拟参考平面的构建以较低分辨率影像的平均高程面为基准，虚拟参考平面是以时间序列的中间帧为基准构建虚拟参考平面。除此之外，本节还考虑了凝视序列影像中运动的云层目标对匹配点的影响。具体的算法可以描述为以下 6 个步骤。

（1）构建虚拟参考平面。以凝视序列影像的中间帧为基准平面，将凝视序列影像的其他帧统一虚拟化至该平面。

（2）云掩膜检测。利用基于超像素的云掩膜检测方法，检测各虚拟帧的云层分布情况。

（3）虚拟同名点匹配。将各虚拟帧与基准虚拟参考平面进行匹配，获取虚拟的同名点，并且利用云掩膜以及 Ransac 算法剔除误匹配点。

（4）反算像方同名点。将虚拟同名点反算至各凝视序列影像的像方坐标系，得到像方同名点。

（5）计算变换模型。利用像方同名点计算各自帧的变换模型，计算方法可采用最小二乘拟合。

（6）影像配准或精化 RPC 参数。根据需求实现凝视序列影像的配准，或者对其 RPC 参数进行精化，完成最终的配准。

5.2.3　基于整体松弛法匹配的小面元精配准

基于虚拟参考平面的凝视序列影像粗配准之后，凝视序列影像之间已经通过变换模型吸收了系统性偏差，但是凝视序列影像之间可能还会残留随机偏差。在分辨率一致的凝视序列影像中，这些随机偏差会影响后续的时-空融合超分重建。因此本节通过小面元微分纠正进一步修正其中的随机偏差。

如图 5.9 所示，小面元微分纠正的基本思想是把参考影像与待配准影像划分成 $M \times N$ 个小面元，分别匹配每个小面元的 4 个角点在参考影像与待配准影像上的同名点，根据同名点构建变换模型。考虑到高分辨率遥感影像的地形影响，变换模型选用双线性变换模型。得到变换模型之后，即可对影像进行微分纠正。因为小面元微分纠正对同名点对的可靠性要求非常高，所以本节采用整体松弛法提高匹配点的可靠性，并且在整体松弛法中使用云掩膜剔除误匹配点。

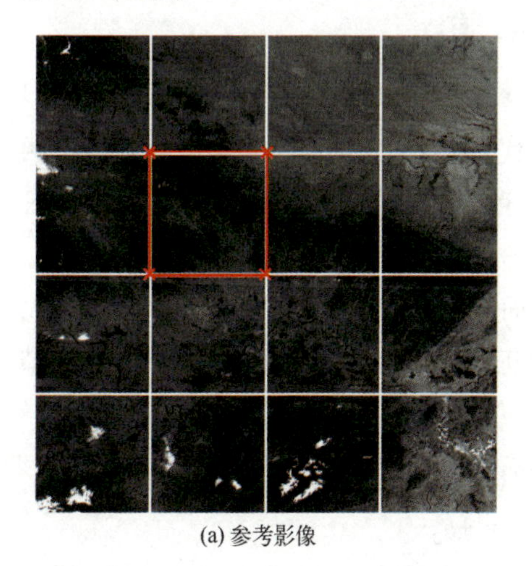

(a) 参考影像

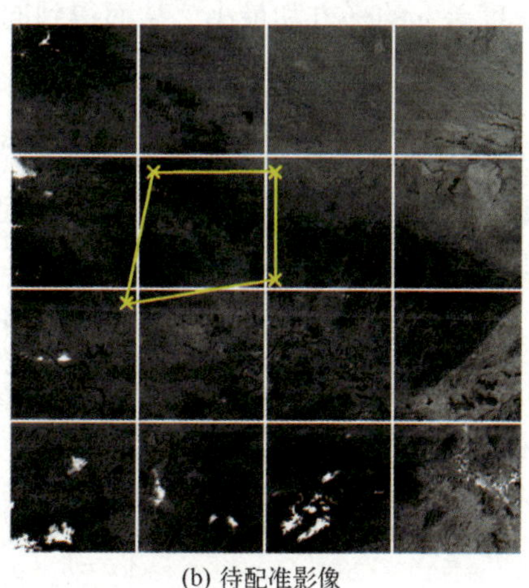

(b) 待配准影像

图 5.9　小面元微分纠正示意图

基于整体松弛法匹配的小面元亚像素微分配准方法的具体流程如下：

（1）小面元划分。将经过粗配准的参考影像与待配准影像根据需求划分成相对应的均匀的小面元。

（2）同名点匹配。采用相关系数匹配的方法，匹配各个小面元的 4 个角点相对应的同名点，有

$$\rho(x,y)=\frac{\sum_{i=1}^{m}\sum_{j=1}^{n}(g_{i,j}-E[g])\cdot(g'_{i,j}-E[g'])}{\sqrt{\sum_{i=1}^{m}\sum_{j=1}^{n}(g_{i,j}-E[g])^2\cdot\sum_{i=1}^{m}\sum_{j=1}^{n}(g'_{i,j}-E[g'])^2}} \tag{5.3}$$

式中：(m,n)为模板的大小；$g_{i,j}$为第(i,j)像素的灰度值；$E[g]$为模板内所有像素的均值。相关系数匹配方法具有灰度不变性等特征，在遥感影像匹配中具有广泛的应用。将相关系数小于指定阈值的同名点剔除，保留最可靠的同名点。

（3）基于云掩膜的误匹配点剔除。剔除落在云层区域的匹配点，防止运动的云层对后续的配准产生影响。

（4）整体松弛法匹配。经过上述的相关匹配之后，有部分格网点被剔除，但是在微分纠正时，又需要每一个格网点参与运算，因此本节采用松弛法匹配以实现整体最优，利用格网点邻域内的上下文信息，考虑格网点对象之间的约束性和一致性，通过迭代计算获得整体上最优的结果。通过整体松弛法匹配，重新得到相关系数小于阈值或处于云层区域而被剔除的误匹配点。

（5）最小二乘法精化。通过最小二乘法迭代运算，使得两个匹配窗口的灰度差 v 的平方和最小，从而得到同名点，有

$$\sum vv=\min \tag{5.4}$$

在最小二乘法匹配中，经过多次迭代仍然不收敛的特征点被剔除，不再参与后续的小面元微分纠正，以保证影像配准结果的可靠性。被剔除的特征点通过整体松弛法匹配重新得到。

（6）小面元微分纠正。得到各个小面元四角点对应的高精度同名点之后，利用变换模型对待配准影像进行微分纠正，即可得到最终配准的影像。本节采用双线性变换模型进行纠正，有

$$\begin{cases}x=a_0+a_1x'+a_2y'+a_3x'y'\\ y=b_0+b_1x'+b_2y'+b_3x'y'\end{cases} \tag{5.5}$$

由于小面元的 4 个角点很好地满足了双线性变换模型的最低拟合需求，

且该变换模型考虑了地形的影响，因此非常适合在遥感影像的微分配准中使用。

小面元微分纠正中的匹配、纠正的计算量都特别大，但是由于其具备先天并行性，本节都采用了 GPU 进行加速，匹配与纠正的时间相对于 CPU 都有数百倍的提升[8]。

5.2.4　实验分析

为了保障序列影像配准精度，提高时-空融合的效果，在利用虚拟参考平面提升初始配准精度的基础上，通过云掩膜的检测剔除运动云层对序列影像匹配的影响，然后通过整体松弛法对序列影像进行高精度的亚像素配准。

本节实验分为两个部分：

（1）基于云检测的误匹配剔除实验。验证通过云检测剔除运动云层的影响之后的序列影像之间配准精度的提升情况。

（2）亚像素精配准精度提升实验。验证经过亚像素配准之后的序列影像之间的配准精度提升效果。

通过上述两个部分的实验分析，验证面向凝视序列影像之间的配准效果。

5.2.4.1　实验数据

本节基于云掩膜的凝视序列影像亚像素精配准实验选用的是高分四号全谱段单次成像与单波段凝视序列成像的数据。其成像时间为 20160902，具体开始时间为 10:47:08，连续观测 8 景影像。

5.2.4.2　基于云检测的误匹配剔除实验

运动云层将会严重影响时间序列影像的配准精度，造成影像的失配现象。为了剔除运动云层的影响，本节采用基于超像素的云掩膜检测方法，在云层检测出来之后，将落在云层的同名点进行剔除，在粗匹配时直接剔除落在云层上的匹配点，在小面元微分配准时通过松弛法剔除落在云层的误匹配点。

为了验证本节所提方法的有效性，采用实验数据进行详细的实验。图 5.10 所示为云检测方法效果示意图，从图中可以看出，对于云覆盖区域可以很好地检测，为保障匹配点的精度，在云掩膜边缘进行膨胀处理，以最大程度降低误匹配的影响。

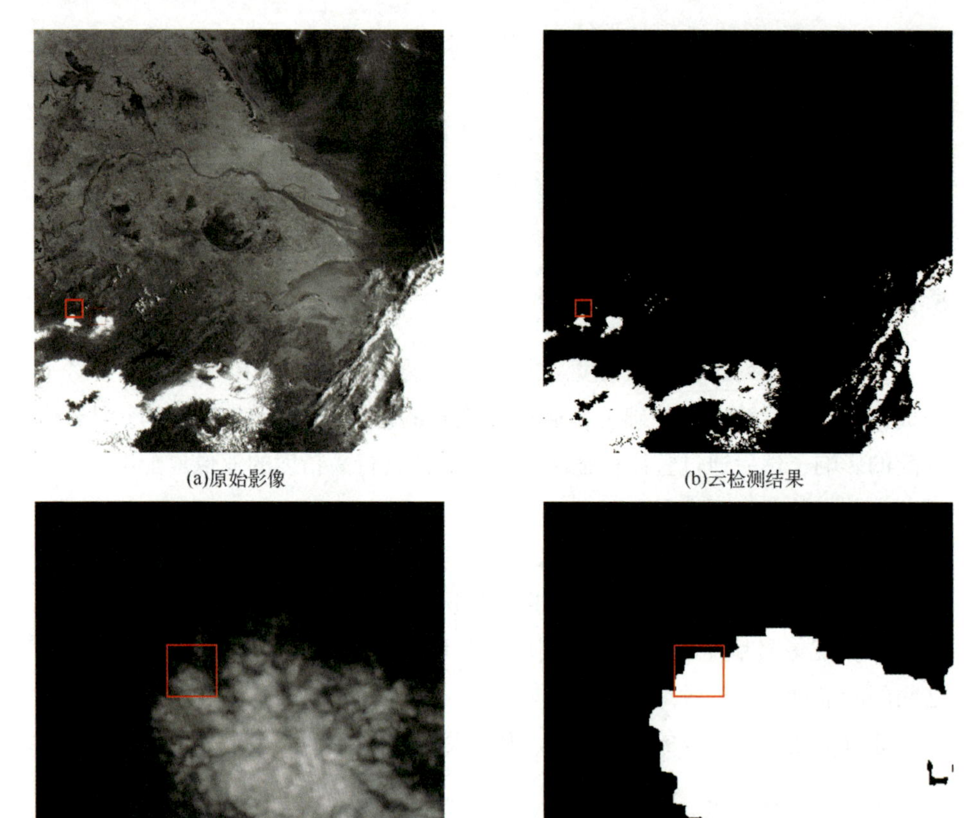

(a)原始影像　(b)云检测结果

(c) 原始影像细节图　(d) 云掩膜细节图

图 5.10　云检测效果示意图

图 5.11 所示为基于虚拟片的同名点匹配示意图，序列影像之间由于相似性较好，所以匹配的点较多。同时也能够明显注意到，影像中被云覆盖的区域也存在大量的匹配点，这些点的精度与可靠性较低，在拟合变换模型的时候，如果将这些点输入将会影响配准精度。因此本节基于前述的云掩膜将落在云层的匹配点剔除，而后再进行 RPC 参数精化/配准等操作。经过云掩膜剔除之后，落在云层区域的同名点基本被剔除，降低了运动云层对影像配准的影响，提高后续的拟合与配准精度。

为了证明“云掩膜”方法对配准精度的提升效果，本节选用实验数据中的 8 景影像进行实验，通过配准方法对比剔除云层影响之前配准精度与剔除云层影响之后的配准精度，其中以序列影像的第一帧为基准帧。表 5.4 所列

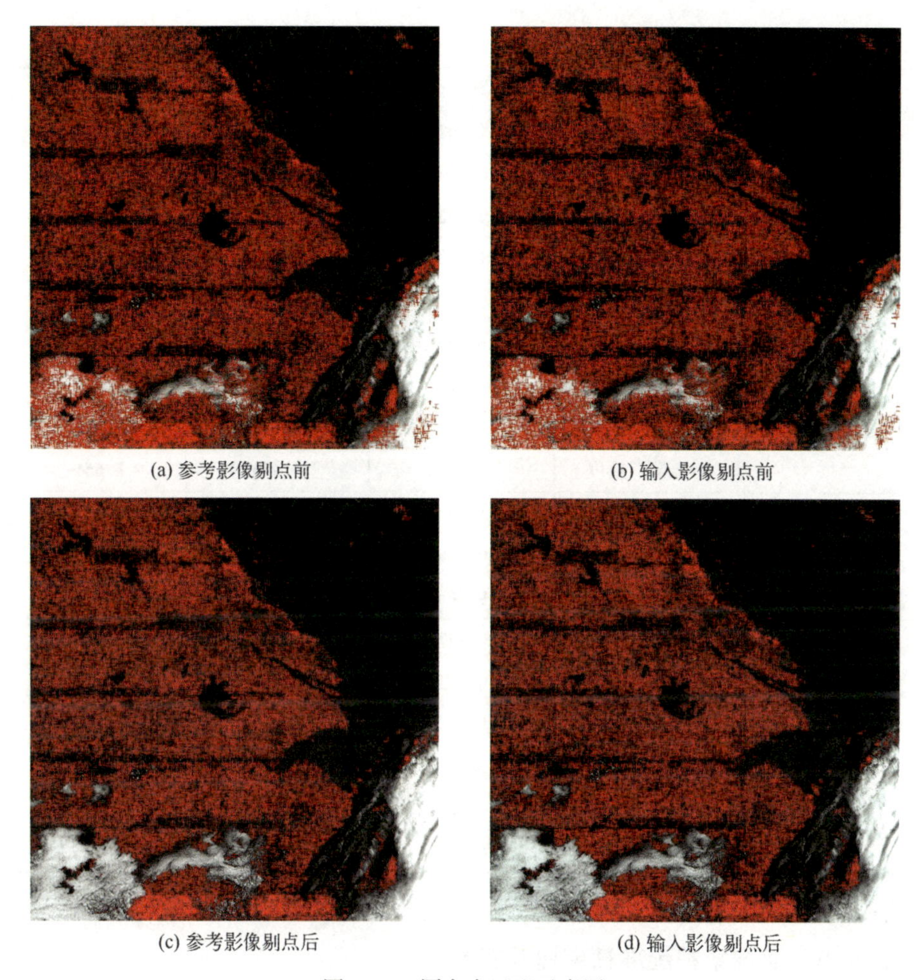

图 5.11　同名点匹配示意图

为配准前、云掩膜剔除前以及云掩膜剔除后的配准精度，从表中可以看出，云掩膜剔除之后，影像的配准精度有明显的提升。虽然在云剔除前配准精度已达到 1pixel 以内，但是通过云剔除误匹配点能够使配准精度基本都稳定在 0.8pixel 以内，精度明显提升。

表 5.4　基于云掩膜剔除的序列影像配准精度

对比标识	说明	$RMSE_x$/pixel	$RMSE_y$/pixel	$RMSE_{xy}$/pixel
2-1	配准前精度	4.153	2.694	4.951
	云剔除前精度	0.566	0.752	0.942
	云剔除后精度	**0.463**	**0.588**	**0.749**

续表

对比标识	说明	$RMSE_x$/pixel	$RMSE_y$/pixel	$RMSE_{xy}$/pixel
3-1	配准前精度	1.102	3.280	4.175
	云剔除前精度	0.534	0.634	0.829
	云剔除后精度	**0.456**	**0.476**	**0.660**
4-1	配准前精度	1.963	1.996	2.800
	云剔除前精度	0.497	0.567	0.754
	云剔除后精度	**0.463**	**0.499**	**0.681**
5-1	配准前精度	1.872	1.793	2.592
	云剔除前精度	0.488	**0.470**	0.678
	云剔除后精度	**0.457**	**0.470**	**0.656**
6-1	配准前精度	1.552	0.580	1.657
	云剔除前精度	0.469	0.465	0.660
	云剔除后精度	**0.465**	**0.460**	**0.654**
7-1	配准前精度	0.842	0.821	1.177
	云剔除前精度	0.471	0.464	0.661
	云剔除后精度	**0.471**	**0.462**	**0.660**
8-1	配准前精度	3.216	0.644	3.279
	云剔除前精度	0.468	0.469	0.663
	云剔除后精度	**0.460**	**0.468**	**0.657**

5.2.4.3 亚像素精配准精度提升实验

经过基于云检测的误匹配剔除，序列影像之间基本上已经将系统误差进行了校正，但是影像之间还残留随机误差，从配准后的精度就能够看出，即使经过粗配准之后，仍然会残留大约0.8pixel的误差。对于时-空融合超分重建而言，配准精度越高，融合效果越好。因此本节在粗配准的基础上，基于整体松弛法匹配，而后进行小面元亚像素微分纠正。需要说明的是，在进行整体松弛法匹配时，也会通过云掩膜剔除误匹配点。

亚像素精配准是在粗配准的基础上进行的，因此将经过粗配准的结果作为输入，进行亚像素精配准。表5.5所列为亚像素配准精度。从表中可以看出，亚像素精配准能够显著提高序列影像之间的配准精度，基本都可以达到0.3pixel以内。

表 5.5　亚像素配准精度

对比标识	说明	$RMSE_x$/pixel	$RMSE_y$/pixel	$RMSE_{xy}$/pixel
2-1	精配准前精度	0. 463	0. 588	0. 749
	精配准后精度	**0. 103**	**0. 111**	**0. 151**
3-1	精配准前精度	0. 456	0. 476	0. 660
	精配准后精度	**0. 174**	**0. 141**	**0. 225**
4-1	精配准前精度	0. 463	0. 499	0. 681
	精配准后精度	**0. 138**	**0. 250**	**0. 286**
5-1	精配准前精度	0. 457	0. 470	0. 656
	精配准后精度	**0. 107**	**0. 106**	**0. 150**
6-1	精配准前精度	0. 465	0. 460	0. 654
	精配准后精度	**0. 096**	**0. 174**	**0. 199**
7-1	精配准前精度	0. 471	0. 462	0. 660
	精配准后精度	**0. 097**	**0. 092**	**0. 134**
8-1	精配准前精度	0. 460	0. 468	0. 657
	精配准后精度	**0. 111**	**0. 095**	**0. 146**

经过由粗到细的配准之后，时间序列影像之间的配准精度已经达到了 0. 3pixel 以内，能够满足后续时-空融合超分重建的需求。

5. 3　本章小结

本章主要验证了静止轨道光学卫星多模态和序列影像配准方法的有效性，综合实验可以得出以下结论：

（1）多模态影像配准。静止轨道卫星的多模态影像之间尺度差异较大，现有的影像分块匹配方法无法顾及影像边缘的几何形变，造成边缘匹配点稀少、精度较差的情况。本章提出了基于虚拟参考平面的多模态影像配准方法，将影像通过微分纠正的方式虚拟化至相同的平面，提升待匹配影像初始精度，而后匹配虚拟同名点，再反向投影回像方平面，可以降低几何差异对匹配的影响，提升匹配点的分布效果、数量与正确率，最终完成多模态影像的高精度配准。

（2）凝视序列影像高精度配准。凝视序列影像高精度配准是融合的基础，但运动的云层会给凝视序列影像匹配引起误匹配现象，因此本章提出了基于云掩膜的凝视序列影像亚像素精配准方法，通过云检测剔除误匹配的点，并基于整体松弛法进行小面元微分纠正，使凝视序列影像之间的配准精度达到亚像素精度。

参考文献

[1] DANGELO P, KUSCHK G, REINARTZ P. Evaluation of skybox video and still image products [C]//ISPRS Archives, Denver, Colorado, USA, 2014.

[2] 刘韬. 国外视频卫星发展研究 [J]. 国际太空, 2014(9): 50-56.

[3] 朱厉洪, 回征, 任德锋, 等. 视频成像卫星发展现状与启示 [J]. 卫星应用, 2015(10): 23-28.

[4] 周宇, 王鹏, 傅丹膺. SkySat 卫星的系统创新设计及启示 [J]. 航天器工程, 2015, 24(5): 91-98.

[5] 王霞, 张过, 沈欣, 等. 顾及像面畸变的卫星视频稳像 [J]. 测绘学报, 2016, 45(2): 194-198.

[6] 张过. 卫星视频处理与应用进展 [J]. 应用科学学报, 2016, 34(4): 361-370.

[7] 杜斯亮. 卫星凝视成像快速可靠稳像匹配算法研究 [D]. 武汉: 武汉大学, 2018.

[8] XIE G, WANG M, ZHANG Z, et al. Near real-time automatic sub-pixel registration of panchromatic and multispectral images for pan-sharpening [J]. Remote Sensing, 2021, 13(18): 3674.

[9] FISCHLER M A, BOLLES R C. Random sample consensus: a paradigm for model fitting with applications to image analysis and automated cartography [J]. Communications of the ACM, 1981, 24(6): 381-395.

[10] HUO C, PAN C, HUO L, et al. Multilevel SIFT matching for large-size VHR image registration [J]. IEEE Geoscience and Remote Sensing Letters, 2012, 9(2): 171-175.

[11] ZHANG Y, ZHOU P, REN Y, et al. GPU-accelerated large-size VHR images registration via coarse-to-fine matching [J]. Computers & Geosciences, 2014, 66: 54-65.

[12] 董志鹏, 王密, 李德仁, 等. 利用对象光谱与纹理实现高分辨率遥感影像云检测方法 [J]. 测绘学报, 2018, 47(7): 996-1006.

[13] HAGOLLE O, HUC M, DAVID V P, et al. A multi-temporal method for cloud detection, applied to FORMOSAT-2, VENμS, LANDSAT and SENTINEL-2 images [J]. Remote Sensing of Environment, 2010, 114(8): 1747-1755.

[14] CAPPELLUTI G, MOREA A, NOTARNICOLA C, et al. Automatic cloud detection from

MODIS images [J]. Remote Sensing of Clouds and the Atmosphere VIII, 2004, 5235: 574-585.

[15] ACHANTA R, SHAJI A, SMITH K, et al. SLIC Superpixels [M]. Lausanne: EPFL, 2010.

[16] ACHANTA R, SHAJI A, SMITH K, et al. SLIC superpixels compared to state-of-the-Art superpixel methods [J]. IEEE Transactions on Pattern Analysis and Machine Intelligence, 2012, 34(11): 2274-2282.

第6章　静止轨道光学成像多载荷序列影像时空谱融合方法

传统静止轨道卫星多为“千米级”分辨率，应用于气象观测、预报等领域，难以实现高分辨率对地观测。近年来随着技术进步，静止轨道卫星的空间分辨率实现了从“千米级”向“米级”的跨越式发展，已具备实现高分辨率对地观测与应用的条件。然而受轨道高度影响，在同等技术条件下，相较于低轨遥感卫星，静止轨道遥感卫星在空间分辨率方面仍然低1~2个数量级。相对而言，空间分辨率短板始终是限制静止轨道遥感卫星多样化应用的主要瓶颈，可以预见这种相对差距将长期存在。

为充分发挥静止轨道遥感卫星效能，提高数据应用效果，需要利用静止轨道卫星平台多模态传感器持续联合观测能力方面的优势，弥补空间分辨率方面的不足。一方面，利用静止轨道遥感卫星持续观测能力，获得丰富的时间与空间信息的凝视序列影像，进而通过时-空融合处理提升获得数据的空间分辨率；另一方面，利用静止轨道遥感卫星多模态联合观测能力，获得丰富的光谱信息的多模态影像，进而通过空-谱融合提升多模态数据的联合应用能力。

面对静止轨道遥感卫星数据应用效能提升的实际需求，本章以充分利用静止轨道卫星的时-空-谱信息为出发点，围绕凝视序列影像时间与空间信息融合、多模态影像空间与光谱信息融合的关键科学问题开展研究，深入探讨了凝视序列影像高频分量重建、高分影像光谱分解融合等技术与方法，提出了一套完整实现静止轨道遥感卫星时-空-谱信息融合的有效技术方案。

本章中凝视序列影像高频分量重建用以支撑凝视序列影像时-空融合，高分影像光谱分解融合用以支撑多模态影像空-谱融合，并在分别验证了时-空融合、空-谱融合效果的基础上进行一体化时-空-谱融合。

6.1 凝视序列影像高频信息反向投影重建的超分辨率方法

在使用序列影像全部信息进行整体重建时，受运动目标的干扰，造成影像之间差异过大，从而导致性能显著降低。因此本节以原始影像为基准，仅通过序列影像重建其截止频率以外的高频分量。

本节所提方法存在一个前提，即原始影像与其对应的超分影像的区别主要在高频部分，而低频光谱信息相同，即可将重建的高频分量注入原始影像中实现超分辨率。因此，本节提出了凝视序列影像高频信息反向投影重建的超分辨率方法。

图6.1所示为本节所提方法的示意图，该方法将凝视序列影像上采样，并以信噪比较高的全谱段影像中的B1谱段为原始影像，通过高频反向投影模块与时序注意力模块重建序列影像中包含的原始影像截止频率外的高频分量。

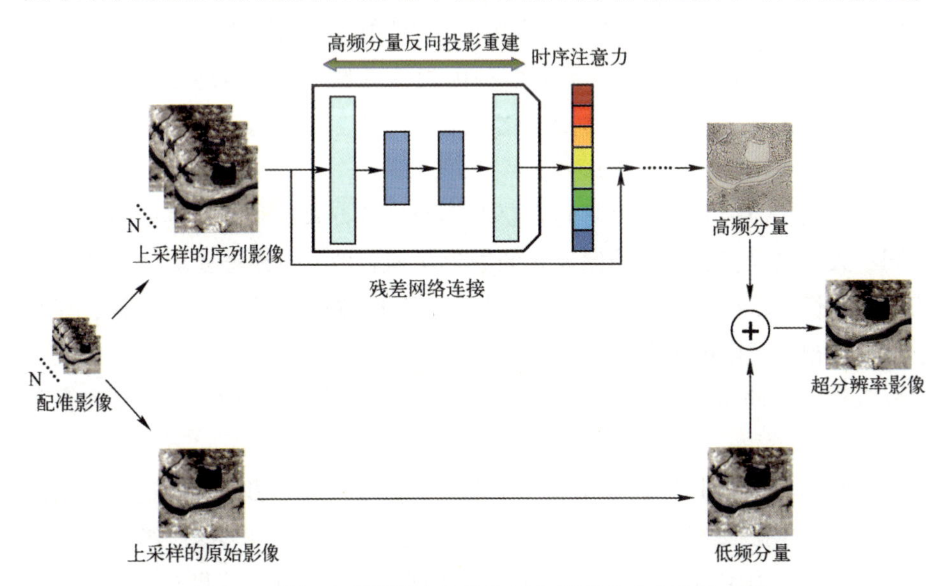

图6.1　凝视序列影像高频信息反向投影重建方法示意图

本节设计了一个高频信息反向投影重建的模块，将高维特征通过最大池化（Max Pool）降采样至原始尺寸，并通过亚像素采样（Pixel Shuffle）反向投影重建。该模块只处理高频信息，能够有效建立凝视序列影像与超分影像的高频信息之间的映射关系。此外，在该模块之后还设计了一个时序注意力模块，用以更好地提取时间维度的信息。

6.1.1 原始-超分训练集构建

超分重建方法的输入是凝视序列影像，而输出是超分影像。卷积神经网络作为端到端的信息处理方式，需要相互对应的原始-超分影像作为训练数据。但是，现实中一般不存在真实的超分影像，因此将原图作为“超分影像”，原图降质退化后作为“原始影像”。通过人工设计的退化函数对原图进行退化处理，得到相对应的“原始影像”，退化模型的一般形式可以表示为

$$f_x = D(f_y;\delta)\,, \tag{6.1}$$

式中：f_x为退化后的“原始影像”；$D(\cdot)$为退化模型；f_y为原图；δ为退化模型所需要的参数。目前主流的利用 CNN 类网络进行超分重建的本质就是拟合该退化模型反函数的过程，即

$$\hat{f}_y = F(f_x;\theta) \tag{6.2}$$

式中：$\hat{f}_y$为重建之后的“超分影像”；$F(\cdot)$为用卷积神经网络拟合的原始影像到超分影像映射函数；f_x为原始影像；θ为映射函数所需要的参数。

退化函数是未知的，且易受到多种因素的影响[1]。因此现在超分领域常见的退化方式是人工设计的高斯退化函数等模型，通过这些模型手动构建原始-超分数据集。

静止轨道卫星能够在短时间内获取不同成像方式的影像，例如高分四号在同一天内可以获取凝视成像模式的凝视序列影像，也能够获取全谱段成像模式的影像。凝视序列影像主要利用全色谱段 B1 进行单谱段连续成像，而全谱段成像模式可以单次进行全谱段连续成像，其中也包含全色谱段 B1。全谱段成像模式下的全色谱段 B1 的辐射质量要明显高于凝视序列影像的辐射质量。

因此本节在构建原始-超分模型的时候，将凝视序列影像和全谱段影像的 B1 谱段影像用高斯模型退化作为输入，将全谱段成像的 B1 谱段影像作为真实的超分影像用作训练的真实值。此外在构建原始-超分训练集时，本节还剔除了云层的干扰。

6.1.2 高频信息反向投影重建

高频信息提取模块主要是提取凝视序列影像隐藏的高频信息，本节采用的特征提取模块是多组基于卷积神经网络与残差神经网络的特征提取模块，其中卷积神经网络主要用来进行特征的提取，残差神经网络主要用来抑制深

层网络中的梯度消失与梯度爆炸情况，通过多组特征提取模块组合构建深层网络来有效提取凝视序列影像高维特征。

6.1.2.1　残差神经网络模块

近年来，残差神经网络[2-4]在不同的计算机视觉任务中都表现出了优异的性能，其能够通过恒等映射有效地抑制深层网络在训练中所遇到的梯度消失与梯度爆炸的问题。在影像超分重建处理任务中，残差模块也有着显著的作用。SRResNet[5]、EDSR[6]等超分重建模型能很好地将残差模块应用于超分重建问题。不过与 He 等[2]最先提出的残差模块相比，两者在超分重建任务中各自进行了改进。

如图 6.2 所示，SRResNet[5]与原始的残差模块相比，去掉了最后的激活函数层，在实验中取得了良好的效果；EDSR[6]残差模块中去掉了批量归一化层，因为原始的残差模块设计的主要目的是解决复杂的计算机视觉问题，例如分类和检测等。批量归一化层能够有效地加速收敛以及防止模型过拟合，但是在影像超分重建、影像生成等方面并没有取得较好的效果，加入了批量归一化层之后往往会使得训练缓慢、不稳定，甚至最后发散。对于影像超分重建而言，输出的超分影像与输入的原始影像的主要差异是空间细节信息，而在影像的色彩、对比度、亮度等方面应该一致。而批量归一化层会对影像进行类似对比度拉伸的操作，破坏了影像的对比度信息，反而会影响网络的

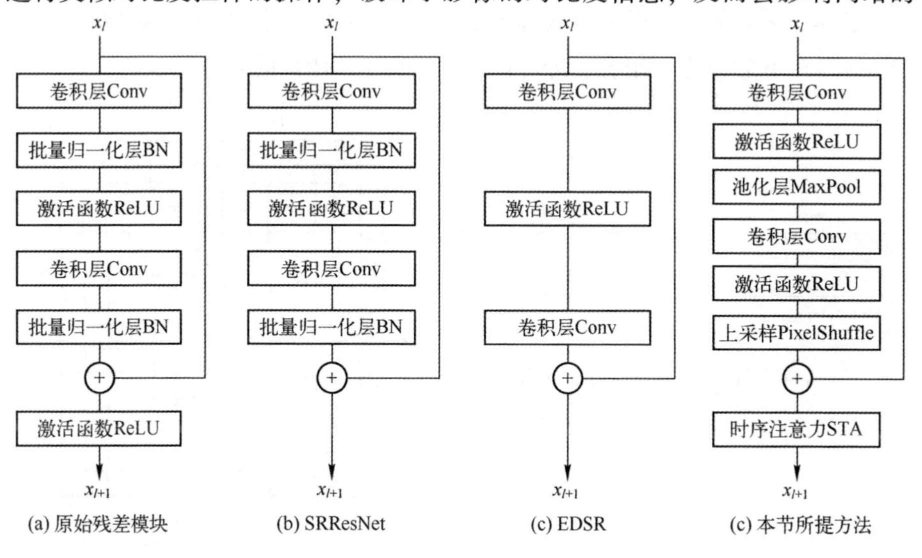

图 6.2　残差模块的对比图

输出质量。此外，批量归一化层所占的内存/显存与其他层一致，会额外增加内存压力，去除之后还能够增加网络的深度，提高模型的特征提取能力。

与 SRResNet 及 EDSR 直接建立原始影像与超分影像的映射关系不同，本节所提方法与 VDSR[7]类似，只建立原始-超分影像中的高频信息之间的映射关系。不过相对于 VDSR 而言，本节辅以凝视序列影像互补信息建立这两者之间的联系。

为了有效提取高频信息，本节采用了反向投影重建的方法。在残差模块中，将影像降采样至原始尺寸，并且投影重建至超分尺寸，通过迭代投影的方式建立凝视序列影像与超分重建影像高频信息之间的映射。

6.1.2.2 亚像素卷积模块

由于输入的影像经过上采样，因此可以通过迭代升降采样实现原始-超分影像高频信息更好的映射。本节采用最大池化实现降采样，在原始尺度上进行一步卷积，而后采用亚像素卷积模块[8]（Sub-pixel Convolutional Layer）上采样，利用卷积的方式将原始尺度的高频信息上采样至超分尺度。

如图 6.3 所示，亚像素卷积层可以描述为：通过卷积核将 C 维 $H\times W$ 大小的特征图进行扩展，若上采样倍数为 R，则卷积扩展至 $R^2\times C$ 维特征，此时特征图的大小仍然为 $H\times W$，而后将特征图拼接得到 C 维 $RH\times RW$ 大小的特征图，从而达到上采样的效果。亚像素卷积层本质上就是一种反抽样的思想，如果将一张 $RH\times RW$ 的影像以间隔 R 抽样，则可以得到 R^2张 $H\times W$ 的影像；反之，将 R^2张 $H\times W$ 影像进行组合，即可以得到一张 $RH\times RW$ 的影像。

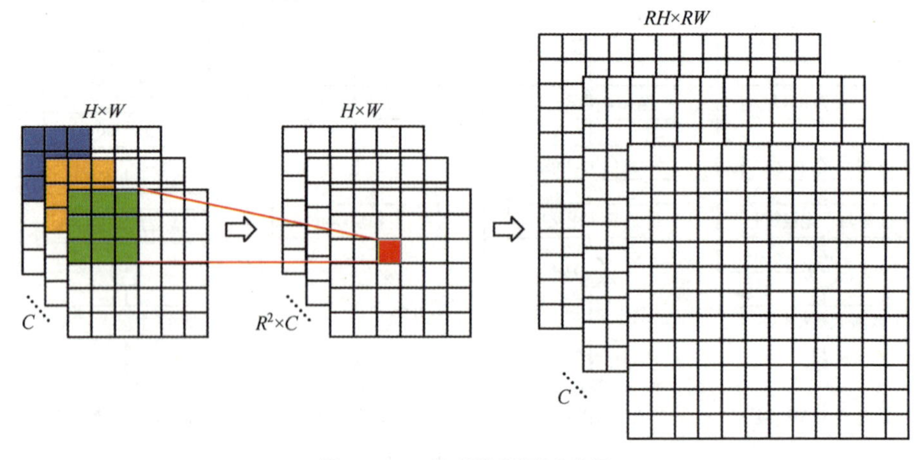

图 6.3　亚像素卷积层示意图

6.1.2.3　高频信息提取验证

为了验证高频信息提取的有效性，本节将高频信息的提取结果进行展示。如图 6.4 所示，本节所提方法重建的高频分量主要描述降质影像中丢失的空间细节，尤其是降质影像中细节丢失较为严重之处能够很好地进行重建。将重建的高频分量注入降质影像中，即可改善其清晰度，实现影像的超分辨率。

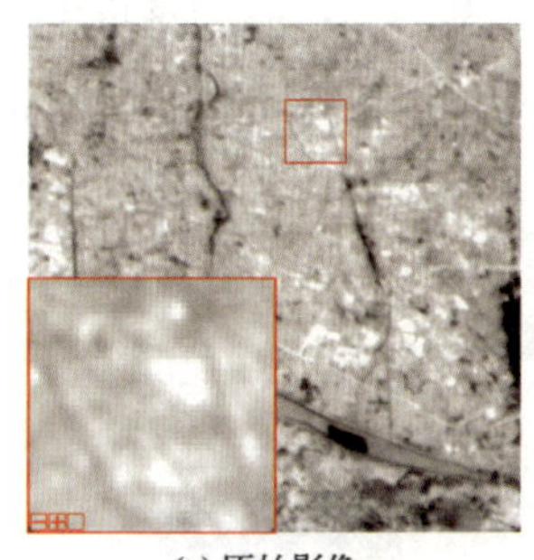
(a) 原始影像

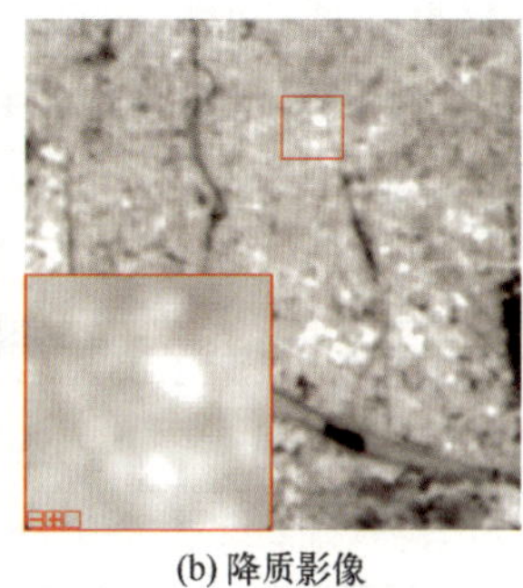
(b) 降质影像

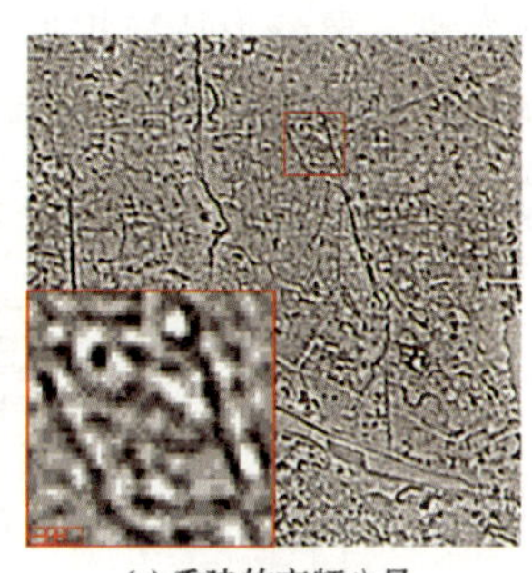
(c) 重建的高频分量

图 6.4　高频信息提取效果图

6.1.3　时序注意力

注意力机制（Attention）的思想最早在 20 世纪 90 年代提出，但是一直未受到人们的重点关注，不过随着深度学习技术飞跃式的发展，注意力机制的潜力被进一步挖掘。谷歌公司 MIND 团队[9] 利用注意力机制进行影像分类，Bahdanau 等[10] 利用注意力机制在自然语言处理（Natural Language Processing，NLP）领域进行机器翻译，均获得了极大成功。谷歌公司的相关研究人员[11] 甚至提出了 “Attention Is All You Need”，摒弃了传统的 RNN/CNN 结构，仅通过注意力机制就完成了网络的构建与训练，同样取得了良好的效果，这也给广大的研究者提供了极大的启发。

注意力机制本质上是告诉网络应该关注训练目标的关键信息，因为对于被处理的信息而言，大部分都是冗余信息，只有部分关键信息能够决定处理结果。这种思想在分类、目标识别等影像处理领域获得了很好的应用，而在影像超分辨率领域同样适用。Hu 等[12] 提出了一种 “挤压与激励” 的注意力模块，在时间维度通过明确对通道间的相互依赖建模来提高学习能力。Zhang 等[13] 提出了一种 “全局与局部” 注意力模块，在空间维度提取像素之间相互依赖的关系特征。此外，也有学者[14-16]提出混合维度的注意力模块，包含通道与空间两个维度。

对于静止轨道凝视序列影像而言，其在时间、空间维度存在着极大的关联性，不同维度的信息对最后超分结果的贡献也不同，因此引入注意力机制能够更好地提取时-空两个维度的信息。

参考经典的 SENet[12]，本节设计了一个时序注意力模块，该模块的效果在 ASF[17]模块中已经得到验证。如图 6.5 所示，为时序注意力模块示意图，该模块主要分为特征提取、权重计算和时序注意三个部分，在时间维度上对凝视序列影像不同帧的高维特征赋予权重，使得网络更加关注权重较高的特征。

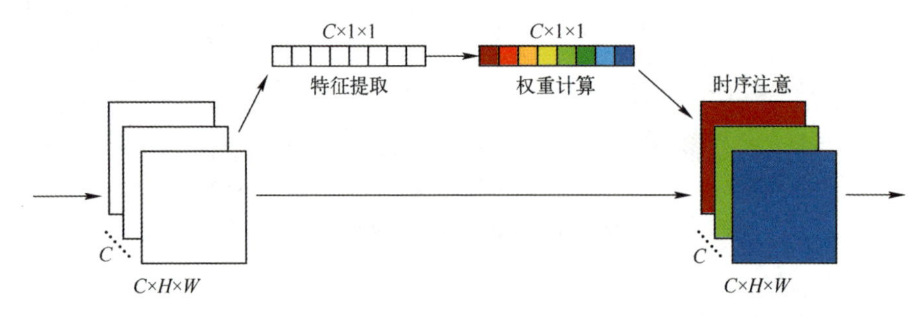

图 6.5　时序注意力模块示意图

特征提取模块进行全局信息编码，该操作将每一层特征压缩到单通道描述符中，即将 $C\times H\times W$ 的特征图压缩到 $C\times1\times1$ 的单通道描述符。这样做的好处是每个通道可以使用单一的描述符代替整张特征图，以便于后续注意力的计算。压缩过程通过采用平均池化实现，可以表示为

$$z = F_{sq}(\mu) = \frac{1}{H\times W}\sum_{i=1}^{H}\sum_{j=1}^{W}\mu(i,j) \tag{6.3}$$

式中：z 为包含每个特征图描述符的向量；μ 为特征图；H、W 分别为特征图的长宽。

权重计算模块自适应地重新调整不同通道的注意力（权重）。构建一个全连接模型，学习上一步骤得到的每个通道描述符向量的注意力，这个全连接模型可以通过降维/升维来减少参数数量。通过 sigmoid 函数进行 0~1 的归一化，可以表示为

$$\boldsymbol{s}=F_{ws}(z,W)=\sigma(g(z,W))=\sigma(W_2\delta(W_1z)) \tag{6.4}$$

式中：s 为经过归一化之后的注意力；$\sigma(\cdot)$ 为 sigmoid 函数；$\delta(\cdot)$ 为 ReLU 激活函数；W 为全连接参数；W_1 为降维的全连接参数；W_2 为升维的全连接参数。

时序注意力模块将注意力应用到原始特征图中，得到精化后的特征图，其核心思想是将每个特征图赋予权重，即应用时序注意力，可以表示为

$$\tilde{\mu}=F_{\text{scale}}(\mu,s)=s\mu \tag{6.5}$$

式中：$\tilde{\mu}$为精化后的特征图。由于 s 已归一化到 0~1 之间，因此能够给不同特征图赋予不同的权重。

通过时序注意力模块，可以使超分网络模型更加关注时间序列上对结果贡献更大的影像与特征，能够挖掘更多时间维度上的信息。

6.1.4　损失函数设计

超分重建领域的损失函数用于衡量重建影像与目标影像之间的误差，并且用于指导模型的训练方向。在基于深度学习的超分重建发展的初期，常用均方根误差（Mean Square Error，MSE）作为损失函数，又被称为 L2 范数，表达式为

$$\text{MSE}=\sum_{i=1}^{M}\sum_{j=1}^{N}[P_{i,j}-S_{i,j}]^2 \tag{6.6}$$

式中：$P_{i,j}$为重建影像；$S_{i,j}$为目标影像；i,j 为像素的坐标；M,N 为影像的大小。

均方根误差本质上是提高重建影像信噪比的理想函数，信噪比（Signal to Noise Ratio，SNR）可以表示为

$$\text{SNR}=10\cdot\lg\left[\frac{\sum_{i=1}^{M}\sum_{j=1}^{N}S_{i,j}^2}{\sum_{i=1}^{M}\sum_{j=1}^{N}[P_{i,j}-S_{i,j}]^2}\right]=10\cdot\lg\left(\frac{\bar{S}^2}{\text{MSE}}\right) \tag{6.7}$$

式中：$\bar{S}$为参考影像的均值。从信噪比的定义可以看出，均方根误差越小，则信噪比越高，所以均方根误差的损失函数能够有效地提升信噪比。

从均方根误差的公式可以看出，在训练过程中，为了实现最小化均方差的目标，必然会对误差较大项进行较大的惩罚，因为其对误差的惩罚项是 2 次方，所以对误差较大的项的惩罚力度要大于误差较小的项。由于均方根误差让模型趋向于对影像求整体解，从而忽略对细节的增强，导致重建的效果不佳，而且可能会对部分细节造成“模糊”效果。

因此，目前在深度学习超分重建领域，主流的损失函数[6,5]选择使用L1范数，其表达式为

$$L1=\sum_{i=1}^{M}\sum_{j=1}^{N}|P_{i,j}-S_{i,j}| \tag{6.8}$$

从L1范数的表达式可以看出，L1范数对误差的惩罚项是1次方，因此对不同误差的惩罚力度是一致的，能够更好地忍受异常值，其对于细节的保留也更加丰富。此外已经有文献［18-19］证明L1范数的收敛性能要明显好于均方根误差的收敛性能。相对于均方根误差，L1范数能够以较小的信噪比损失为代价，实现清晰度的有效提升。

除此之外，针对超分重建问题，还出现了不同类型的损失函数，大致可以分为像素损失、内容损失、纹理损失、对抗损失、循环不一致性损失、总体变动损失、先验损失等[1]。这些损失模型能够有效实现重建影像中某一方面效果的提升，但是相对于L1范数与均方根误差损失函数而言，其他的损失函数都是以牺牲信噪比为代价的。这些损失函数对模型的调整可以按需进行，可以是清晰度、噪声水平，也可以是影像特征、主观感受等。

光学遥感影像主要应用于国土测绘、资源勘察、重点目标检测等国家重大需求领域，这些需求决定了光学遥感影像在超分重建时不能引入虚假信息，因此类似于内容损失、对抗损失等损失函数并不合适，只能使用像素损失类的损失函数。

L1范数作为像素损失函数的典型代表，在超分重建中能够很好地提升超分结果的细节与清晰度，非常适合指导超分影像的重建工作。因此，本节选用L1范数进行训练。

6.1.5 最优参数设计

6.1.5.1 影像帧数对超分效果的影响

如图6.6所示，为了验证序列影像帧数对超分结果的影响，本节选取一组数据分别记录了1、2、4、8张影像的训练过程中测试集的PSNR。从训练的过程可以看出，参与训练的帧数越多，则收敛时PSNR表现越好，这说明帧数越多，能够提供的高频信息越丰富，就越容易重建降质影像所丢失的高频信息。当参与训练的帧数等于1时，则由序列影像超分重建退化成单帧影像超分重建方法。

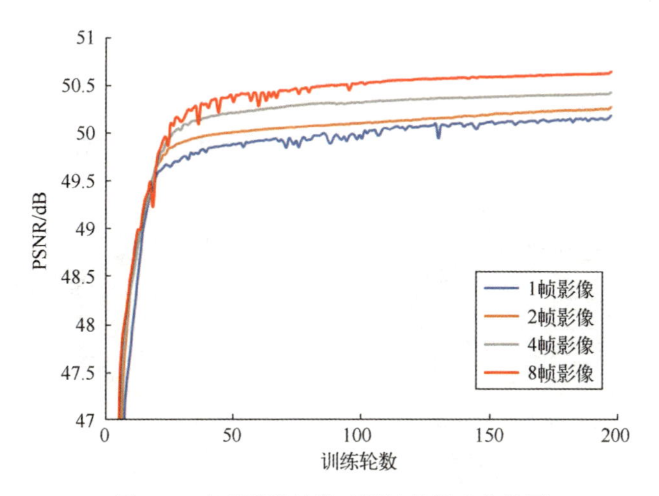

图 6.6　序列影像帧数对训练的影响曲线图

从该训练过程可以证明，参与训练的帧数越多，则重建效果越好，更多的序列影像帧数能够提供更丰富的时-空信息。

6.1.5.2　拍摄间隔对超分效果的影响

本节将序列影像的高频信息添加到原始影像中，如果原始影像与序列影像时间越接近，影像之间的相似性越高，受到噪声干扰越小，则重建效果越好。为了验证该观点，本节以 2019-10-19-13:50:58 拍摄的影像为原始影像，分别用 2019-10-18-09:00:01、2019-10-19-09:00:01 以及 2019-10-19-12:27:00 这三个时刻拍摄的序列影像重建原始影像的高频信息。

图 6.7 所示为拍摄间隔对超分的影响效果图。从图中可以看出，这三个时刻的影像相对原始影像的降质影像，都能够有效地完成影像的超分重建，其中 2019 年 10 月 19 日 12 时 27 分拍摄的序列影像，用于当天 13 时 50 分拍摄的单帧影像的重建效果最好，前一天拍摄的影像重建效果最差。这表明距离拍摄时刻越接近，影像重建效果越好，其 PSNR 与 SSIM 的表现也越优异，这是因为越相近时间拍摄的影像受到噪声与影像差异的影响越小。

综上所述，序列影像之间的帧数、影像之间的拍摄间隔与超分效果具有密切的联系。根据实际情况，本节在试验中序列影像采用 8 帧，影像间拍摄间隔尽可能相近。

此外，本节采用 SGD 算法对参数优化，动量（Momentum）为 0.9，权重衰减（Weight Dccay）为 1×10^{-4}，训练批次（Batch Size）为 8，最大循环次数

为200，初始学习率为0.05，学习率分别经过10、100、160、180下降至1/5。

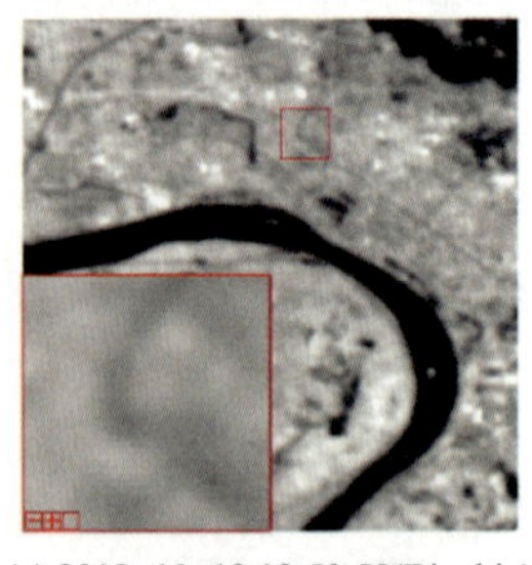

(a) 2019-10-19 13:50:58(Bicubic)
PSNR:45.465dB
SSIM:0.981

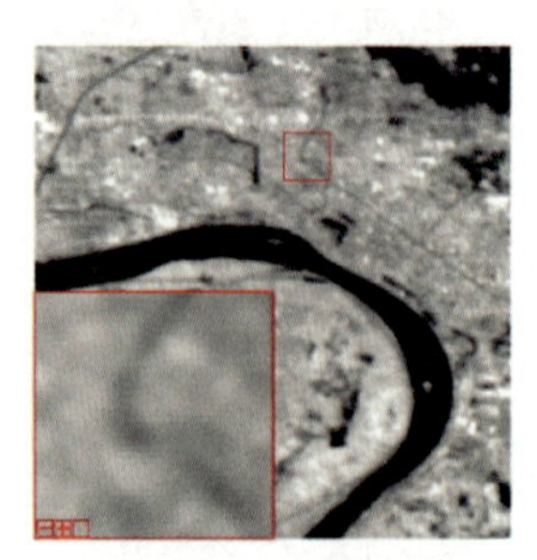

(b) 2019-10-18 09:00:01
PSNR:47.799dB
SSIM:0.987

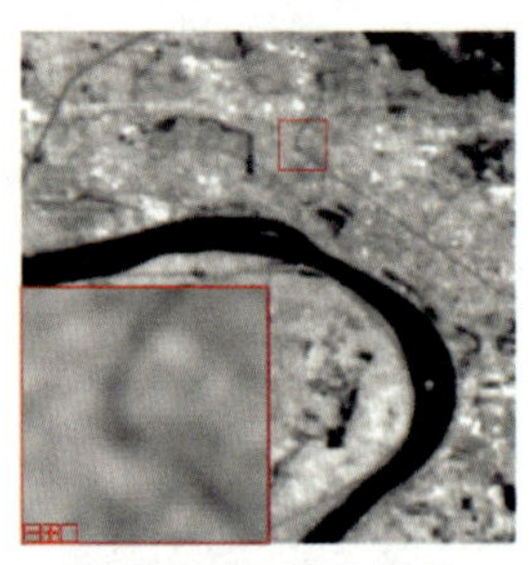

(c) 2019-10-19 09:00:01
PSNR:47.818dB
SSIM:0.987

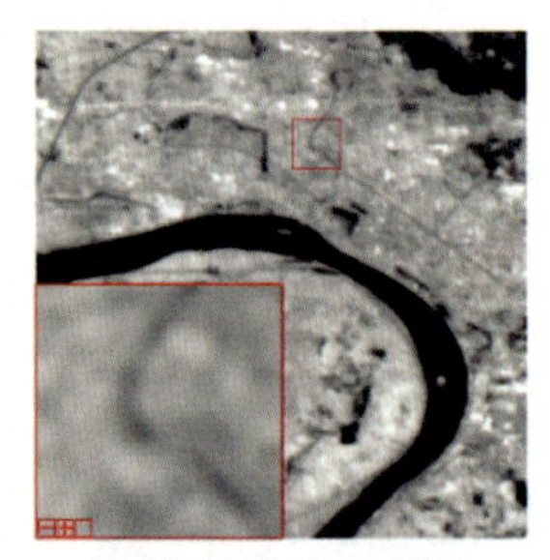

(d) 2019-10-19 12:27:00
PSNR:48.802dB
SSIM:0.989

图6.7　拍摄间隔对超分的影响效果图

6.1.6　实验分析

本节主要采用时-空融合数据集验证基于时-空注意力机制的时间序列影像超分重建方法的有效性，通过实验验证该方法提升静止轨道空间分辨率的效果。

以静止轨道高分四号卫星为例，其可见光近红外通道的空间分辨率为50m，利用可见光凝视序列影像超分重建后，空间分辨率能够提升至25m。

得到高精度配准的序列影像之后，可以将时间序列影像进行时-空融合，利用时间序列影像之间冗余的观测信息提升影像的空间分辨率。在本节实验中，将多帧序列影像进行融合超分重建，以突破静止轨道硬件限制，提升静止轨道卫星的空间分辨率。

本节实验分为两个部分：

（1）不同方法的对比实验。通过有参考的仿真影像实验与无参考的真实影像实验，分别与常见的超分辨率方法进行定性、定量对比，验证本节所提方法的有效性。

（2）实验分析与讨论。该部分主要包含两个内容：①消融实验，分别验证本节提出的高频信息反向投影重建模块与时序注意力模块的有效性；②对运动目标鲁棒性的讨论，分析本节所提方法对序列影像之间存在运动目标干扰的鲁棒性。

通过对比实验与相应的分析和讨论，充分证明本节所提方法从静止轨道时间序列影像中重建高频分量以实现影像超分辨率的有效性。

6.1.6.1 实验数据

时间序列影像时-空融合超分重建实验选用的是高分四号全谱段单次成像与单波段凝视序列成像的数据。全谱段成像的 B1 谱段信噪比要显著高于单波段凝视成像的 B1 谱段，所以用全谱段的 B1 谱段作为原始影像较为合适。具体选用的数据列表如表 6.1 所列，共分为 4 组数据，每一景原始影像与序列影像为一组。数据选用遵循原始影像与序列影像时间接近的原则，其中第 2 组影像是全谱段凝视成像，不过它并不是连续成像，且序列影像的成像时间在数小时以内。

表 6.1 时-空融合数据列表

编号	说明	成像日期	具体时间	成像区域	成像模式	帧数	成像谱段
1	原始影像	2016-09-02	11:10:20	E120.2 N30.2	全谱段	1	B1~B5
	序列影像	2016-09-02	10:47:08	E120.2 N30.2	凝视	7	B1
2①	原始影像	2016-09-02	13:10:20	E120.2 N30.2	全谱段	1	B1~B5
	序列影像	2016-09-02	—	E120.2 N30.2	全谱段	7	B1~B5
3	原始影像	2019-10-19	13:50:58	E114.1 N30.3	全谱段	1	B1~B5
	序列影像	2019-10-18	09:00:01	E114.0 N30.3	凝视	7	B1
4	原始影像	2019-10-19	13:50:58	E114.1 N30.3	全谱段	1	B1~B5
	序列影像	2019-10-19	14:30:01	E114.1 N30.3	凝视	7	B1

① 第二组全谱段序列影像成像时间在 11:18:43~15:18:43。

时-空融合数据集以第一张为原始影像，其他为序列影像。其中选用质量最好且云量最少的第 4 组数据作为训练影像组，以原始影像原图为真值

(Ground True)，原始影像与序列影像的降质影像为输入进行训练与测试(Tran and Test)，降质方法采用高斯低通滤波器。

6.1.6.2 不同方法的对比实验

为了直观地验证本节所提方法的有效性，将本节所提方法与常见的经典超分重建方法进行对比分析。常见的经典超分重建方法包括：传统的凸集投影（POCS）、VSRnet[20]、EDSR[6]。其中：POCS 方法是经典的多帧迭代投影的超分重建方法；VSRnet 方法是深度学习方法在视频影像超分整体重建的经典之作，相较于传统方法有明显的提升，本节将 VSRnet 进行了相应的改造以适合 8 帧序列影像的输入；EDSR 是经典的单帧影像超分重建方法，曾获过 NTIRE 超分重建挑战赛的冠军，能够有效提升超分重建的效果。本节在训练时，均基于 L1 范数进行，训练次数统一为 200 次。

1）有参考的仿真影像实验

有参考的仿真影像实验是利用训练的影像进行实验，用序列低分降质影像作为输入数据，与高分影像的结果进行比较，测试仿真条件下的数据对比如图 6.8 所示。静止轨道影像的方差较低，原始影像是 10bit，其方差为 41.632，经过降比特预处理之后，其方差为 14.815，其中以 0.0001 比率降比特拉伸，以防止异常值的影响。方差较低的时候，其 PSNR 计算结果会偏高。降质影像相对原始影像的 PSNR 为 45.465。

从图 6.8 中可以看出，这几组算法中，POCS 重建的方法效果最差，不仅噪声放大的较为明显，清晰度提升的也比较有限，其 PSNR 与 SSIM 较之上采样影像有明显的降低，因为 POCS 方法是通过凸集投影的方式以某个退化函数迭代构建超分重建影像，当序列影像中某帧影像估计的退化函数与真实的相差较大时就会引入大量的噪声，尤其是在静止轨道影像这种退化函数较为复杂的影像中比较明显。

在 3 个超分重建方法中，本节所提方法效果最好，PSNR 与 SSIM 的值均最高，分别为 49.142dB 与 0.990。从目视的效果来看，本节所提方法也是最优的，与原图基本保持一致，仅存在微小的差别。VSRNet 的 PSNR 虽然比上采样影像 Bicubic 低，但是目视效果比其要清晰，主要是在多帧卷积处理的时候直接建立低分影像与高分影像的映射，会引入新的误差造成 PSNR 下降，但是其 SSIM 较之上采样影像有所上升。单帧超分重建算法 EDSR 的 PSNR 与 SSIM 都处在本节所提方法与 VSRNet 之间，且目视效果也是介于本节所提方法和 VSRNet 之间，不过 EDSR 没有利用多帧的信息，这也表明了序列影像之间存在互补的高频信息。

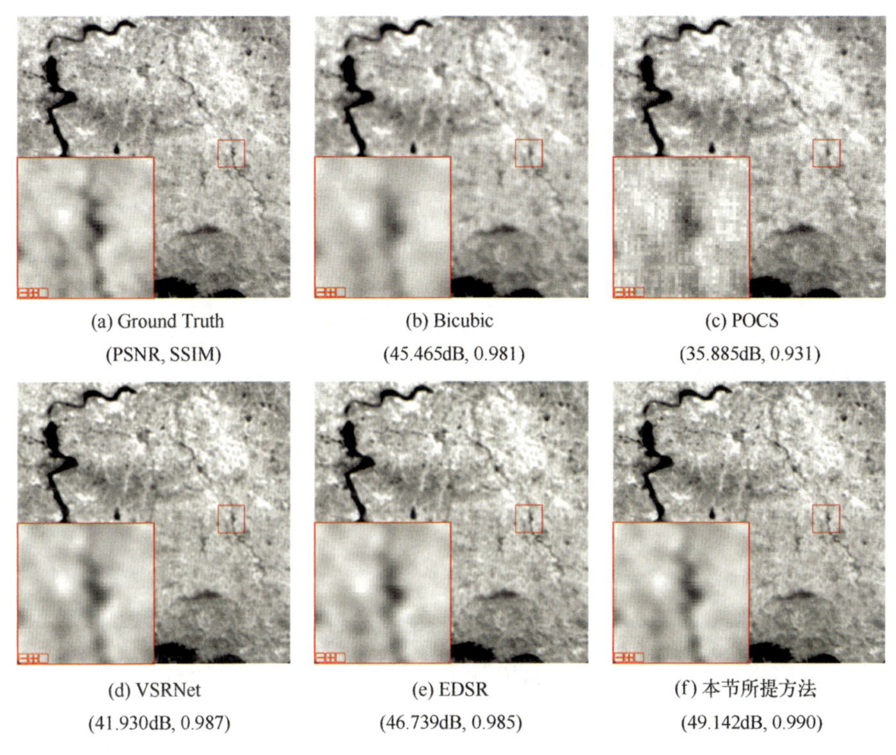

(a) Ground Truth (PSNR, SSIM)　(b) Bicubic (45.465dB, 0.981)　(c) POCS (35.885dB, 0.931)

(d) VSRNet (41.930dB, 0.987)　(e) EDSR (46.739dB, 0.985)　(f) 本节所提方法 (49.142dB, 0.990)

图 6.8　不同超分重建方法对比图

为了进一步分析有参考影像的实验，如图 6.9 所示，本节记录了三种深度学习方法训练时测试集的 PSNR 随着训练次数变化的曲线。从图中可以看出，这三种方法收敛时的 PSNR 都要高于上采样影像的 PSNR，其中 EDSR 与本节所提方法测试集收敛的 PSNR 与图 6.8 中测试的 PSNR 基本保持一致，但是 VSRNet 与训练时的结果差异较大，主要是因为在整景影像超分重建时会建立重叠区，以防止边缘效果不理想的情况，而训练时的切片是互不重叠的，即整景影像超分的数据集是大于训练集与测试集的，这表明了 VSRNet 的泛化能力弱于 EDSR 与本节所提方法。

此外，图 6.9 中也明显地展现了本节所提方法相对于另外两种方法的优越性，其收敛时的精度最高，并且在刚开始训练时 PSNR 就约等于上采样影像的 PSNR，这是因为本节所提方法不对影像的光谱信息进行处理，只会重建影像中缺失的高频信息，因此即使在最开始训练的阶段，其 PSNR 也会约等于上采样影像，而 VSRNet 与 EDSR 会在训练开始时 PSNR 低于上采样影像的 PSNR。

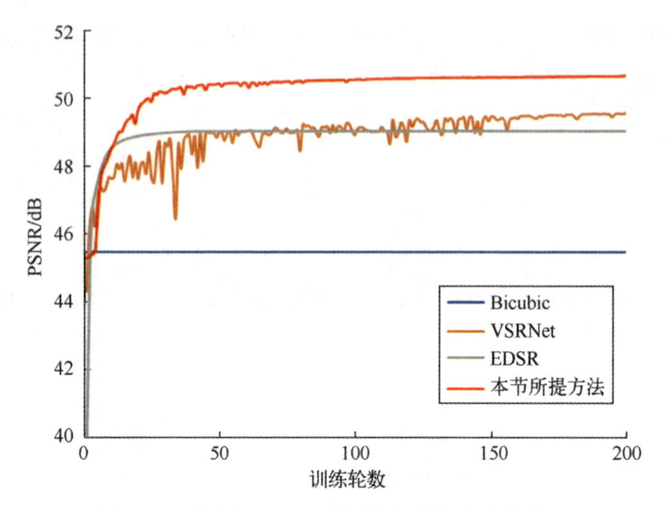

图 6.9　测试集 PSNR 随训练次数的变化曲线图

2）无参考的真实影像实验

无参考的真实影像实验是利用真实的影像数据进行超分重建，将高分四号数据从原来的 50m 空间分辨率超分至 25m 空间分辨率，并且对比不同方法的超分效果。

本节采用时-空融合实验数据集的高分四号真实原始影像与序列数据，进行超分重建与验证，按照先配准、上采样，后超分重建的思路对这 4 组序列影像进行处理，获得超分重建为 2 倍的整景静止轨道光学遥感序列影像超分重建产品。如图 6.10~图 6.17 所示，对比了 4 组不同方法时-空融合超分重建产品的效果，对比方法包括双线性上采样 Bicubic、凸集投影 POCS、SRCNN、VSRNet 以及 EDSR，用以验证本节所提方法的效果。图 6.10~图 6.17 分别对应表 6.1 中的各组数据，涵盖了高分四号成像的不同情况，其放大倍率都为 2 倍。

从这 4 组试验中可以看出，POCS 的方法噪声特别明显，尤其是序列影像与原始影像时相差异较大以及参与重建的影像信噪比较低的情况，其在重建的时候不仅会放大噪声，而且会引入新的噪声。其他基于深度学习的方法，引入噪声的情况都要优于 POCS 方法。其中，SRCNN 的目视效果最差，虽然其是经典的算法之一，但是网络层数不深，因此模型的描述能力不够；VSRNet 是通过多帧重建影像的整体信息，在时相差异较大的情况下，不可避免地会引入新的误差，如图 6.13 红圈部分所示，此处的云在原始影像上不存在，只存在于序列影像，但是整体重建时就会引入到重建影像上；EDSR 通过深层网络进行单帧重建，目视效果优于前几个方法，不过毕竟信息不会凭空产生，通过单帧重建的方法只能估计影像的逆退化函数，其效果要低于本节所提方法。综合来看本节所提方法的目视效果最优，清晰度与噪声情况都优于对比的方法，能够在有效地提升原始影像空间分辨率的同时最小化噪声引入。

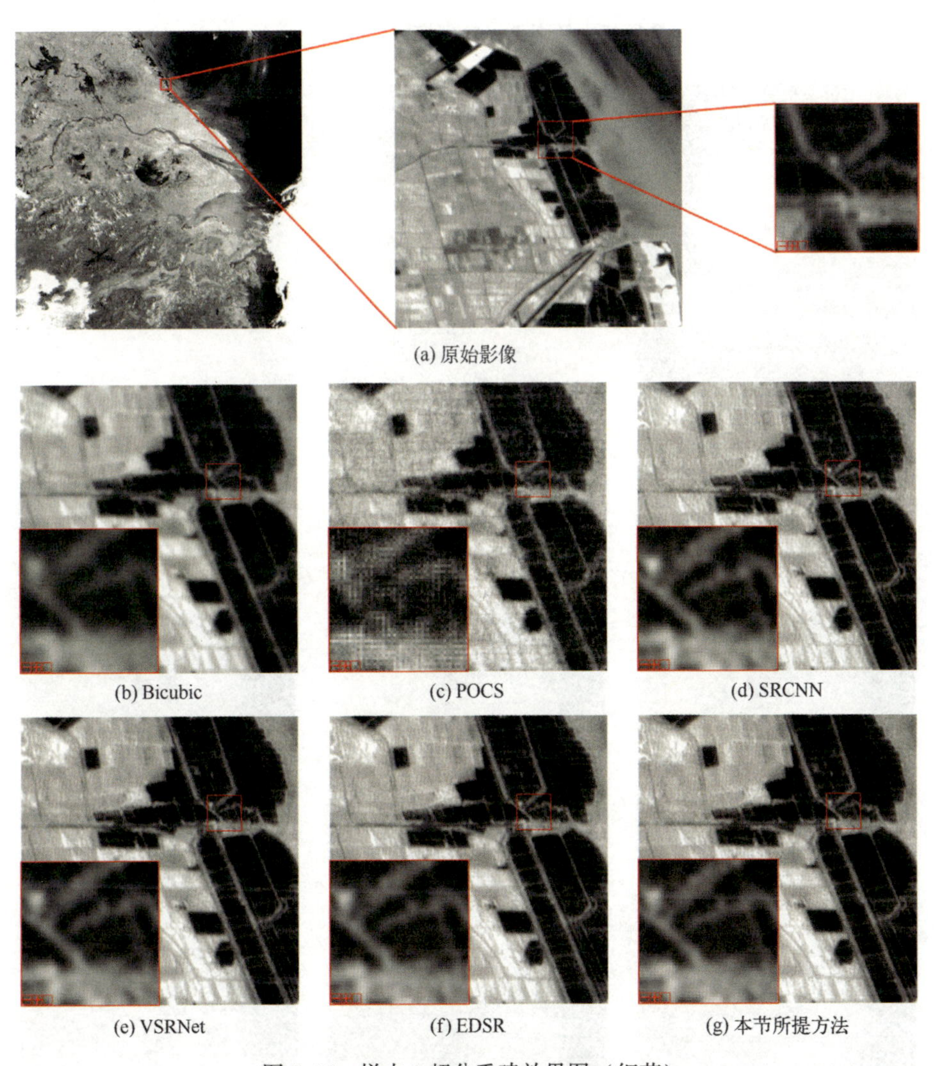

图 6.10　样本 1 超分重建效果图（细节）

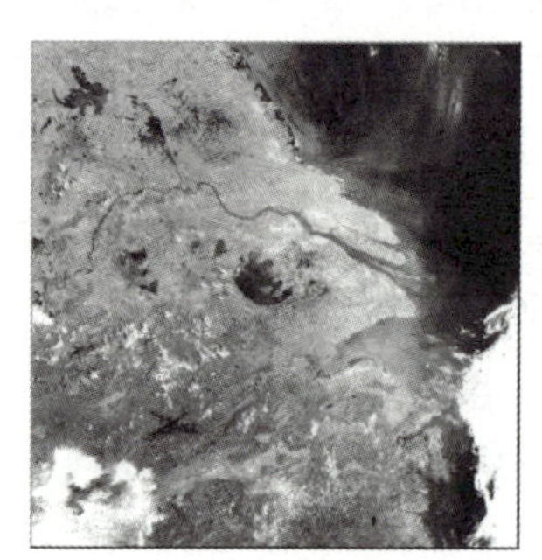
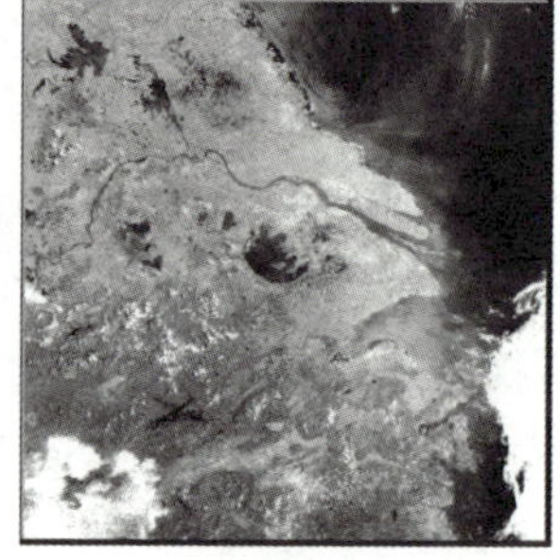
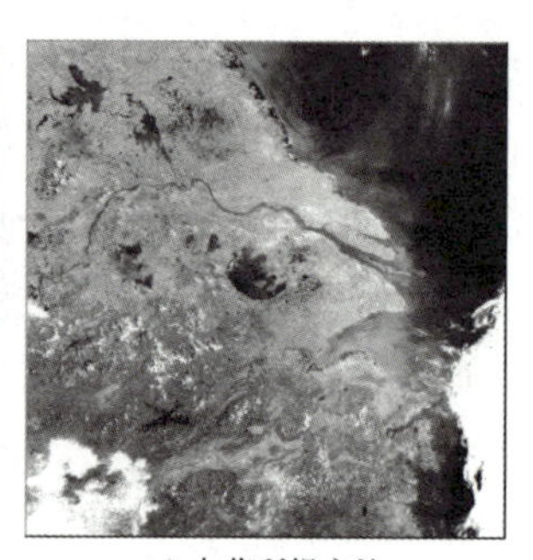

(a) VSRNet (b) EDSR (c) 本节所提方法

图 6.11 样本 1 超分重建效果图（整体）

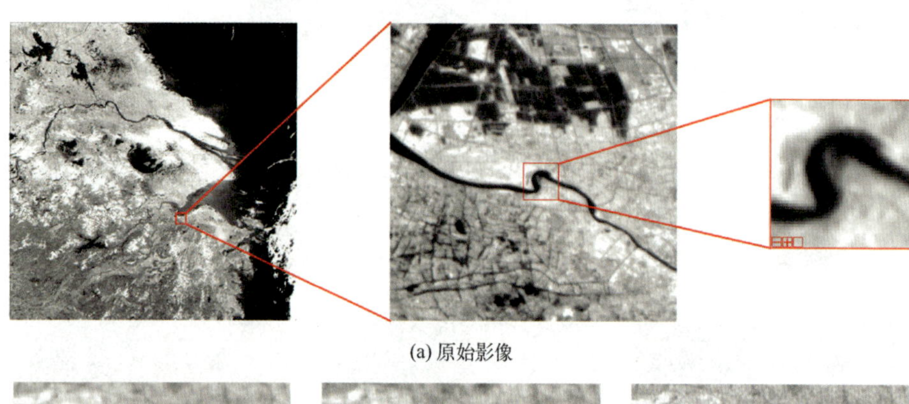

(a) 原始影像

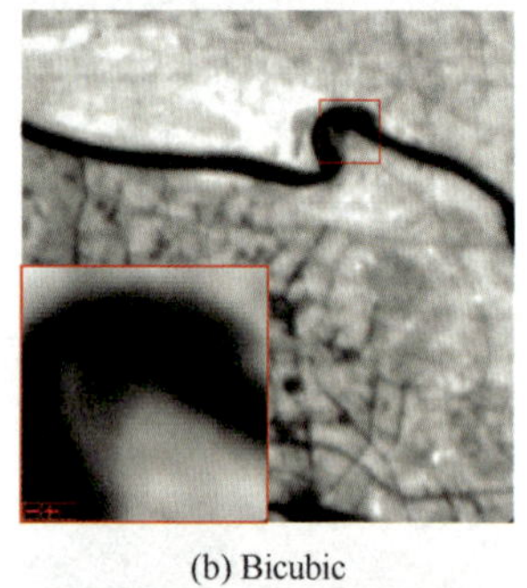

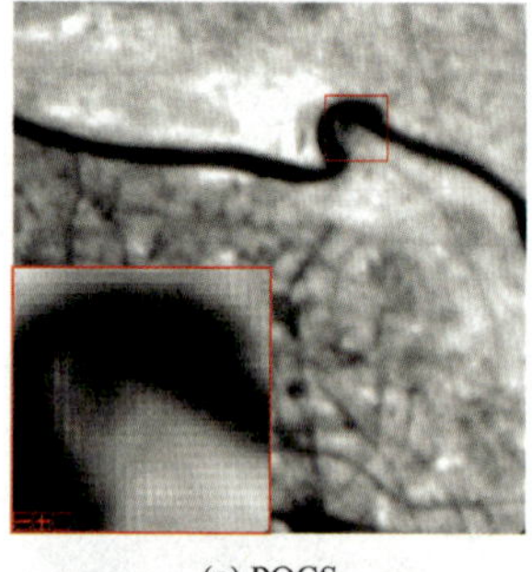
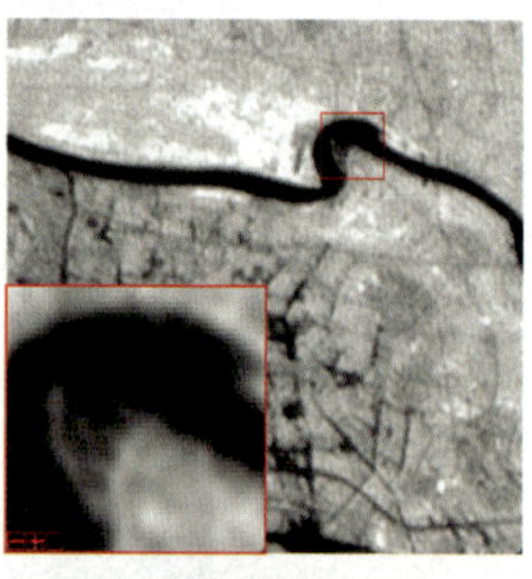

(b) Bicubic (c) POCS (d) SRCNN

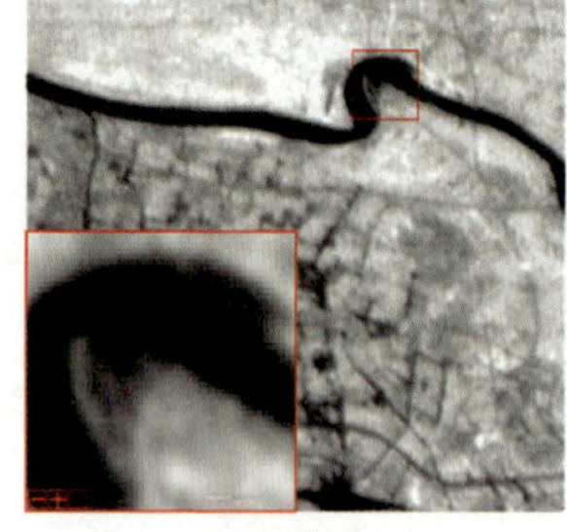
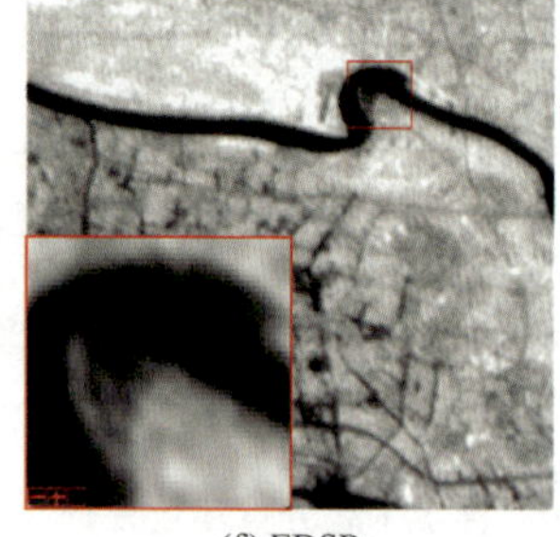
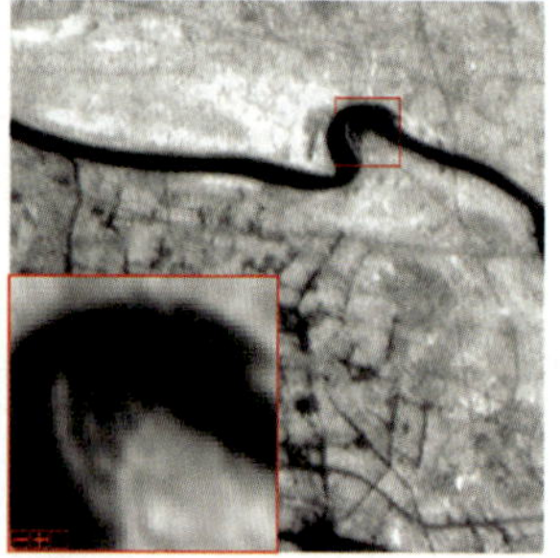

(e) VSRNet (f) EDSR (g) 本节所提方法

图 6.12 样本 2 超分重建效果图（细节）

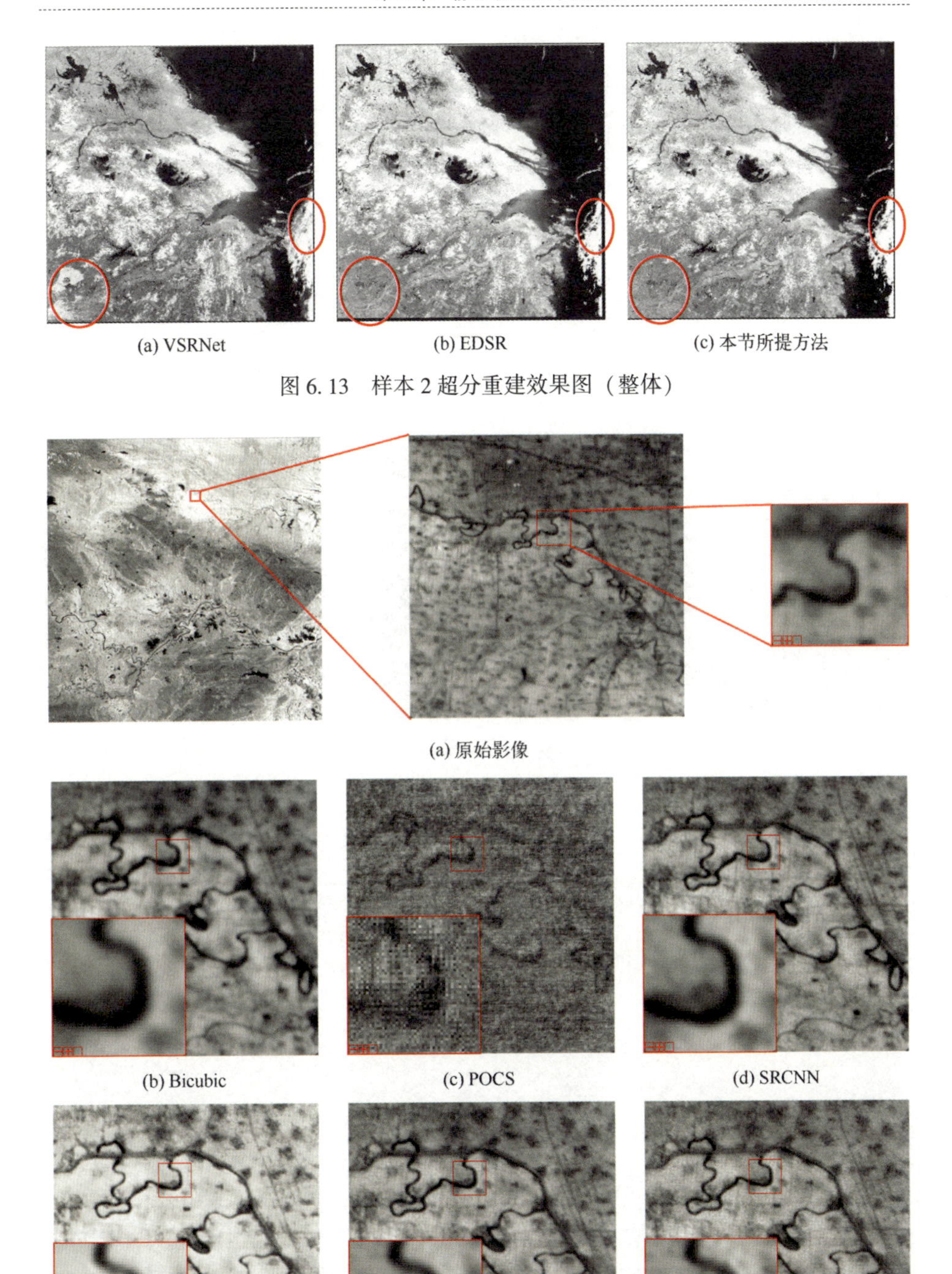

图 6.13　样本 2 超分重建效果图（整体）

图 6.14　样本 3 超分重建效果图（细节）

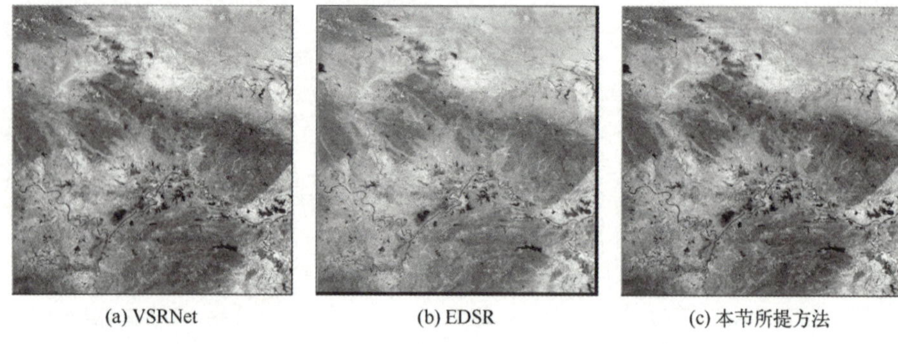

(a) VSRNet (b) EDSR (c) 本节所提方法

图 6.15 样本 3 超分重建效果图（整体）

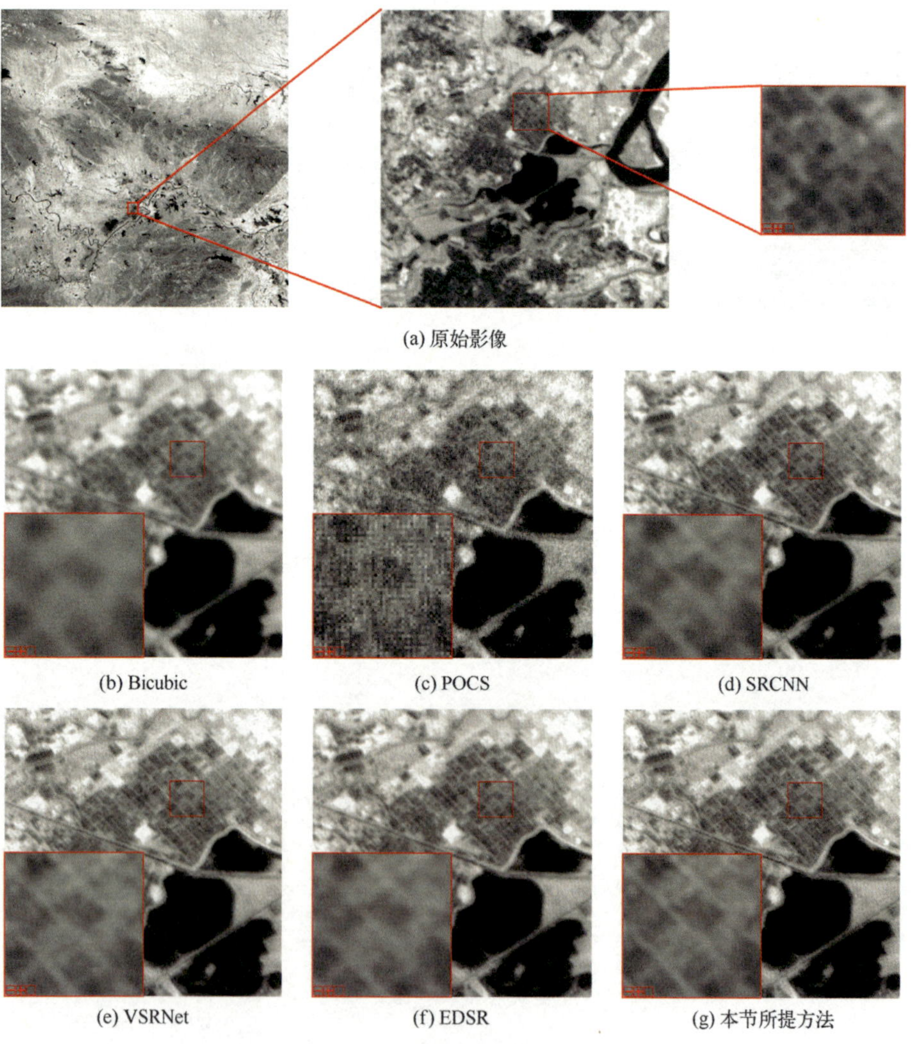

(a) 原始影像

(b) Bicubic (c) POCS (d) SRCNN

(e) VSRNet (f) EDSR (g) 本节所提方法

图 6.16 样本 4 超分重建效果图（细节）

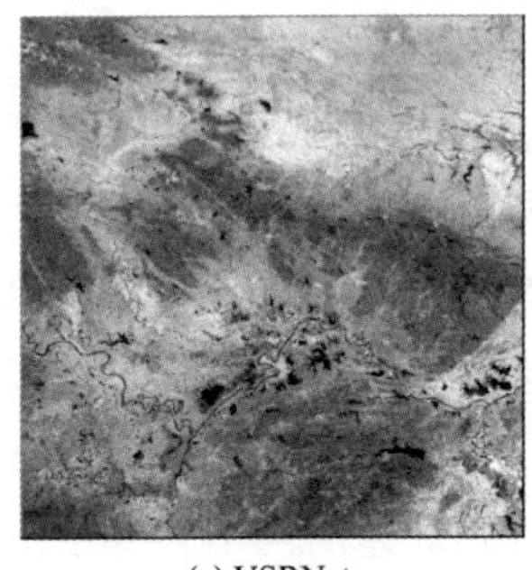
(a) VSRNet

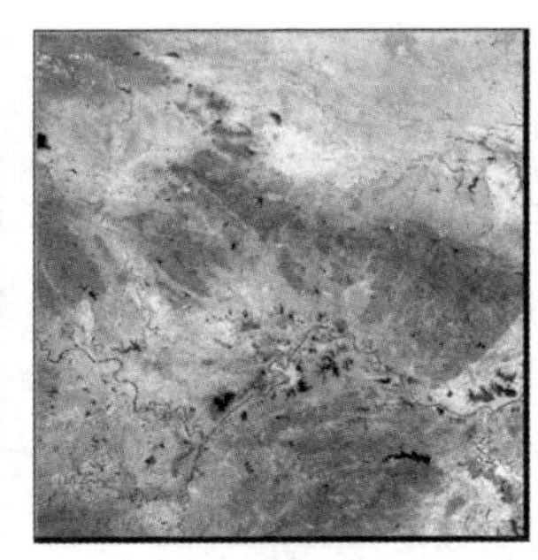
(b) EDSR

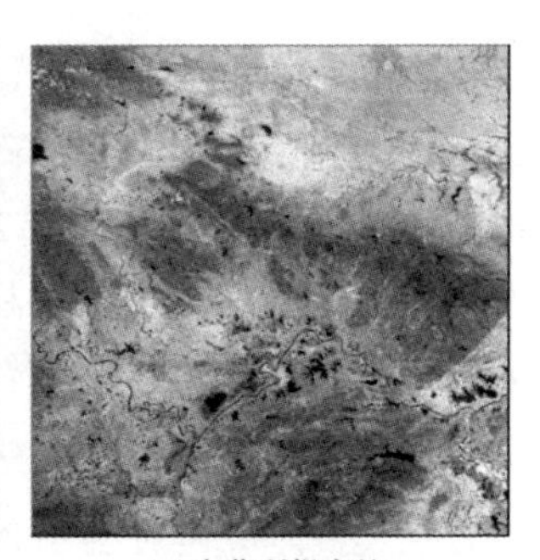
(c) 本节所提方法

图 6.17　样本 4 超分重建效果图（整体）

为了定量地对比这些方法的优劣，本节分别计算了各方法重建影像的平均梯度、信息熵与信噪比，如表 6.2 所列。其中，POCS 方法由于重建时引入了大量的噪声，信噪比非常低，其平均梯度、信息熵等评价指标不能真实地反映其效果，因此在后续对比中，不将其纳入讨论的范畴，只比较基于深度学习的几种方法。

表 6.2　序列影像时-空融合超分重建方法定量对比

项目	评价指标	Bicubic	POCS	SRCNN	VSRNet	EDSR	本节所提方法
1	平均梯度	0.855	3.827	1.298	1.125	1.310	1.489
	信息熵	1.850	1.813	1.839	1.842	1.860	1.853
	信噪比	2.204	0.205	2.261	2.276	2.247	2.244
2	平均梯度	1.054	6.744	1.482	1.240	1.473	1.538
	信息熵	2.005	2.667	1.996	2.005	2.003	2.015
	信噪比	2.022	0.208	2.031	1.971	2.064	2.050
3	平均梯度	0.793	3.580	1.145	1.125	1.135	1.225
	信息熵	1.751	1.596	1.751	1.760	1.751	1.750
	信噪比	4.083	0.598	4.088	4.047	4.085	4.094
4	平均梯度	0.793	3.679	1.145	1.219	1.135	1.283
	信息熵	1.751	1.552	1.751	1.748	1.751	1.750
	信噪比	4.083	1.888	4.088	4.131	4.085	4.094
平均	平均梯度	0.874	4.458	1.268	1.177	1.263	1.384
	信息熵	1.839	1.907	1.834	1.839	1.841	1.842
	信噪比	3.098	0.725	3.117	3.106	3.120	3.121
提升比例	平均梯度	—	410.16%	45.06%	34.74%	44.58%	**58.37%**
	信息熵	—	3.68%	-0.27%	-0.03%	0.11%	**0.15%**
	信噪比	—	-76.60%	0.60%	0.26%	0.71%	**0.72%**

从表6.2中可以看出，就这几组数据而言，本节所提方法能够取得相对较优的情况，平均梯度较之Bicubic上采样影像提升了58.37%，同时信息熵、信噪比也分别提升为0.15%与0.72%，这表明了本节所提方法在有效提升清晰度的同时，相对于上采样影像并没有显著地引入噪声。由于本节用以重建的影像之间时相差异相对较大，VSRNet这种针对视频影像超分辨率设计的多帧影像超分重建的表现一般，其也是这几个方法中效果最差的，因为帧间差异过大，其整体重建时会引入较大的误差。对于单帧超分重建的网络，SRCNN与EDSR而言，EDSR的信噪比与信息熵优于SRCNN，平均梯度则略低于SRCNN，这也是其目视效果较好的主要原因。总体而言，根据序列影像重建原始影像高频信息的方法能够取得较好的效果，也不会额外引入过多的误差。

6.1.6.3 实验分析与讨论

1）消融实验

本节通过消融实验验证反向投影重建模块与时序注意力模块的效果，如图6.18所示，分别去掉反向投影重建模块与时序注意力模块之后记录了训练过程。从图中可以看出，本节所提方法因为加上了这两个模块，收敛的PSNR最高，无时序注意力网络收敛的PSNR次之，无反向投影网络收敛的PSNR最低，这表明这两个模块都能够显著提升收敛的精度，且反向投影重建模块对结果的贡献优于时序注意力模块。

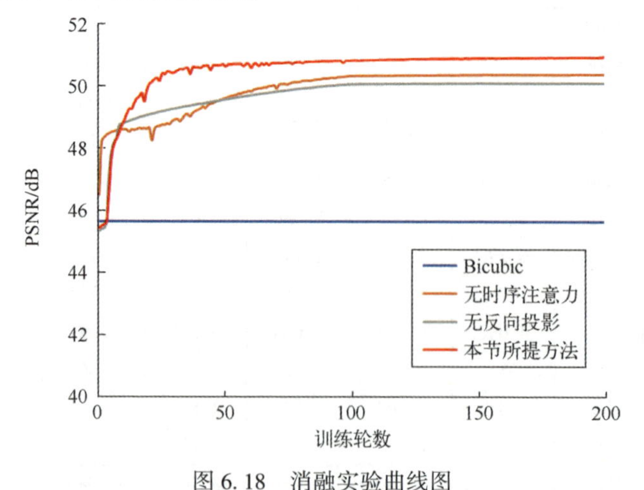

图6.18 消融实验曲线图

2）对运动目标鲁棒性分析

为了验证本节所提方法对运动目标影响的鲁棒性，本节采用时-空融合数据集中的第 2 组样本进一步分析。该组样本序列影像之间拍摄的间隔相差较大，导致因云层运动造成序列影像之间的差异较为明显。从无参考真实影像对比实验中可以看出，基于序列影像整体重建的方法 VSRNet 在该场景下表现严重失真。如图 6.13 所示，在影像的左下角存在一大片因运动云层造成超分结果失真的现象。

如图 6.19 所示，将该处影像放大，并与原始影像及序列影像对比。从图中可以看出，原始影像与不同时刻的序列影像之间存在明显的运动云层干扰，受此影响，基于整体重建的 VSRNet 混入了过多的无效信息。基于单帧重建的 EDSR 显然不会受到该因素的干扰。本节所提方法受到运动云层的干扰也较小，因为本节所提方法本质上是在原始影像上添加高频信息，其结果的低频分量与原始影像基本一致，在训练过程中只学习残差分量，能够减缓运动目标对其的干扰。

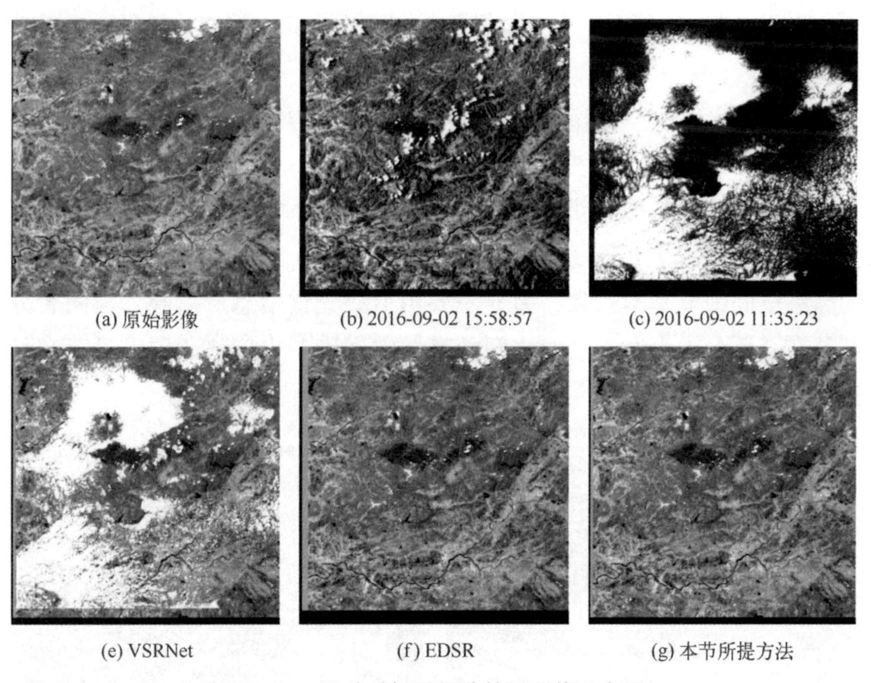

(a) 原始影像　(b) 2016-09-02 15:58:57　(c) 2016-09-02 11:35:23

(e) VSRNet　(f) EDSR　(g) 本节所提方法

图 6.19 运动目标对超分结果干扰示意图

6.2 基于自适应平滑滤波的高分影像光谱分解方法

多模态影像的成像谱段范围不同，导致不同通道影像的分辨率存在较大的差异，可以看作是空-谱分离的一种情况。本节在多模态影像高精度配准的基础上，提出了一种基于平滑滤波的高分影像光谱分解（Smoothing Filter-based High Resolution Spectral Decomposition，SFHRSD）方法，将多模态影像的空-谱信息进行融合。

提取高频信息并注入低分影像的传统方法会丢失部分空间信息，尤其在影像间尺度差异较大时更为显著。为了更有效地保留空间信息，可以从高分影像中直接“模拟”融合影像，构建高分影像与融合影像的光谱分解函数，将高分影像的光谱分解得到“模拟”的融合影像。

本节所提方法基于两个前提。

前提1：同一卫星相近时间拍摄的同一地区不同分辨率、不同谱段的影像，均重采样至较低分影像的分辨率时，影像之间的高频空间细节相同，且差异只由低频光谱信息引起。

前提2：单张影像在不同分辨率下，只存在高频空间细节差异，没有低频光谱差异。

图6.20所示为空-谱融合前提1示意图，这两幅图是高分四号卫星在2min以内拍摄的同一地区多模态影像，其中：图6.20（a）将全色影像预滤波并降采样至红外影像分辨率；图6.20（b）是原始分辨率的红外影像。因为拍摄时间间隔较短，地物不会发生明显的变化，从图中也可以看出，这两者的高频空间细节基本一致，差异主要由低频光谱信息所引起。当两者分辨率都处在全色分辨率时，它们之间的高频空间细节也应该相同，只存在低频光谱差异。

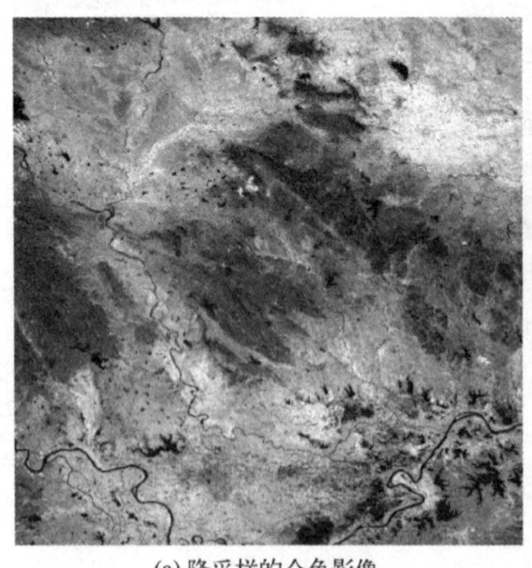
(a) 降采样的全色影像

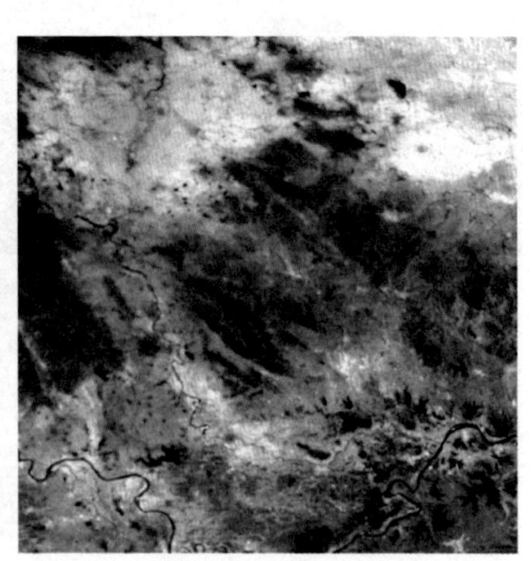
(b) 原始分辨率的红外影像

图6.20　空-谱融合前提1示意图

图 6.21 所示为空-谱融合前提 2 示意图，其中：图 6.21（a）是原始影像；图 6.21（b）是预滤波之后降采样两倍并上采样两倍的模拟降质影像。预滤波会滤除影像中的高频分量，可以模拟影像在不同分辨率下的状态。从图中可以看出，图 6.21（b）会丢失部分高频空间细节，但是低频光谱信息能够基本保留。

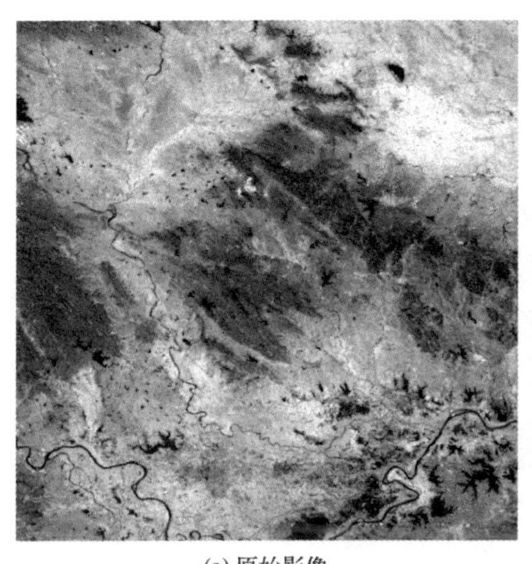
(a) 原始影像

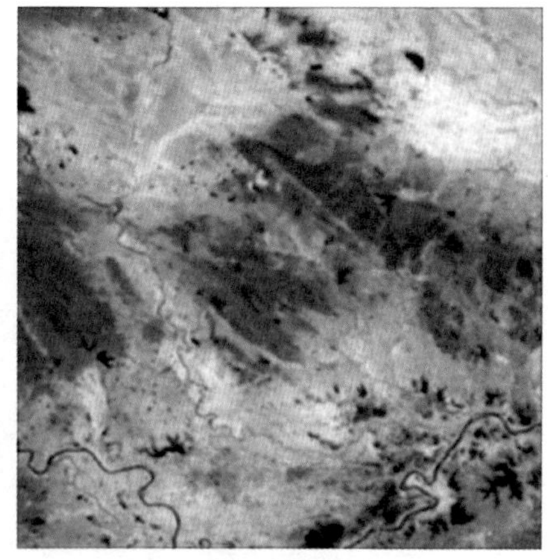
(b) 模拟降质影像

图 6.21　空-谱融合前提 2 示意图

根据前提 1 可知，将近乎同时拍摄的高分影像降采样至低分影像分辨率时，两者之间只存在低频光谱差异，在降采样时需要进行预滤波以抗频谱混叠。此时可以将低分影像用降采样的高分影像表示为

$$f_{\mathrm{L}}=P_{\mathrm{L}}(\tilde{f}_{\mathrm{H}}) \tag{6.9}$$

式中：f_{L}为低分影像；$\tilde{f}_{\mathrm{H}}$为降采样的高分影像；$P_{\mathrm{L}}(\cdot)$为光谱分解函数。定义该函数为线性函数，则式（6.9）可以写为

$$f_{\mathrm{L}}=\tilde{f}_{\mathrm{H}}\cdot\rho_{\mathrm{L}} \tag{6.10}$$

式中：ρ_{L}为降采样的高分影像分解成低分影像的光谱分解系数；“·”表示哈达玛积。该光谱分解系数可以通过哈达玛除（Hadamard Division）得到，即

$$\rho_{\mathrm{L}}=\frac{f_{\mathrm{L}}}{\tilde{f}_{\mathrm{H}}} \tag{6.11}$$

根据前提 2 可知，单张影像不同分辨率的低频光谱信息一致，因此在降采样上计算的光谱分解系数可以用来分解原始的高分影像，将该系数进行上采样即可，上采样后的光谱分解系数定义为ρ。

因此最终的融合影像可以表示为

$$f_F = f_H \cdot \rho \tag{6.12}$$

式中：f_F为融合影像；f_H为原始高分影像。本节所提方法只分解影像中的低频光谱信息，高频空间细节与原图基本相同，能够有效地保留高频空间细节。

图 6.22 所示为基于平滑滤波的高分影像光谱分解（SFHRSD）方法融合算法整体流程图。

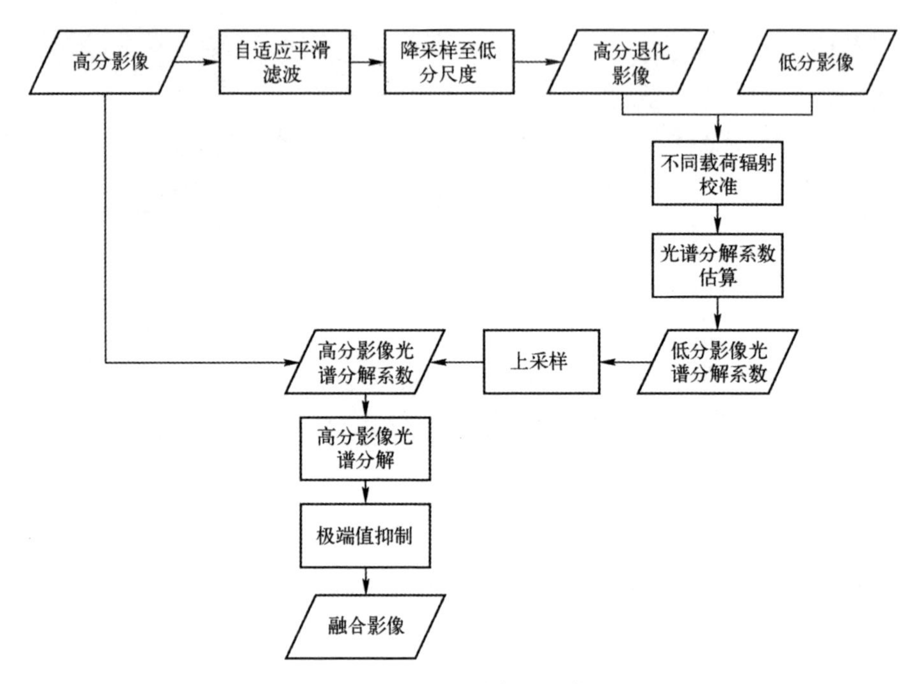

图 6.22　SFHRSD 融合算法整体流程图

该方法主要可以分为以下几步：

（1）自适应平滑滤波。为了实现利用低分影像f_L中低频信息替代高分影像f_H低频信息的目标，需要将高分影像f_H中额外的高频信息自适应地全部滤除，并且降采样至低分影像的尺度，从而得到高分退化影像$\tilde{f}_H$，使影像的采样率等于奈奎斯特采样率。

（2）多模态影像辐射校准。不同模态的成像机理不同，对地物的响应也不同，因此首先通过矩匹配的方法对不同模态之间的辐射差异进行校准，使得多模态影像的辐射响应尽可能保持一致。

（3）低分影像光谱分解系数估算。当高分影像的分辨率经过高频信息滤除降采样至低分影像尺度时，两者在同一尺度上空间细节相同，即两者的高频分量保持一致，而后通过比值法计算低频光谱的分解系数，理想状态下该分解系数主要由低频的光谱信息决定，此时得到的是低分影像光谱分解系数 ρ_{L}。

（4）低分影像光谱分解系数上采样。得到低分影像光谱分解系数之后，需要将分解系数上采样至高分辨率尺度，以获取高分影像光谱分解系数 ρ，由于该分解系数主要由低频信息决定，因此采用双线性或双三次等常规采样方式进行上采样即可。

（5）高分影像光谱分解。得到高分影像光谱分解系数之后，可以将高分影像的光谱信息进行分解，从高分影像中“模拟”融合影像 f_{F}，此时融合影像的空间信息与高分影像基本一致。

6.2.1 自适应平滑滤波

为了准确地得到高分降采样影像，在将高分影像降采样时需要根据采样定理充分利用抗混叠技术对影像进行退化处理。本节首先计算分辨率比值，然后根据分辨率比值，设计自适应滤波器，进行预滤波，准确地得到高分降采样影像。

6.2.1.1 多模态影像分辨率比值计算

不同成像通道的影像在进行分景时一般很难完全重叠，并且在经过预处理步骤之后，影像之间的分辨率比值并不严格是设计值。例如高分四号在大侧摆俯仰下成像时，全色影像的分辨率比热红外的分辨率并不是设计的 8∶1。因此需要在配准的基础影像上，计算多模态影像的重叠区与比值，并在此基础上进行后续计算。

对于多模态影像的重叠区计算，将不同通道的影像范围从像方坐标投影到地理坐标，根据影像的地理信息存储方法，选用有理函数模型或仿射地理变换参数进行投影，不同通道的影像投影在地理坐标上的重叠区计算示意图如图 6.23 所示，此时可以计算出不同通道的影像在地理坐标上的重叠区 $\{(x_0,y_0),(x_1,y_1),\cdots,(x_n,y_n)\}$，此时相交的区域并不一定是一个矩形，需要计算重叠区内面积最大的内接矩形 $\{(x_0,y_0),(x_1,y_0),(x_0,y_1),(x_1,y_1)\}$，该内接矩形即为后续处理的重叠区域。

将地理坐标上的重叠区反向投影回各自的像方坐标系，即可以得到不同通道重叠的像素区域 $\{(x_0^1,y_0^1),(x_1^1,y_0^1),(x_0^1,y_1^1),(x_1^1,y_1^1)\}$ 与 $\{(x_0^2,y_0^2),(x_1^2,y_0^2),(x_0^2,y_1^2),(x_1^2,y_1^2)\}$，在得到不同通道影像在各自像方坐标系上的重叠区之

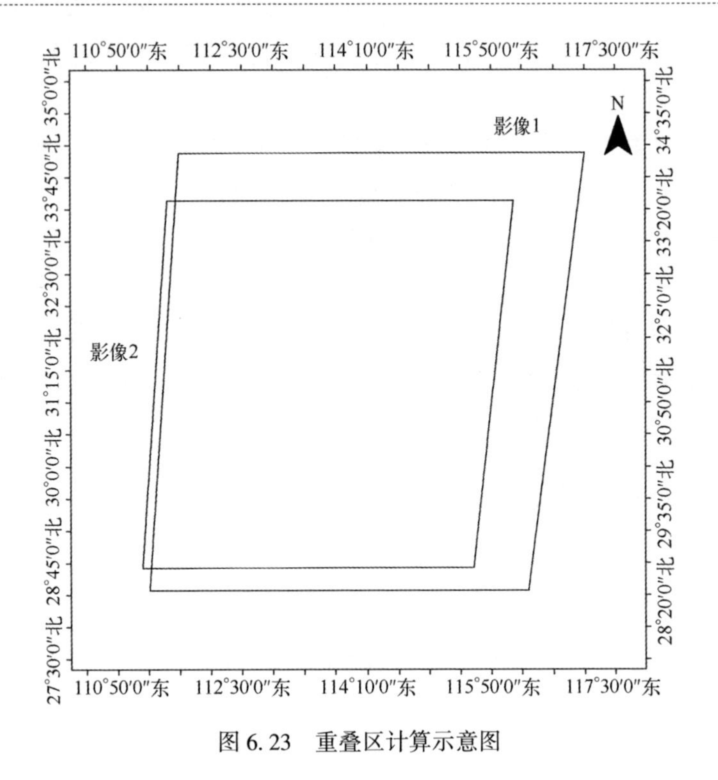

图 6.23　重叠区计算示意图

后，可以计算得到参与融合的影像之间真实的分辨率比值，即

$$\begin{cases} R_x = \dfrac{x_1^2 - x_0^2}{x_1^1 - x_0^1} \\ R_y = \dfrac{y_1^2 - y_0^2}{y_1^1 - y_0^1} \end{cases} \tag{6.13}$$

该比值(R_x, R_y)将应用于后续的自适应平滑滤波参数的计算。

6.2.1.2　自适应高斯平滑滤波

从影像降采样退化中的抗混叠技术可知，降采样会降低采样率，造成频谱混叠。为了避免该情况，需要在降采样之前对影像进行预滤波，使降采样后的影像采样率等于奈奎斯特采样率。

虽然理想低通滤波器最符合抗混叠技术的需求，但是由于其存在振铃效应，实际中并不会取得良好的效果。从前述分析可以看出，高斯低通滤波器、巴特沃斯低通滤波器等非理想型滤波器能够很好地满足这个需求。在相同的截止频率，高斯低通滤波器的平滑程度低于巴特沃斯低通滤波器和理想低通滤波器，但是不会出现振铃效应。巴特沃斯低通滤波器虽然平滑程度更高，但是额外的代价却是有可能出现振铃效应，且其受到更多参数的影响[21]。因此，本节选用频率域高斯低通滤波器作为降采样之前的预滤波器。频率域高斯低通滤波器可以写为

$$H(u,v)=\mathrm{e}^{-D^2(u,v)/2D_0^2} \tag{6.14}$$

式中：$D(u,v)$为(u,v)到频率域中点的距离；D_0为截止频率。

确定了滤波器之后，需要自适应确定截止频率，假设原影像中的采样率为(μ_s,v_s)，影像的降采样因子为(R_x,R_y)，可由 6.2.1.1 节中计算影像之间重叠区时计算得到，则截止频率为$\left(\frac{1}{2R_x}\mu_s,\frac{1}{2R_y}v_s\right)$。因此 D_0可以表示为

$$D_0=\sqrt{\left(\frac{1}{2R_x}\mu_s\right)^2+\left(\frac{1}{2R_y}\mu_s\right)^2} \tag{6.15}$$

图 6.24 所示为降采样因子$(R_x=4,R_y=4)$时的高斯低通滤波器的示意图，该滤波器自适应确定的截止频率为

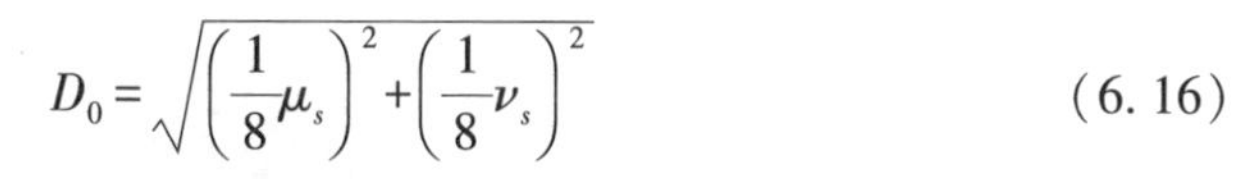

$$D_0=\sqrt{\left(\frac{1}{8}\mu_s\right)^2+\left(\frac{1}{8}\nu_s\right)^2} \tag{6.16}$$

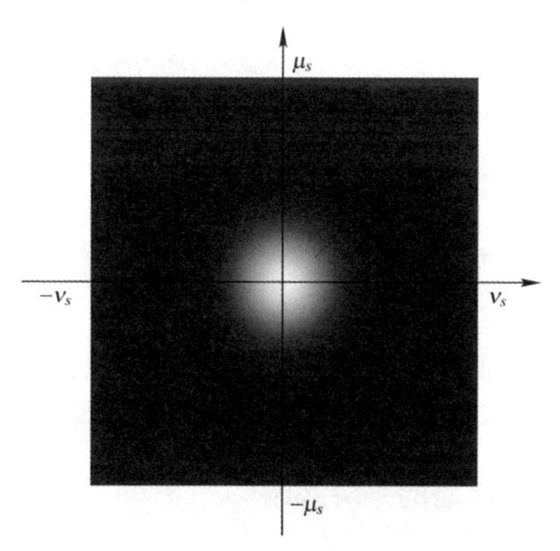

图 6.24　高斯低通滤波器示意图

本节选用频率域的高斯低通滤波器对超出截止频率的部分进行滤除，通过该方法能够有效地抑制降采样而导致的频谱混叠效应，为后续计算高分影像光谱分解系数提供分辨率与低分影像一致的降采样影像。

6.2.1.3　基于小波变换的平滑滤波

小波变换（Wavelet Transform）在基于多分辨率分析的影像融合中有着广

泛的应用[22-24]，能够实现平滑滤波。其核心思想是用尺度函数创建影像不同分辨率的一系列逼近，每个逼近的分辨率与最邻近逼近的分辨率相差两倍。如图 6.25 所示，影像经过 N 级小波分解之后，形成了 $3N$ 个高频子带与 1 个低频子带。其中，HL_n、HH_n和 LH_n为高频子带，LL 为低频子带。从影像小波变换的实现过程可知，影像数据的每一级小波分解总是将上一级的低频数据划分为更精细的频带。将小波变换后的高频子带全部滤除，再进行逆变换即可以得到滤波之后的影像。

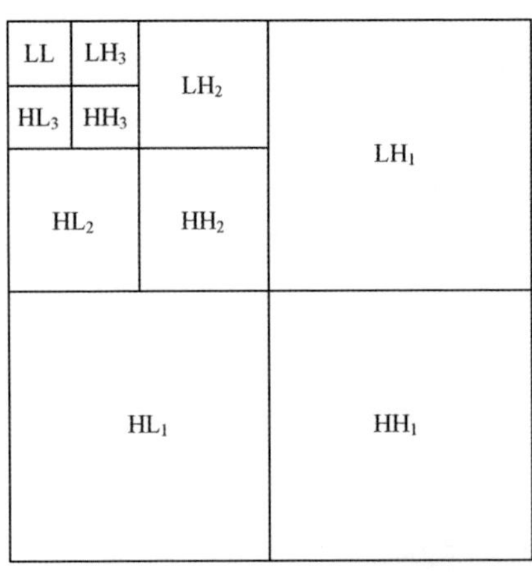

(a) 3级分解示意图

(b) 3级分解结果

图 6.25　小波分解示意图

当降采样因子为 R 时，N 级小波分解表示为

$$N=\mathrm{INT}(\log_2(R)) \tag{6.17}$$

式中：$\mathrm{INT}(\cdot)$为向下取整函数。因为在进行小波变换时，每一级分辨率与下一级分辨率相差 2 倍，即降采样因子 $R=2^n$时能够取得最佳效果。

6.2.1.4　基于高斯金字塔的平滑滤波

高斯金字塔（Gaussian Pyramid）与小波变换类似，也能在多分辨率分析中应用。高斯金字塔最早在 SIFT[25] 中提出，用来构建不同的尺度空间，以提取尺度不变的特征点。高斯金字塔结构图如图 6.26 所示，逐层 2 倍降采样构建影像金字塔，在每一次降采样之前利用低通高斯滤波器核进行预滤波以实现抗混叠。

空间域二维高斯滤波器的表达式为

$$G(x,y)=\frac{1}{2\pi\sigma^2}\mathrm{e}^{-\frac{x^2+y^2}{2\sigma^2}} \tag{6.18}$$

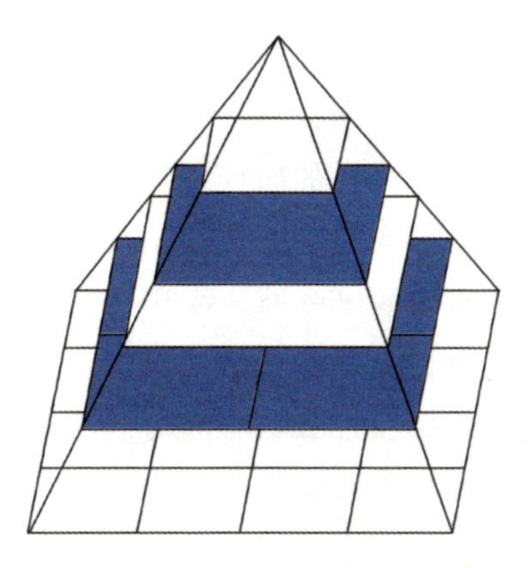

图 6.26　高斯金字塔结构图

式中：$G(x,y)$ 为卷积模板中对应的值；σ 为高斯平滑因子；(x,y) 为卷积模板对应的像素位置。根据 SIFT[25] 的建议，在 2 倍降采样时，$\sigma=1.6$ 能够取得最优的效果。

图 6.27 所示为高斯金字塔的效果图，在逐层降采样的过程中进行预滤波克制频谱混叠，金字塔的层数计算方式与小波变换一致。

图 6.27　高斯金字塔效果图

在不同影像之间存在高倍率差异下，进行降采样操作的时候，需要充分考虑降采样带来的频谱混叠问题。针对这个问题，本节介绍了三种滤波方式：①自适应平滑滤波，根据降采样因子 R 确定截止频率，利用频率域的低通高斯滤波对影像进行滤波；②基于小波变换的平滑滤波，根据降采样因子 R 确定小波变换的分解级数 N，而后将影像进行 N 级分解，滤除高频分量，只保留低频分量；③基于高斯金字塔的平滑滤波，根据降采样因子确定金字塔构建的层数 N，而后构建 N 层影像金字塔，在每次构建下一层金字塔的时候利用空间域的高斯卷积核进行预滤波，消除影像中的高频分量。

从这三种方法的对比可以看出，基于小波变化的平滑滤波和基于高斯金字塔的平滑滤波均是在逐层降采样的时候对影像进行平滑滤波，逐层抑制频谱混叠，当高分影像与低分影像的尺度差异 $R=2^N$ 时能够取得最理想的效果。但是实际中，卫星的不同影像的尺度差异往往并不会是严格的 2^N 倍，所以利用这两种方式进行处理的时候只能得到近似解。而自适应的平滑滤波可以通过影像的最大频率和降采样因子计算得到滤波的截止频率，该截止频率可以满足奈奎斯特采样率，使得影像能够最大程度地滤除额外的高频分量，抑制频谱混叠的影响。

6.2.1.5 自适应滤波效果验证

为了验证本节提出的自适应滤波方法的有效性，本节分别讨论了截止频率对融合效果的影响，以及不同滤波方法对融合效果的影响，用以证明自适应计算的截止频率有效性。

1）截止频率对融合效果的影响

本节所提方法旨在自适应地滤除高分影像中的高频信息，并且将高分影像降采样至低分影像尺寸。如果退化后的高分影像与低分影像的空间细节信息相同，则两者的区别仅存在于光谱信息，因此可以在该尺度下计算光谱分解系数。

从上述的分析可以看出，本节所提方法的关键之一就是自适应滤波，只有将高频信息自适应地滤除掉，才能达到理想的效果。根据前述分析，在进行自适应滤波时，使影像的采样率等于两倍最高频率(μ_s,ν_s)，即退化之后的影像满足奈奎斯特采样率，在频率域下则表示为

$$D_0=\sqrt{\left(\frac{1}{2R_x}\mu_s\right)^2+\left(\frac{1}{2R_y}\nu_s\right)^2} \tag{6.19}$$

式中：D_0为截止频率；(μ_s,ν_s)为影像的最大频率；(R_x,R_y)为影像降采样因子。

为了验证在该截止频率下滤波具有最佳效果，将 D_0乘以一个系数 τ，而后更新 D_0，再分别计算不同系数下融合效果的表现，即更新后的$\widetilde{D}_0$表示为

$$\widetilde{D}_0=\tau D_0 \tag{6.20}$$

式中：τ 从 0.5 到 2.0 依次取样。图 6.28 所示为融合质量随截止频率变化图，其中 x 坐标是系数 τ，y 坐标为评价指数值。从图中可以看出，当系数

$\tau<1$ 时，滤除的高频分量较多，即滤波后影像的采样率小于奈奎斯特采样率，融合质量急剧降低，这在光谱畸变指数与空间畸变指数上表现得也尤为明显；当系数 $\tau>1$ 时，滤除的高频分量较少，虽然滤波后影像的采样率大于奈奎斯特采样率，但是影像在降采样时会产生频谱混叠现象，导致影像的融合质量缓慢降低；当系数 $\tau=1$ 时，影像的融合质量基本上能够达到最佳状态，这表明自适应计算的截止频率 D_0 在影像融合时能够取得最佳融合效果。

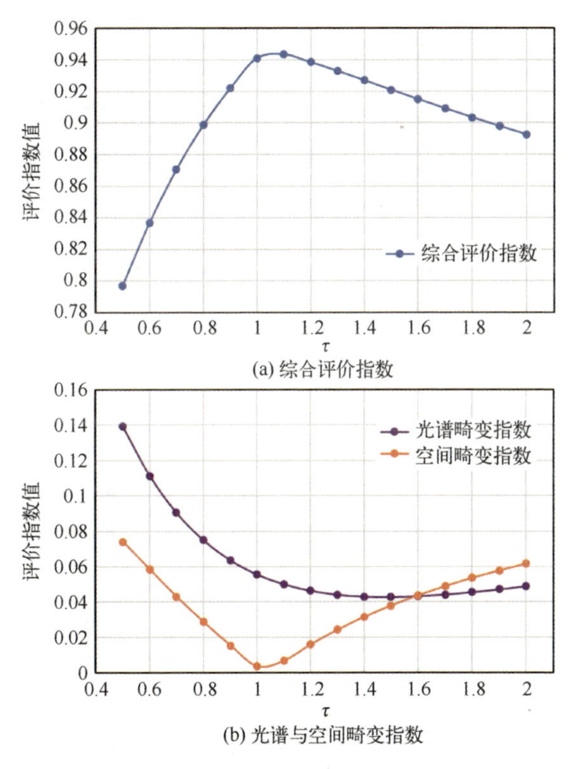

图 6.28　融合质量随截止频率变化图

综上所述，影像降采样后，若影像的采样率小于奈奎斯特采样率，即影像模糊较为严重，则融合影像的质量会急剧降低；若影像的采样率大于奈奎斯特采样率，则影像会发生频谱混叠现象，融合影像的质量虽然不会急剧下降，但仍然会缓慢降低；只有当影像的采样率等于奈奎斯特采样率时，才能够达到最佳效果。

本节设计自适应滤波器的目的就是使降采样之后影像的采样率等于奈奎斯特采样率，此时融合影像能够取得最佳效果。

2）不同滤波方法融合效果对比

本节所提方法将高分影像降采样至低分影像尺度时，需要进行预滤波以降低频谱混叠的影响。除了本节所提出的自适应滤波外，基于逐层滤波方式的小波变换、高斯金字塔也可用来进行预滤波，本节采用 4 组影像对这三种方法进行分析。

从表 6.3 中可以看出，在下采样时不进行抗混叠操作会严重影响本节所提方法的效果，进行抗混叠操作之后效果都有明显的提升。但是就静止轨道影像而言，基于空间域逐层下采样的高斯金字塔方法效果并不是特别显著，基于频率域逐层滤波的小波变换方法效果要优于空间域的逐层下采样方法。本节所提方法是基于频率域的方法，自适应地估计截断频率，当取得最优截断频率时，能够获得最优的融合效果。此外，从高斯金字塔、小波变换等逐层滤波并降采样的定义可以看出，当降采样倍数为 2^n 时效果最好。

表 6.3　不同滤波方法定量对比

编号	指标	无抗混叠	高斯金字塔	小波变换	本节所提方法
1	D_λ	0.120	0.107	**0.042**	0.055
	D_s	0.100	0.075	0.016	**0.003**
	HQNR	0.791	0.824	**0.941**	0.940
2	D_λ	0.138	0.117	**0.050**	0.064
	D_s	0.137	0.054	0.047	**0.003**
	HQNR	0.742	0.834	0.904	**0.933**
3	D_λ	0.121	0.114	**0.047**	0.083
	D_s	0.120	0.038	0.077	0.021
	HQNR	0.772	0.851	0.878	**0.897**
4	D_λ	0.180	0.184	0.079	**0.051**
	D_s	0.061	0.138	0.028	**0.002**
	HQNR	0.769	0.702	0.895	**0.947**

注：HQNR（综合评价指数）由光谱畸变指数 D_λ 和空间畸变指数 D_s 构成。

相对于小波变换、高斯金字塔等逐层抗混叠降采样而言，本节所提方法不拘泥于降采样倍数，可以自适应估计截断频率。

6.2.2　多模态影像辐射校准方法

理想状态下，不同成像通道影像在地面光谱响应范围内为线性响应函数，

设 C_{ij} 为第 (i,j) 个探元，则 C_{ij} 的光谱响应函数可以表示为

$$y_{ij}=k_{ij}x+b_{ij}+\varepsilon_{ij}(x) \tag{6.21}$$

式中：y_{ij} 为 C_{ij} 的探元响应；x 为太阳光经地表反射后被该探元所接收的分量；k_{ij} 为探元的增益；b_{ij} 为其偏置值；ε_{ij} 为高斯噪声。当信噪比较高时，噪声 $\varepsilon_{ij}(x)$ 的影响可以忽略，因此式（6.21）可以表示为

$$y_{ij}=k_{ij}x+b_{ij} \tag{6.22}$$

由此可见，影像的灰度值主要受到探元响应 k_{ij}、b_{ij} 以及入射光的强度 x 的影响。因此不同成像通道影像在观测时必然会存在辐射差异，对于同一区域而言，假设高分辨率的影像对地面光谱的响应与低分辨率的影像一致，则高低分辨率影像的辐射强度的均值和方差应近似相等。

多模态影像的辐射校准方法是基于此原理，以低分影像的均值与方差作为基线，将高分影像的均值与方差校准到该基线上，则具体的公式为

$$y=(y_{\mathrm{H}}-\mu_{\mathrm{H}})\times\frac{\sigma_{\mathrm{L}}}{\sigma_{\mathrm{H}}}+\mu_{\mathrm{L}} \tag{6.23}$$

式中：y 为经过辐射校准的高分影像；y_{H} 为高分影像；μ_{H}、σ_{H} 分别为高分影像的均值与方差；μ_{L}、σ_{L} 分别为低分影像的均值与方差。

6.2.3　高分影像光谱分解

在得到退化的高分影像之后，在低分影像的尺度上估算高分影像光谱的分解系数，而后将分解系数上采样至高分影像尺度，再对高分影像光谱进行分解，得到融合影像。

经过多模态影像辐射校准与高分影像的降采样退化，理想情况下，此时低分影像中的高频分量应该与高分降采样影像中的高频分量一致，即两者之间的细节特征应该一致，但是影像之间仍然会存在差异，该差异主要是由影像中的低频部分引起，低频部分可以认为是表征影像的光谱信息，因此此时可以估算低分影像光谱分解系数 ρ_{L} 为

$$\rho_{\mathrm{L}}=\frac{f_{\mathrm{L}}}{\widetilde{f_{\mathrm{H}}}} \tag{6.24}$$

式中：f_{L} 为低分影像；$\widetilde{f_{\mathrm{H}}}$ 为预滤波并降采样的高分影像。

根据多分辨率分析与滤波理论[21,23]，在不同的分辨率下，影像的差别主要在高频空间信息方面，低频光谱信息是基本一致的。则可以认为同等分辨率下影像的高频信息一致，即：在高分尺度上，高分影像与融合影像的高频

信息一致；在低分尺度上，高分降采样影像与低分影像高频信息一致。它们之间的差别主要是低频光谱信息，而不同分辨率下的低频光谱信息基本一致。因此，在全色尺度上的光谱分解系数可通过低分尺度上的光谱分解系数 ρ_L 推算而来，可以表示为

$$\rho = g(\rho_L) \tag{6.25}$$

式中：ρ 为在高分尺度上的光谱分解系数；$g(\cdot)$ 表示高分尺度的光谱分解系数与低分尺度的光谱分解系数的关系，高分尺度的分解系数可以由低分尺度的分解系数上采样而来。此时理想高分辨率融合影像可以表示为

$$f_F = P(f_H) = f_H \cdot \rho = f_H \cdot \left(\frac{f_L}{\widetilde{f_H}} \uparrow\right) \tag{6.26}$$

式中：f_F 为融合影像；$P(\cdot)$ 为光谱分解函数；f_H 为高分影像；$\uparrow$ 为将分解系数上采样至高分尺度。

6.2.4 极端灰度值约束

饱和灰度值无法反映真实的地物光谱信息，但是在进行全色光谱分解时，并不会考虑分解后的影像上是否存在极值。若存在极值，不仅会丢失部分光谱信息，还会扩大影像的动态范围，造成影像偏色、过曝等失真情况，因此需要进行抑制。

极端灰度值约束的主要思想是低分影像 f_L 与融合影像 f_F 的极值分布应该一致，可以用公式表达为

$$f_F(i,j) = \begin{cases} \min[f_L(:,:)], & f_F(i,j) < \min[f_L(:,:)] \\ \max[f_L(:,:)], & f_F(i,j) > \max[f_L(:,:)] \\ f_F(i,j), & \text{其他} \end{cases} \tag{6.27}$$

若进一步精细化处理，则可以认为上采样的低分影像 $\widetilde{f_L}$ 与融合影像 f_F 的极值分布在行与列方向应该是保持一致的，以行方向为例，有

$$f_F(i,j) = \begin{cases} \min[\widetilde{f_L}(i,:)], & f_F(i,j) < \min[\widetilde{f_L}(i,:)] \\ \max[\widetilde{f_L}(i,:)], & f_F(i,j) > \max[\widetilde{f_L}(i,:)] \\ f_F(i,j), & \text{其他} \end{cases} \tag{6.28}$$

式中：$\widetilde{f_L}$ 为低分影像 f_L 的上采样影像。经过极端灰度值的约束之后，能够使融合影像灰度分布与低分影像相近，更好地保持光谱信息。

6.2.5 实验分析

本节主要采用空-谱融合数据集验证基于自适应平滑滤波的高分影像光谱

分解方法的有效性，通过实验验证该方法多模态影像的效果。多模态数据在经过高精度配准后，进行空-谱融合，即将高分四号可见光影像的空间信息与中波红外影像的光谱信息进行融合，将中波红外影像的空间分辨率从400m提升至50m。

本节实验分为两个部分：

（1）不同方法的对比实验。定性、定量地对比本节所提方法与常见融合方法的效果，验证本文方法的有效性。

（2）实验分析与讨论。该部分主要包括两个内容：①与HPM架构对比分析，主要与经典的HPM方法进行详细的对比分析，以分析本节所提方法在多模态影像中空间细节的保持能力；②整体融合效果分析，整体展示本节所提算法的融合效果，以验证光谱保持能力。

通过对比实验与相应的分析和讨论充分证明本节所提方法在静止轨道多模态空-谱中的有效性。

6.2.5.1　实验数据

多模态空-谱融合实验选用高分四号空间分辨率为400m的中波红外通道与空间分辨率为50m的可见光近红外通道进行空-谱融合实验，旨在得到扩展的全谱段影像（共6个谱段，含50m中波红外影像）。表6.4所列为选用的高分四号空-谱融合数据信息，选用4组同时成像的全谱段与中波红外数据。

表6.4　空-谱融合数据列表

编号	成像日期	具体时间	成像区域	成像模式	帧数	成像谱段	分辨率/m
1	2018-10-31	11:01:30	E114.8°，N27.0°	全谱段	1	B1~B5	50
		11:02:16		中波红外	1	B6	400
2	2019-10-19	13:50:58	E114.1°，N30.3°	全谱段	1	B1~B5	50
		13:51:43		中波红外	1	B6	400
3	2017-03-02	12:20:21	E116.4°，N29.1°	全谱段	1	B1~B5	50
		12:21:06		中波红外	1	B6	400
4	2018-06-12	10:20:21	E113.3°，N34.1°	全谱段	1	B1~B5	50
		10:21:06		中波红外	1	B6	400

6.2.5.2　不同方法的对比实验

为了验证本节所提算法的优劣，采用空-谱融合数据集，将本节所提算法与常见的经典算法进行对比分析。由于基于变换类的方法并不适用于单谱段与单谱段影像融合，因此选用多分辨率分析类的算法进行对比分析。

具体对比算法包括 SFIM[26]、GLP[27,28]、HPM[29-31]、AWLP[32]以及 ATWT[22]。其中：SFIM 是经典的比值法，其算法原理清晰；GLP 采用拉普拉斯金字塔提取高分影像的高频信息，并与低分影像相融合；HPM 是对 SFIM 方法的进一步扩展，相较于 SFIM 的均值滤波，HPM 将高分影像中的高频信息滤除之后再应用比值法，本节使用的 HPM 是在拉普拉斯金字塔框架下进行的；AWLP 与 ATWT 都是首先利用小波变换提取出影像的高频信息，然后将其与低频信息进行融合。以上这些用于对比分析的算法来自于影像融合工具箱[33]，核心思想都是提取出高频分量而后注入低分影像，在影像间差异较大时会损失部分空间信息。

从图 6.29 中可以看出，这些方法都能够显著提升中波红外的空间分辨率，且基本都未出现明显的色偏。SFIM、AWLP、ATWT 以及本节所提算法具有接近的光谱表现，与原图最为接近，但是 SFIM、AWLP、ATWT 清晰度较低，整体呈现模糊感。而 GLP 与 HPM 虽然与本节所提方法的清晰度基本一致，但这两个方法得到的影像会出现失真的现象，例如图 6.29（b）所示的 GLP 方法就出现了明显的失真现象。因此就实验中的这 4 组数据而言，本节所提算法具有最佳的目视效果。

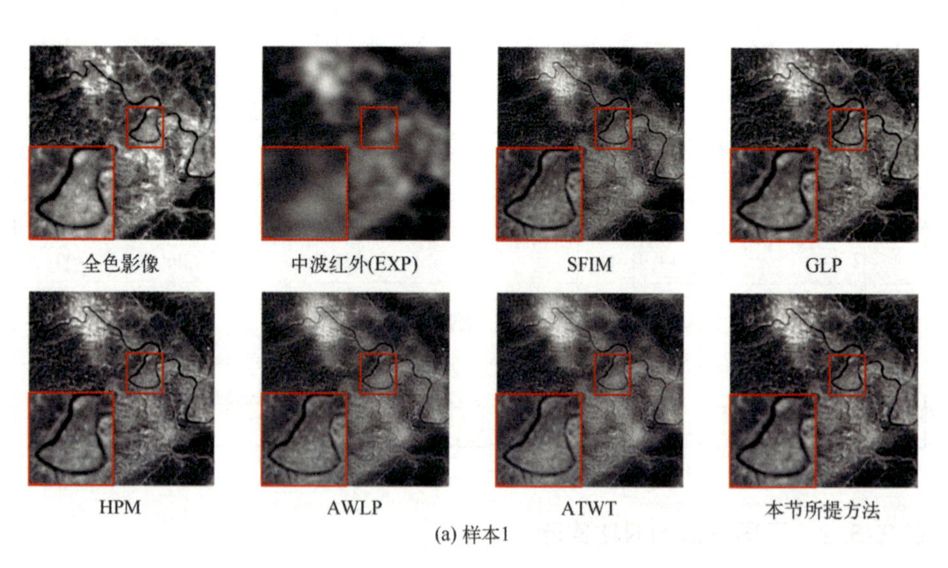

(a) 样本1

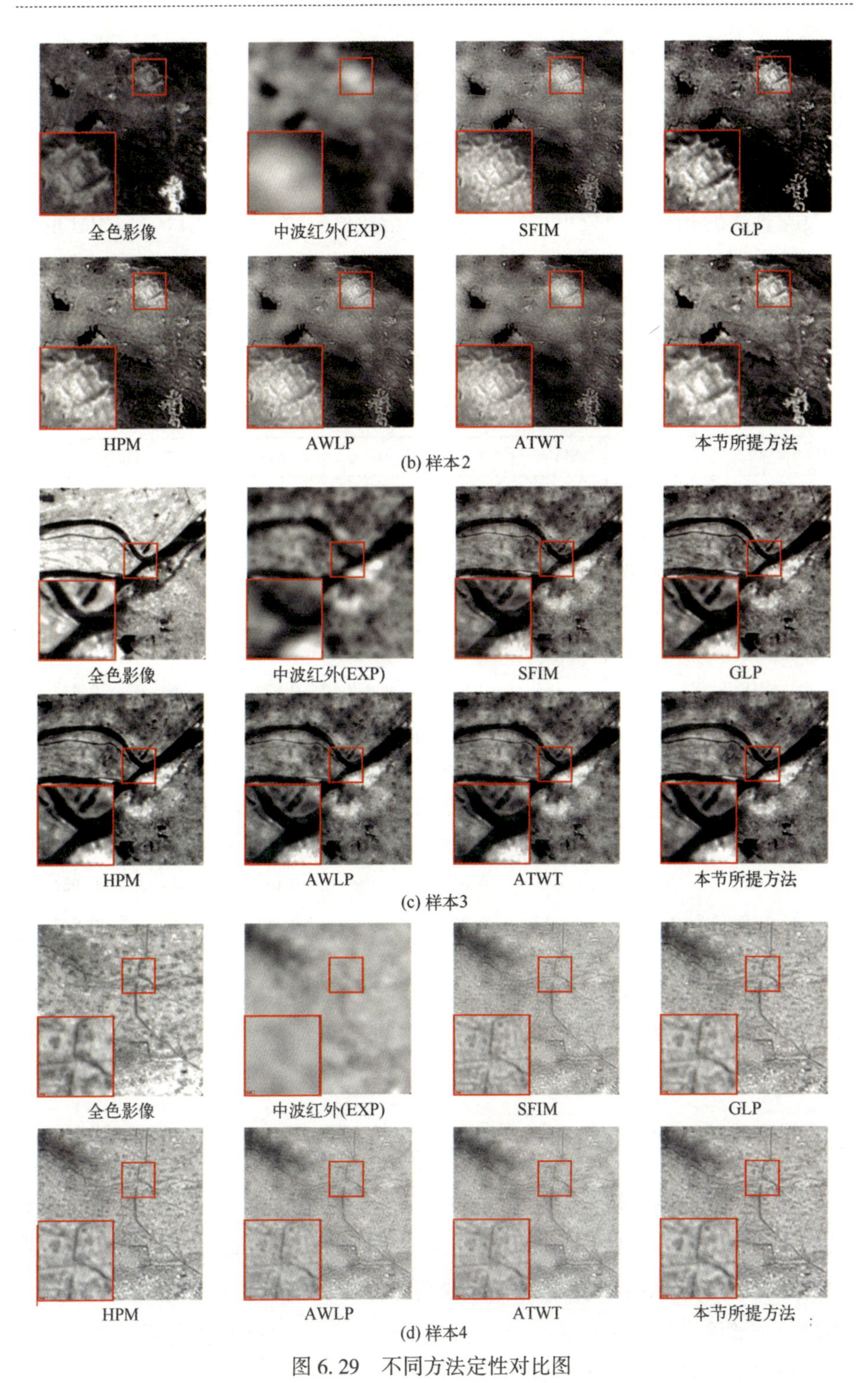

图 6.29　不同方法定性对比图

为了定量地描述各个算法的优劣，本节采用无参考综合评价指数 HQNR 进行定量分析。综合评价指数由光谱畸变指数 D_λ 和空间畸变指数 D_s 构成，分别描述了算法的光谱与空间的保持能力。从表 6.5 中也可以看出，本节所提方法表现最优，SFIM 与小波变换类的算法表现次之。这是因为 SFIM 与小波变换类算法的光谱畸变较小，导致综合的指数值也较高，而 GLP 与 HPM 的光谱保持能力较弱，虽然其空间畸变较小，但是综合评价指数却较低。对于直接上采样的中波红外（EXP）影像而言，其并没有出现明显的光谱畸变，但是其空间畸变较大，因此综合评价指数最低。

表 6.5 不同空-谱融合方法定量比较

编号	指标	EXP	SFIM	GLP	HPM	AWLP	ATWT	本节所提方法
1	D_λ	**0.019**	0.021	0.119	0.118	0.020	**0.019**	0.055
	D_s	0.297	0.060	0.033	0.030	0.067	0.079	**0.003**
	HQNR	0.689	0.920	0.852	0.856	0.914	0.904	**0.940**
2	D_λ	**0.023**	0.027	0.113	0.111	0.025	0.023	0.064
	D_s	0.352	0.092	0.008	0.010	0.107	0.116	**0.003**
	HQNR	0.633	0.883	0.879	0.879	0.871	0.864	**0.933**
3	D_λ	0.068	**0.041**	0.089	0.088	0.041	0.0401	0.083
	D_s	0.281	0.091	**0.019**	0.022	0.101	0.108	0.021
	HQNR	0.668	0.870	0.893	0.891	0.862	0.855	**0.897**
4	D_λ	**0.020**	0.050	0.078	0.075	0.050	0.050	0.051
	D_s	0.306	0.045	0.061	0.055	0.061	0.069	**0.002**
	HQNR	0.679	0.906	0.864	0.873	0.891	0.883	**0.947**

本节所提方法的空间保持能力显著优于其他算法，因为本节所提方法从高分影像中分解“模拟”而来，其空间信息能够基本与高分影像保持一致。

6.2.5.3 与 HPM 架构对比分析

通过与典型的提取高频信息注入低分影像的方法对比，进一步验证本节从高分影像中进行光谱分解“模拟”融合影像方法的效果。著名的 HPM[29-31]（High Pass Modulation）架构是将提取高分影像的高频信息注入低分影像中，通过一个滤波器将高分影像的高频分量滤除，而后通过原始高分影像与退化高分影像的比值提取高频信息注入低分影像中，其公式表达为

$$f_F = \widetilde{f_L} \cdot \frac{f_H}{\overline{f_H}} \tag{6.29}$$

式中：f_F为融合影像；$\widetilde{f_L}$为低分影像上采样至高分影像尺度；f_H为高分影像；$\overline{f_H}$为经过低通滤波的高分影像。

本节所提方法是基于滤波器将高分影像的高频分量滤除并且降采样至低分尺度，通过比值将高分降采样影像的光谱分解，而后将分解系数上采样至高分尺度对原始高分影像进行分解。理想状态下，融合影像的高频分量应该与高分影像保持一致，公式可以写为

$$f_F = f_H \cdot \left(\frac{f_L}{\widetilde{f_H}} \uparrow\right) \tag{6.30}$$

式中：f_L为低分影像；$\widetilde{f_H}$为高分影像经过滤波之后降采样至低分尺度的影像；↑为将分解系数上采样至高分尺度。

从式（6.29）和式（6.30）的对比可以看出，本节所提方法与 HPM 方法主要的区别在于比值运算到底是在高分尺度进行还是在低分尺度进行。如果将高分影像中多余的高频信息全部滤除并降采样，则降采样的高分影像与低分影像的空间细节信息相同，此时影像中主要的差别在于光谱信息，可以用比值法对光谱进行分解“模拟”融合影像，这样设计能够最大程度地保留空间细节信息。

为了验证本节所提方法的效果，本节将自适应滤波应用到 HPM 方法中，控制其他变量一致并将其与光谱分解方法进行对比。如表 6.6 所列，HPM 方法应用了自适应滤波之后，其融合效果相对于影像融合工具箱[33]中应用了拉普拉斯金字塔方法的质量有所提升。与前述分析一致，HPM 方法的光谱信息要略好于本节所提算法，但是空间保持能力低于本节所提方法，因此本节所提方法的综合指数优于 HPM 方法。

表 6.6　HPM 方法与本节所提方法对比

影像标识	方　法	D_λ	D_s	HQNR
1	自适应滤波+HPM	**0.049**	0.012	0.939
	本节所提方法	0.055	**0.003**	**0.940**
2	自适应滤波+HPM	**0.046**	0.042	0.912
	本节所提方法	0.064	**0.003**	**0.933**
3	自适应滤波+HPM	**0.051**	0.050	**0.901**
	本节所提方法	0.083	**0.021**	0.897

续表

影像标识	方法	D_λ	D_s	HQNR
4	自适应滤波+HPM	**0.047**	0.045	0.909
	本节所提方法	0.051	**0.002**	**0.947**

6.2.5.4 光谱保持能力分析

通过融合影像的整体展示，分析本节所提方法在光谱保持方面的效果。图 6.30 所示为多模态空-谱融合结果示意图，4 组影像分别对应空-谱数据集中第 1~4 组数据。

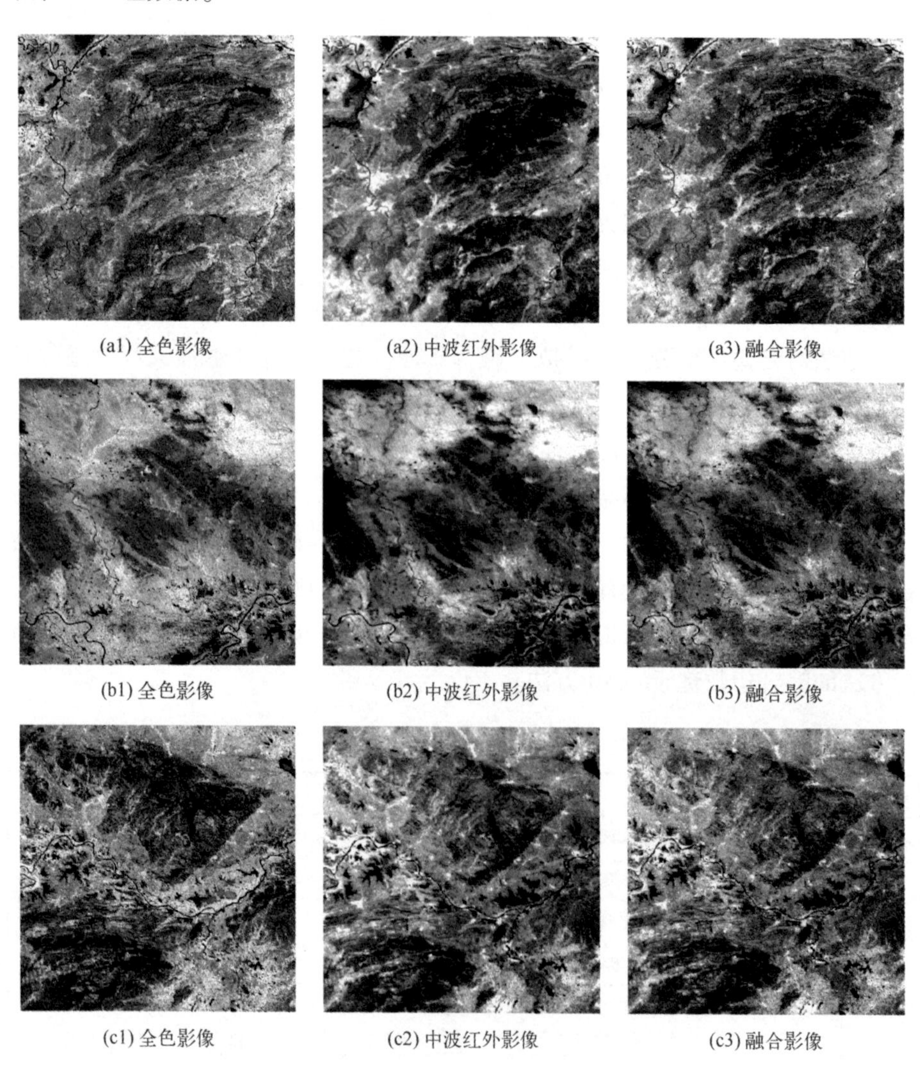

(a1) 全色影像 (a2) 中波红外影像 (a3) 融合影像

(b1) 全色影像 (b2) 中波红外影像 (b3) 融合影像

(c1) 全色影像 (c2) 中波红外影像 (c3) 融合影像

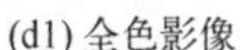

(d1) 全色影像

(d2) 中波红外影像

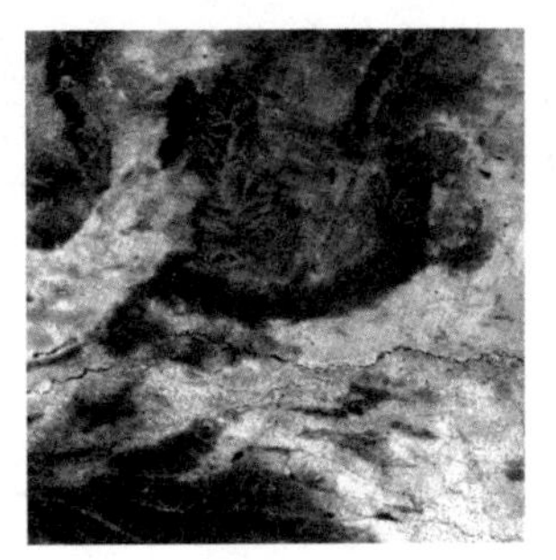

(d3) 融合影像

图 6.30　多模态空-谱融合结果示意图

从图 6.30 中可以看出，融合后影像光谱与中波红外影像的光谱基本相同，在空间细节上有所提升。这表明了融合影像在提升空间细节的同时，也最大程度地保留了光谱信息，同时地物在红外影像上的反射特性同样也能够在融合影像上保留，与本节提出的保持光谱信息、提升中波红外分辨率、拓展全谱段范围的目标相吻合。

6.3　静止轨道卫星影像时空谱融合实验

6.1 节和 6.2 节已经分别进行了多模态序列影像时-空融合实验和空-谱融合实验，定性、定量地对比分析了时-空融合、空-谱融合的效果，实验结果表明本节所提方法均能够取得良好的效果。因此，将时-空融合超分影像看作独立的成像通道，将空-谱融合后的全谱段影像看作另一个独立的成像通道，即可进一步进行时-空-谱一体化融合。

本节将空-谱融合产品（6 波段，含空间分辨率 50m 的中波红外波段）与时-空融合超分重建产品（空间分辨率 25m）进行一体化融合，最终获得高空间分辨率与高光谱分辨率的融合产品（6 波段，空间分辨率 25m）。

时-空-谱融合数据列表如表 6.7 所列，选用同一天相近时间拍摄的一组产品，且该组产品已经完成了时-空融合、空-谱融合影像生产，将超分时-空融合影像的空间信息与全谱段空-谱融合影像的光谱信息融合可得到时-空-谱融合影像。

表 6.7　时-空-谱融合数据列表

成像日期	具体时间	成像区域	成像模式	帧数	成像谱段	分辨率/m	融合后分辨率/m
2019-10-19	13:50:58	E114.1°，N30.3°	全谱段	1	B1～B5	50	25
	13:51:43		中波红外	1	B6	400	25
	14:30:01		凝视	7	B1	50	25

为了验证本节完整技术方案的有效性，本节分别展示了序列影像时-空融合、多模态空-谱融合以及多模态序列时-空-谱融合的整体效果。

图 6.31 所示为序列影像时-空融合效果图，从图中可以看出，原始 50m 空间分辨率的影像经过上采样至 25m 空间分辨率之后，清晰度会明显降低，细节部分不能清晰地展示，经过序列影像重建其中的高频信息融合之后，能够明显改善影像细节与清晰度，提升其空间分辨率。

图 6.32 所示为多模态影像空-谱融合效果图，从图中可以看出，原始 400m 空间分辨率的中波红外影像上采样之后，清晰度会严重下降，难以与其他谱段进行合成展示。通过空-谱融合方法，将全色影像的空间信息与中波红外影像的光谱信息相融合，能够在保留光谱信息的同时有效提升其空间细节的丰富程度。如图 6.32（d）所示，经过空-谱融合后的影像细节丰富，在与 G、B 波段进行伪彩色合成之后，目视效果清晰，噪声也未明显增加。

图 6.33 所示为多模态序列影像时-空-谱融合效果图，从图中可以看出，融合后的影像相较原始影像，分辨率提升了 2 倍，从原始的 50m 空间分辨率提升至 25m 空间分辨率，空间细节部分有明显的增强，并且光谱信息保留完整。不过，融合产品存在噪声放大现象，如何有效地抑制噪声，值得进一步研究。

整个实验表明，在静止轨道卫星分辨率仍然受限的条件下，通过时-空-谱融合提升分辨率是行之有效的方法，时-空-谱融合可以生产突破硬件条件限制的多谱段超分影像产品。

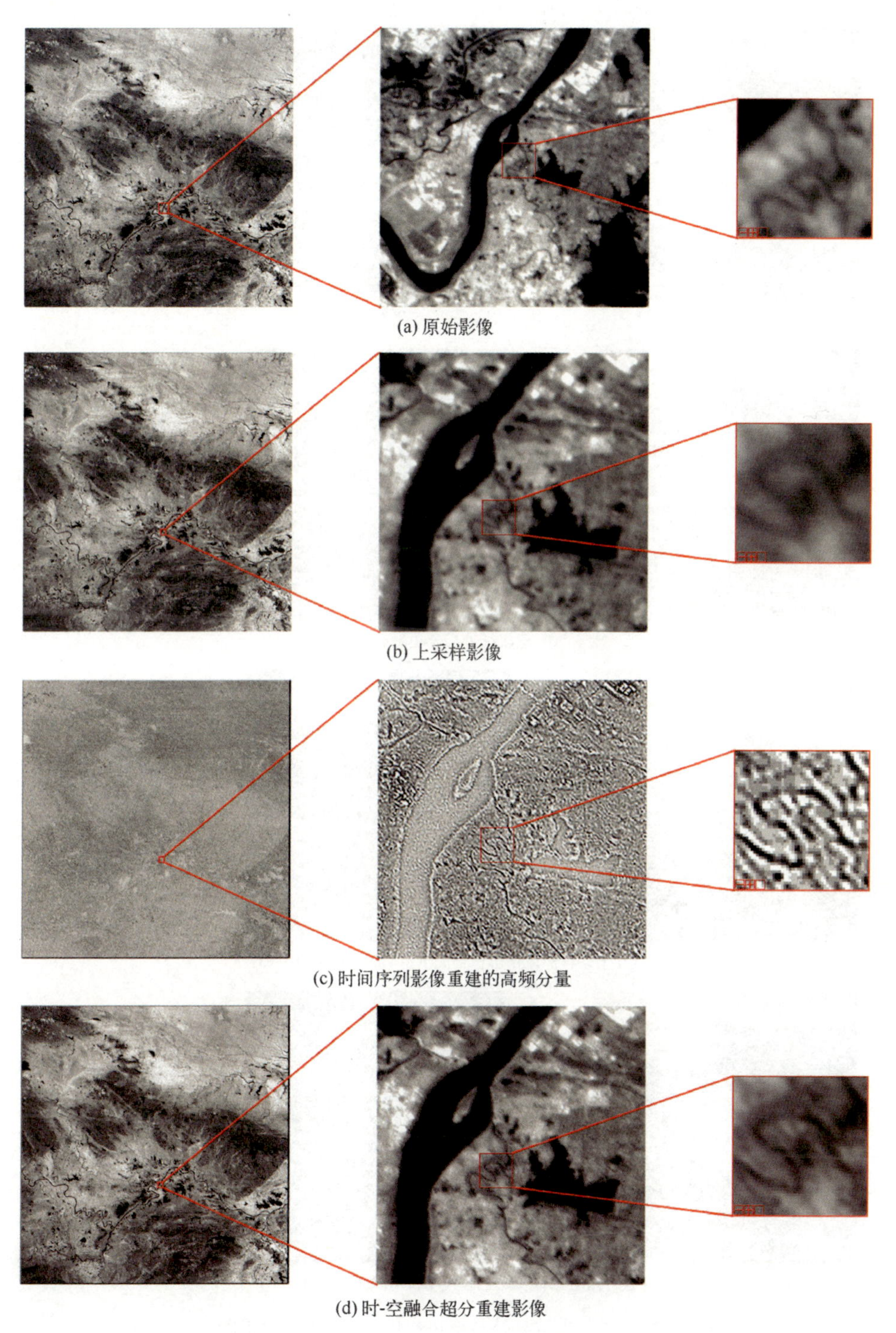

(a) 原始影像

(b) 上采样影像

(c) 时间序列影像重建的高频分量

(d) 时-空融合超分重建影像

图 6.31 时-空融合效果图

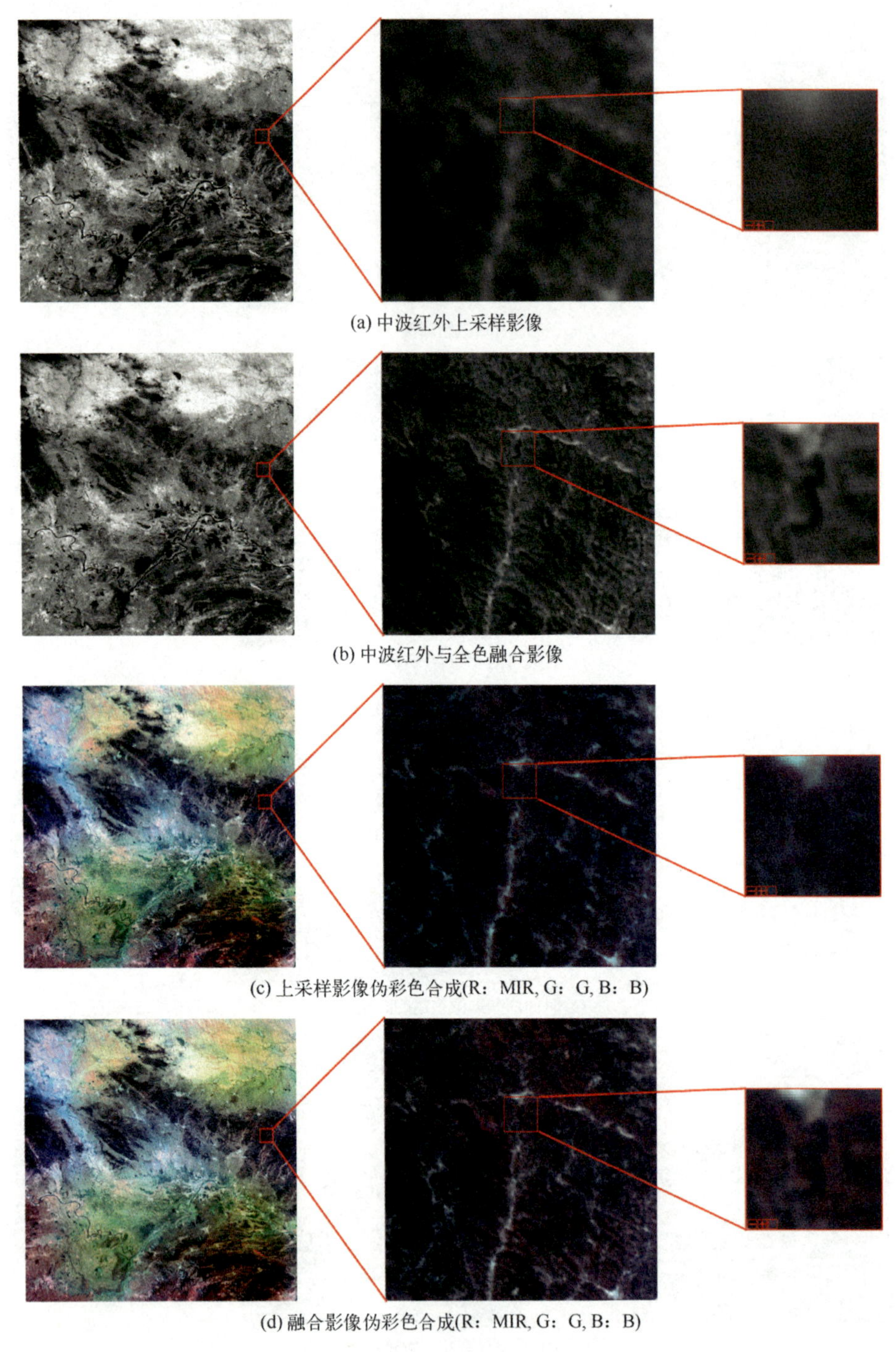

(a) 中波红外上采样影像

(b) 中波红外与全色融合影像

(c) 上采样影像伪彩色合成(R：MIR, G：G, B：B)

(d) 融合影像伪彩色合成(R：MIR, G：G, B：B)

图 6.32　中波红外与全色影像空-谱融合效果图

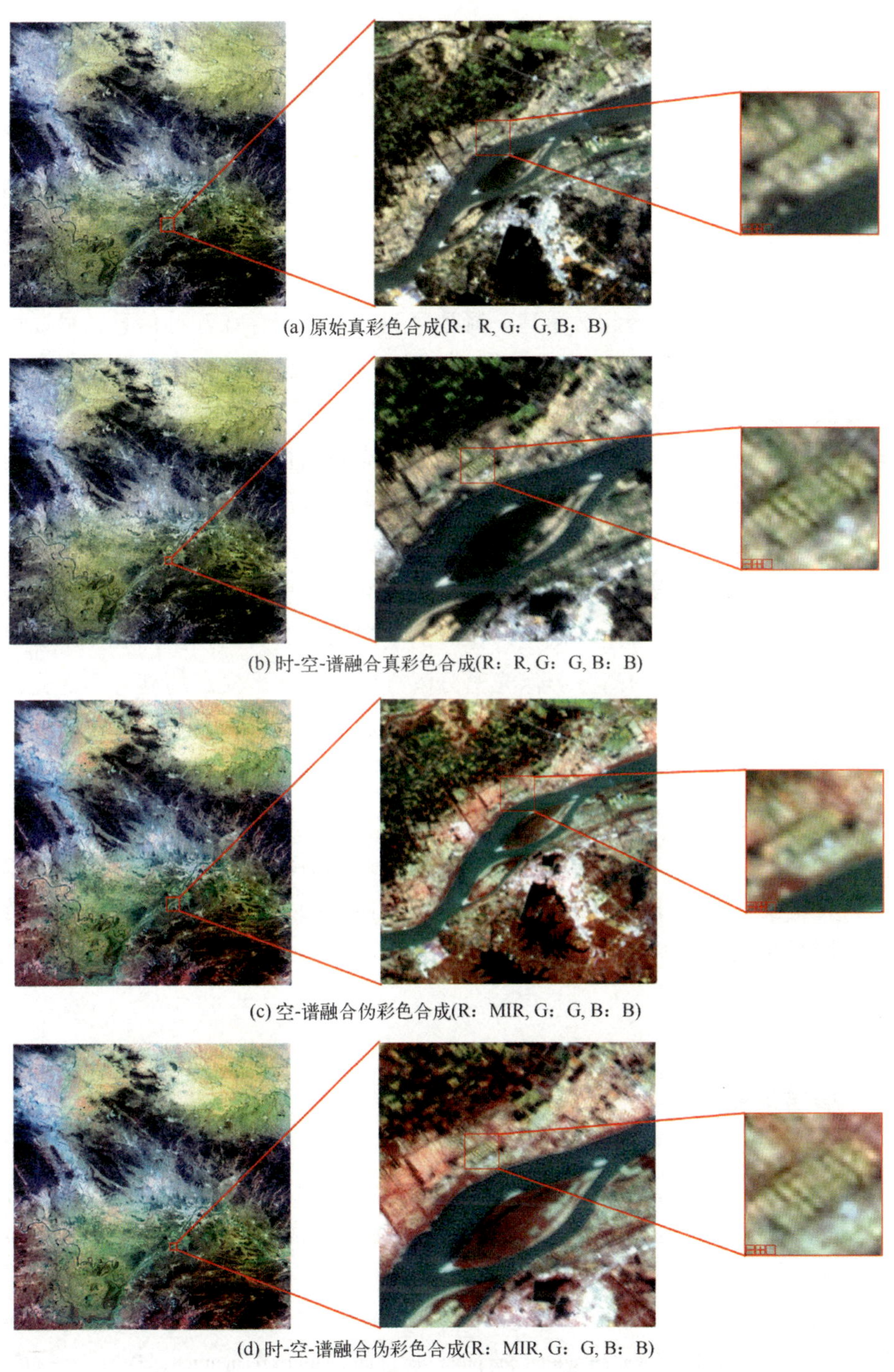

(a) 原始真彩色合成(R：R, G：G, B：B)

(b) 时-空-谱融合真彩色合成(R：R, G：G, B：B)

(c) 空-谱融合伪彩色合成(R：MIR, G：G, B：B)

(d) 时-空-谱融合伪彩色合成(R：MIR, G：G, B：B)

图 6.33　时-空-谱融合效果图

6.4 本章小结

本章主要面向多模态影像时-空-谱融合中两个关键的步骤，即凝视序列影像超分重建与多模态影像融合，构建完整的多模态序列影像时-空-谱融合流程，具体如下：

（1）凝视序列影像超分重建。凝视序列影像之间存在互补信息，可以用来重建超分影像。本章提出了凝视序列影像高频信息反向投影重建的超分辨率方法，以原始影像为基准，辅以凝视序列影像反向投影重建原始影像截止频率外的高频分量，并通过时序注意力自适应调整权重。该方法对凝视序列影像之间存在的差异有较强的鲁棒性，对噪声也有一定的抑制作用，且输入的影像帧数越多、拍摄时间间隔越小，超分效果越好。

（2）多模态影像融合。针对多模态影像之间辐射、尺度等差异较大，造成提取高频分量提取与注入低分影像时的空间细节丢失的严重问题，本章提出了自适应平滑滤波的高分影像光谱分解方法，通过多模态的高分影像光谱分解“模拟”融合影像。对高分影像自适应滤波并降采样至低分尺度，使其采样率等于奈奎斯特采样率，而后将高分影像光谱分解，得到清晰度与高分影像一致的融合影像。

（3）时-空-谱一体化融合。在验证了时-空融合、空-谱融合效果的基础上，将多模态凝视序列影像进行时-空-谱一体化融合，在保留全谱段光谱特征的同时获取超分辨率时-空-谱融合影像。

参考文献

[1] WANG Z, CHEN J, HOI S C H. Deep learning for image super-resolution: a survey [J]. IEEE transactions on pattern analysis and machine intelligence, 2020, 43 (10): 3365-3387.

[2] HE K, ZHANG X, REN S, et al. Deep residual learning for image recognition [C]//Proceedings of the IEEE conference on computer vision and pattern recognition, 2016: 770-778.

[3] ZHANG H, MA J. GTP-PNet: a residual learning network based on gradient transformation prior for pansharpening [J]. ISPRS Journal of Photogrammetry and Remote Sensing, 2021,

172: 223-239.

[4] BENZENATI T, KALLEL A, KESSENTINI Y. Two stages pan-sharpening details injection approach based on very deep residual networks [J]. IEEE Transactions on Geoscience and Remote Sensing, 2021, 59 (6): 4984-4992.

[5] LEDIG C, THEIS L, HUSZAR F, et al. Photo-realistic single image super-resolution using a generative adversarial network [C]//Proceedings of the IEEE Conference on Computer Vision and Pattern Recognition, 2017: 4681-4690.

[6] LIM B, SON S, KIM H, et al. Enhanced deep residual networks for single image super-resolution [C]//Proceedings of the IEEE Conference on Computer Vision and Pattern Recognition Workshops, 2017: 136-144.

[7] KIM J, LEE J K, LEE K M. Accurate image super-resolution using very deep convolutional networks [C]//Proceedings of the IEEE Conference on Computer Vision and Pattern Recognition, 2016: 1646-1654.

[8] SHI W, CABALLERO J, HUSZÁR F, et al. Real-time single image and video super-resolution using an efficient sub-pixel convolutional neural network [C]//Proceedings of the IEEE Conference on Computer Vision and Pattern Recognition, 2016: 1874-1883.

[9] MNIH V, HEESS N, GRAVES A, et al. Recurrent models of visual attention [C]//Advances in Neural Information Processing Systems, Curran Associates, Inc., 2014.

[10] BAHDANAU D, CHO K, BENGIO Y. Neural machine translation by jointly learning to align and translate [EB/OL]. (2014-09-01) [2016-05-19]. https://arxiv.org/abs/1409.0473.

[11] VASWANI A, SHAZEER N, PARMAR N, et al. Attention is all you need [C]//Advances in Neural Information Processing Systems 30, Long Beach, USA, 2017.

[12] HU J, SHEN L, SUN G. Squeeze-and-excitation networks [C]//Proceedings of the IEEE Conference on Computer Vision and Pattern Recognition, 2018: 7132-7141.

[13] ZHANG Y, LI K, LI K, et al. Residual non-local attention networks for image restoration [EB/OL]. [2019-03-24]. https://arxiv.org/abs/1903.10082.

[14] FU J, LIU J, TIAN H, et al. Dual attention network for scene segmentation [C]//Proceedings of the IEEE/CVF Conference on Computer Vision and Pattern Recognition, 2019: 3146-3154.

[15] WOO S, PARK J, LEE J Y, et al. CBAM: convolutional block attention module [C]//Proceedings of the European Conference on Computer Vision (ECCV), 2018: 3-19.

[16] GUO M H, LIU Z N, MU T J, et al. Beyond self-attention: external attention using two linear layers for visual tasks [EB/OL]. (2021-05-05) [2021-05-31]. https://arxiv.org/abs/2105.02358.

[17] XIANG S, XIE Q, WANG M. Semantic segmentation for remote sensing images based on adaptive feature selection network [J]. IEEE Geoscience and Remote Sensing Letters, 2021, 19: 1-5.

[18] ZHAO H, GALLO O, FROSIO I, et al. Loss functions for image restoration with neural networks [J]. IEEE Transactions on Computational Imaging, 2017, 3 (1): 47-57.

[19] BLAU Y, MECHREZ R, TIMOFTE R, et al. The 2018 PIRM challenge on perceptual image super-resolution [C]//Proceedings of the European Conference on Computer Vision (ECCV) Workshops, 2018.

[20] KAPPELER A, YOO S, DAI Q, et al. Video super-resolution with convolutional neural networks [J]. IEEE Transactions on Computational Imaging, 2016, 2 (2): 109-122.

[21] GONZALEZ R C, WOODS R E. Digital image processing [M]. NJ: Pearson, 2018.

[22] NUNEZ J, OTAZU X, FORS O, et al. Multiresolution-based image fusion with additive wavelet decomposition [J]. IEEE Transactions on Geoscience and Remote Sensing, 1999, 37 (3): 1204-1211.

[23] MALLAT S G. Multiresolution representations and wavelets [D]. Philadelphia: University of Pennsylvania, 1988.

[24] GONZÁLEZ-AUDÍCANA M, OTAZU X, FORS O, et al. Comparison between Mallat's and the 'à trous' discrete wavelet transform based algorithms for the fusion of multispectral and panchromatic images [J]. International Journal of Remote Sensing, 2005, 26 (3): 595-614.

[25] LOWE D G. Distinctive image features from scale-invariant keypoints [J]. International Journal of Computer Vision, 2004, 60 (2): 91-110.

[26] LIU J. Smoothing filter-based intensity modulation: a spectral preserve image fusion technique for improving spatial details [J]. International Journal of Remote Sensing, 2000, 21 (18): 3461-3472.

[27] AIAZZI B, ALPARONE L, BARONTI S, et al. Context-driven fusion of high spatial and spectral resolution images based on oversampled multiresolution analysis [J]. IEEE Transactions on Geoscience and Remote Sensing, 2002, 40 (10): 2300-2312.

[28] AIAZZI B, ALPARONE L, BARONTI S, et al. MTF-tailored multiscale fusion of high-resolution MS and pan imagery [J]. Photogrammetric Engineering & Remote Sensing, 2006, 72 (5): 591-596.

[29] WANG Z, ZIOU D, ARMENAKIS C, et al. A comparative analysis of image fusion methods [J]. IEEE Transactions on Geoscience and Remote Sensing, 2005, 43 (6): 1391-1402.

[30] LEE J, LEE C. Fast and efficient panchromatic sharpening [J]. IEEE Transactions on Geoscience and Remote Sensing, 2010, 48 (1): 155-163.

[31] VIVONE G, RESTAINO R, DALLA MURA M, et al. Contrast and error-based fusion schemes for multispectral image pansharpening [J]. IEEE Geoscience and Remote Sensing Letters, 2014, 11 (5): 930-934.

[32] OTAZU X, GONZALEZ-AUDICANA M, FORS O, et al. Introduction of sensor spectral response into image fusion methods. Application to wavelet-based methods [J]. IEEE Transactions on Geoscience and Remote Sensing, 2005, 43 (10): 2376-2385.

[33] VIVONE G, DALLA MURA M, GARZELLI A, et al. A new benchmark based on recent advances in multispectral pansharpening [J]. IEEE Geoscience and Remote Sensing Magazine, 2021, 9 (1): 53-81.

第7章　静止轨道光学定点观测成像区域网平差方法

随着我国航天遥感技术的不断发展，我国已经成功发射了数十颗高分辨率光学遥感卫星，包括资源、天绘、高分等系列卫星，推动卫星遥感技术取得了长足的发展。其中，高分四号卫星作为我国首颗静止轨道高分辨率遥感卫星已于2015年12月29日成功在轨运行，其搭载了一台可见光近红外50m/中波红外400m分辨率、幅宽约500km/400km的面阵相机，可采用凝视成像、区域成像等特有的成像模式对重点区域进行连续监测，使我国具备了对大范围目标区域的实时定点观测的能力。

作为静止轨道卫星，相较于几百千米轨道高度的中低轨遥感卫星，高分四号轨道高度高达36000km，空间环境更为复杂，星上姿轨参数的测量误差通常较大，大气折光引起的影像几何误差也更为显著。再加上镜头畸变、CCD变形等因素的影响，卫星影像的几何定位精度较差，且区域影像之间的相对几何误差较大，无法直接满足区域影像无缝拼接的需求，需要采用区域网平差技术，整体改善区域网影像几何定位精度，消除影像之间相对几何误差。

区域网平差作为一种有效的遥感影像几何处理技术，并已被广泛应用于遥感影像的高精度处理中，光学卫星遥感影像区域网平差包括三个重要环节：建模、构网以及求解。本章从这三个环节出发，围绕高分四号卫星独特的几何特性展开介绍，首先对高分四号卫星影像区域网平差模型进行介绍，然后阐述了区域网构建、弱交会几何条件下的稳健求解、RPC参数精化以及区域网平差的精度验证等方法，最后对本书作者所在研究团队利用区域网平差方法修正高分四号卫星区域影像相对几何误差的实验进行了简要介绍。

7.1　静止轨道卫星定点区域成像特点

区域成像是高分四号卫星的一种重要的成像模式，主要用于对小范围重点区域成像。图 7.1 显示了区域影像数据的获取方式，在区域成像模式下，高分四号卫星可以在短时间内对特定区域拍摄多景影像，实现对于监测区域的全覆盖，因此区域影像之间时间分辨率较高，影像重叠区域地物无明显变化。

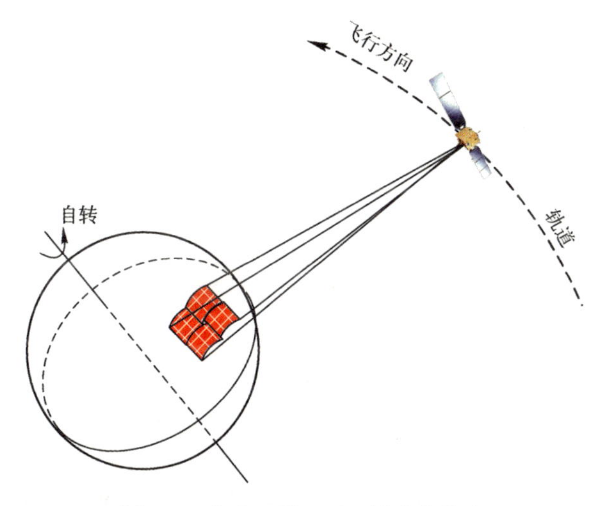

图 7.1　高分四号卫星区域成像模式

高分四号卫星的静止轨道、窄视场的特点决定了其影像可采用独特的几何处理方式。首先，由于其视场角在行列方向都只有 0.8°，因此同名光线近似平行，在几何关系上表现为一种弱交会现象。这种弱交会条件下，像方空间很小的扰动在高程方向都会造成很大的误差，在区域网平差中表现为法方程系数矩阵秩亏，高程方向的物方坐标难以收敛。针对该问题，常用的方法是采用平面区域网平差的方法，在平差过程中引入额外的物方数字高程模型（DEM）对物方点的高程坐标进行约束[1]。而由连接点物方高程误差引起的影像相对定向误差与基高比有关，随着基高比减小，该误差也会逐渐减小。对于高分四号卫星影像而言，由于其相对于地球是静止的，理论上来说，相邻影像之间同名光线是完全重合的，基高比为零，此时连接点高程方向的误差在理论上对于区域网平差精度是无影响的，而实际上由于各种因素的影响，高分四号卫星与地球之间并非保持绝对静止，同名光线也不完全重合。如图 7.2 所示，两次成像时刻的投影中心分别为 S_1、S_2，则由高程误差 ΔH 引起的像方误差 P_2P_2' 如式（7.1）所示，其中 H 为轨道高度，f 为相机的主距，B 为投影中心之间的基线距离[2]。

$$P_2P_2' = f \cdot \frac{B}{H} \cdot \left(\frac{\Delta H}{H+\Delta H}\right)^2 \tag{7.1}$$

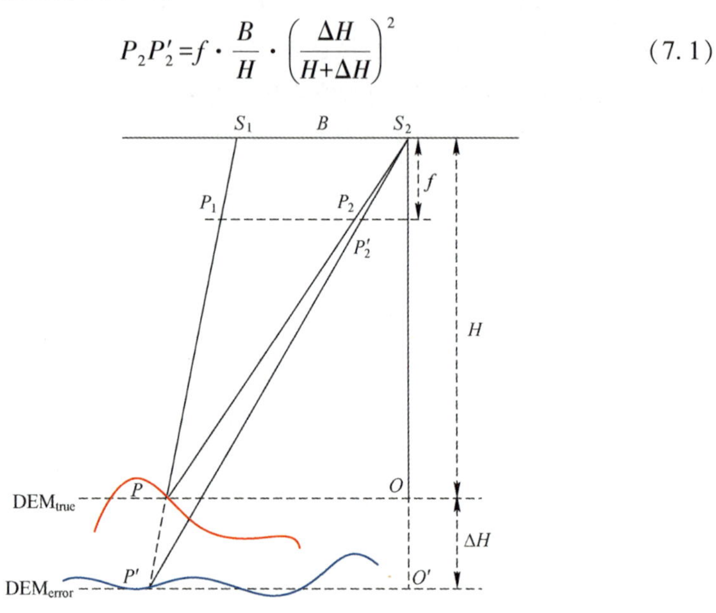

图 7.2　高程误差与像方精度的关系

根据高分四号卫星相机参数可知其主距大约为 6.6m，地球表面高程变化范围为-1000m～9000m，则当 $\Delta H = 10000$m 时，该高程误差覆盖整个地面起伏变化，根据轨道参数可知，高分四号影像的投影中心之间的基线距离约为 7500m，根据式（7.1）计算由高程引起的像方残差远小于 0.01pixel，因此高程误差对于像方精度的影响可忽略不计，即在平差过程中只需给定一个平均高程面，即可使平差解算趋于稳定，并对像方相对畸变进行有效的约束。

7.2　区域网平差模型

由于各种因素的影响，光学卫星遥感影像几何成像模型中往往包含多种误差。为了在区域网平差过程中消除这些误差的影响，需要在其几何成像模型中附加一定的参数模型。当前，区域网平差方法根据其模型的不同，可分为基于条带影像严密成像几何模型[3-5]和基于单景影像的有理函数模型

(RFM)[6-9]两种区域网平差方法。相较于严格几何成像模型，RFM因其形式简单、使用方便而广泛应用于遥感卫星影像的高精度几何处理中。同时，考虑高分四号卫星的高轨道、窄视场的成像特点（0.8°），其光束近似平行，造成严格成像模型定向参数之间有很强的相关性[10]，在平差解算的过程中容易产生参数耦合的病态问题。此外，Teo等的研究表明，基于附加像方补偿模型的RFM的区域网平差，具有与基于严格几何成像模型几乎一致的精度[1]，并能够有效避免平差解算中出现的病态问题，因此本书采用RFM作为高分四号卫星影像区域网平差的基础模型。

7.2.1 基础区域网平差模型

RFM是从数学意义上对严格几何成像模型的高精度拟合[11]，与严格几何成像模型相比，由于其形式简单、使用方便而广泛应用于遥感影像的几何处理中，即

$$\begin{cases} x = \dfrac{\mathrm{Num}_L(U,V,W)}{\mathrm{Den}_L(U,V,W)} = \dfrac{\sum\limits_{i=0}^{3}\sum\limits_{j=0}^{i}\sum\limits_{k=0}^{j} p_{1ijk} U^{i-j} V^{j-k} W^k}{\sum\limits_{i=0}^{3}\sum\limits_{j=0}^{i}\sum\limits_{k=0}^{j} p_{2ijk} U^{i-j} V^{j-k} W^k} \\ y = \dfrac{\mathrm{Num}_s(U,V,W)}{\mathrm{Den}_s(U,V,W)} = \dfrac{\sum\limits_{i=0}^{3}\sum\limits_{j=0}^{i}\sum\limits_{k=0}^{j} p_{3ijk} U^{i-j} V^{j-k} W^k}{\sum\limits_{i=0}^{3}\sum\limits_{j=0}^{i}\sum\limits_{k=0}^{j} p_{4ijk} U^{i-j} V^{j-k} W^k} \end{cases} \tag{7.2}$$

式中：(U,V,W)与(x,y)分别为正则化的地面点大地坐标与正则化的影像像点坐标；$p_{1ijk},p_{2ijk},p_{3ijk},p_{4ijk}(i=0,1,2,3;j=0,1,2,3;k=0,1,2,3)$为RFM的有理多项式系数（Rational Polynomial Coefficient，RPC）。不同阶数的参数补偿不同的畸变，如一阶多项式用来描述光学投影引起的误差，二阶多项式可以用来描述大气折射、地球曲率以及相机镜头畸变等引起的误差，而对于高阶未知畸变一般要用三阶多项式进行描述[12]。正则化坐标与非正则化坐标的关系为

$$\begin{cases} x = \dfrac{l-l_0}{l_s}, y = \dfrac{s-s_0}{s_s} \\ U = \dfrac{P-P_0}{P_s}, V = \dfrac{L-L_0}{L_s}, W = \dfrac{H-H_0}{H_s} \end{cases} \tag{7.3}$$

式中：(l_0,s_0)为像点坐标的重心化参数；(P_0,L_0,H_0)为地面点大地坐标的重

心化参数；(l_s,s_s)为像点坐标的归一化参数；(P_s,L_s,H_s)为地面点大地坐标的归一化参数。

改正 RFM 参数系统误差的有效方式是引入像方误差补偿模型。对于光学卫星遥感影像，经过在轨几何定标后影像的几何误差主要表现为低阶的平移或缩放误差，因此常采用的像方误差补偿模型为平移模型和仿射变换模型。对于可能存在残余高阶畸变的情况，有时也会采用二次多项式模型，具体如式（7.4）~式（7.6）所示，这些模型的模型参数即为像方附加参数，区域网平差的目的是基于一定的优化准则，获取每景影像的误差模型参数。

$$\begin{cases}\Delta l=e_0\\\Delta s=f_0\end{cases}\tag{7.4}$$

$$\begin{cases}\Delta l=e_0+e_1 l+e_2 s\\\Delta s=f_0+f_1 l+f_2 s\end{cases}\tag{7.5}$$

$$\begin{cases}\Delta l=e_0+e_1 l+e_2 s+e_3 ls+e_4 l^2+e_5 s^2\\\Delta s=f_0+f_1 l+f_2 s+f_3 ls+f_4 l^2+f_5 s^2\end{cases}\tag{7.6}$$

式中：Δl 为行方向的系统误差分量；Δs 为列方向的系统误差分量；(e_i,f_i) $(i=0,1,\cdots,5)$为相应的变换模型的参数。将像方补偿模型引入 RFM 中，可构建区域网平差的基础模型，即

$$\begin{cases}l+\Delta l=F_l(P,L,H)\\s+\Delta s=F_s(P,L,H)\end{cases}\tag{7.7}$$

7.2.2　基于虚拟控制点的统一误差方程构建

在有控制条件下，基于上述平差模型可将待平差参数作为自由未知数进行平差求解。然而，在无控制点条件下，由于缺少控制点的约束，平差模型的自由度较高，如果直接将待平差参数作为自由未知数求解，则会导致法方程矩阵的病态，进而造成平差精度不稳定以及误差容易过度累积等问题。对此，传统方法是根据先验信息将待平差参数处理成带权观测值，引入平差模型中来改善平差模型的状态。该方法由于需要对多类不同物理意义且相互之间存在相关性的参数构建误差方程并定权，因此传统方法在实际应用中会受到一定的局限。针对传统方法的不足，本节通过在模型中引入虚拟控制点来约束区域网的自由度，从而达到改善平差模型的状态的目的。下面将对虚拟控制点的生成及其观测方程的构建进行阐述。

对各景待平差影像，在其像平面上按一定间距均匀划分规则格网，对每个格网的中心点p(smp,line)，利用该影像的初始RPC参数，在物方局部任一高程基准面（本节取为影像初始RPC参数中的H_OFF）上通过前方交会得到一物方点P(Lat,Lon,H_OFF)，此时，像点p与物方点P构成一组虚拟控制点，如图7.3所示。

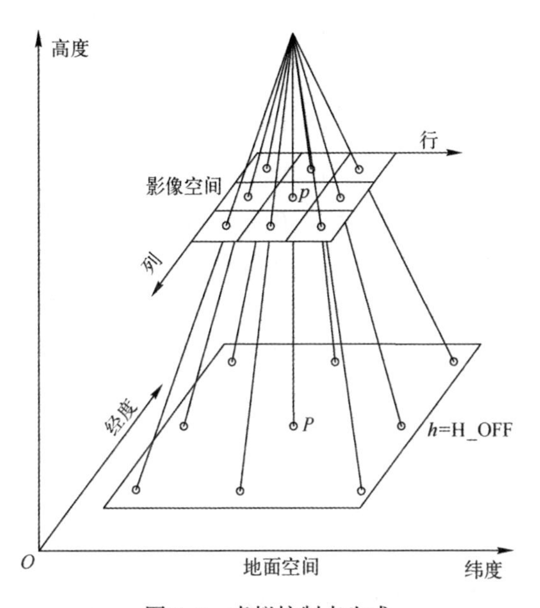

图7.3　虚拟控制点生成

一般情况下，基于影像间自动匹配获取的连接点信息和人工半自动量测获取的控制点信息，构建区域网平差模型，其原始观测值包括连接点像点坐标和控制点像点坐标两类。对于控制点像点而言，由于其对应的物方点坐标精确已知，因此，所构建的误差方程式中未知参数仅包括该像点所在影像的RPC模型像方附加参数。显然，对于RPC模型像方附加参数而言，此时式（7.8）为线性方程而无须进行线性化处理。

$$\begin{cases} v_l = F_x(\mathrm{Lat},\mathrm{Lon},\mathrm{Height}) - l - \Delta l \\ v_s = F_y(\mathrm{Lat},\mathrm{Lon},\mathrm{Height}) - s - \Delta s \end{cases} \tag{7.8}$$

对于连接点而言，未知参数除了包括该像点所在影像的RPC模型像方附加参数外，还包括其对应的物方坐标(Lat,Lon,Height)，由连接点构建的误差方程为一非线性方程，需要对其赋予合适的初值$(\mathrm{Lat},\mathrm{Lon},\mathrm{Height})^0$并进行线性化处理，如式（7.9）所示。各连接点物方坐标的初值可由相应待平差影像初始RPC模型通过前方交会计算得到。

$$\begin{cases} v_l = F_x(\mathrm{Lat},\mathrm{Lon},\mathrm{Height})^0 + \dfrac{\partial F_x}{\partial(\mathrm{Lat},\mathrm{Lon},\mathrm{Height})} \mid (\mathrm{Lat},\mathrm{Lon},\mathrm{Height})^0 \mathrm{d}(\mathrm{Lat},\mathrm{Lon},\mathrm{Height}) - l - \Delta l \\ v_s = F_y(\mathrm{Lat},\mathrm{Lon},\mathrm{Height})^0 + \dfrac{\partial F_y}{\partial(\mathrm{Lat},\mathrm{Lon},\mathrm{Height})} \mid (\mathrm{Lat},\mathrm{Lon},\mathrm{Height})^0 \mathrm{d}(\mathrm{Lat},\mathrm{Lon},\mathrm{Height}) - s - \Delta s \end{cases} \tag{7.9}$$

将由所有连接点像点、真实控制点以及虚拟控制点像点构建的观测误差方程组分别写成矩阵形式，则有

$$\boldsymbol{v}_{gc} = \boldsymbol{A}_{gc}\boldsymbol{x} - \boldsymbol{L}_{gc}, \quad \boldsymbol{P}_{gc} \tag{7.10}$$

$$\boldsymbol{v}_{vc} = \boldsymbol{A}_{vc}\boldsymbol{x} - \boldsymbol{L}_{vc}, \quad \boldsymbol{P}_{vc} \tag{7.11}$$

$$\boldsymbol{v}_{tp} = \boldsymbol{A}_{tp}\boldsymbol{x} + \boldsymbol{B}_{tp}\boldsymbol{t} - \boldsymbol{L}_{tp}, \quad \boldsymbol{P}_{tp} \tag{7.12}$$

其中：式（7.10）为所有真实控制点像点构建的观测误差方程组矩阵；式（7.11）为所有虚拟控制点像点构建的观测误差方程组矩阵；式（7.12）为所有连接点像点构建的观测误差方程组矩阵。式中：$\boldsymbol{x}$ 和 $\boldsymbol{t}$ 为平差待解参数，分别代表待平差影像 RPC 模型的像方附加参数向量和连接点物方坐标改正数向量；$\boldsymbol{A}$、$\boldsymbol{B}$ 分别为相应未知数的偏导数系数矩阵；$\boldsymbol{L}$ 和 $\boldsymbol{P}$ 分别为相应的常向量和权矩阵，其中连接点像点的权值可根据连接点匹配精度确定。

7.3 光学卫星遥感影像区域网构建与求解

7.3.1 连接点匹配构网

区域网的构建是建立在影像连接点量测的基础上的，随着数字摄影测量技术的发展，基于影像相关的连接点匹配方法代替了传统摄影测量中的人工量测。连接点匹配的方法有很多，在卫星影像处理中常用的有最小二乘影像匹配、相位相关匹配和 SIFT 特征点匹配等方法。

1）最小二乘影像匹配

最小二乘影像匹配由德国 Ackermann 教授提出，是一种基于灰度的影像匹配，它同时考虑到局部影像的灰度畸变和几何畸变，通过迭代使灰度误差的平方和达到极小，从而确定出共轭实体的影像匹配方法。利用最小二乘影像匹配方法，可以达到 0.01~0.1pixel 的高精度，该算法能够非常灵活地引入各种已知参数和条件，从而可以进行整体平差。

最小二乘影像匹配的原则为灰度差的平方和最小，即

$$\sum vv = \min \tag{7.13}$$

若认为影像灰度只存在偶然误差，不存在灰度畸变和几何畸变，则有

$$n_1+g_1(x,y)=n_2+g_2(x,y) \tag{7.14}$$

$$v=g_1(x,y)-g_2(x,y) \tag{7.15}$$

式中：g 为灰度；v 为灰度差。由于影像灰度存在辐射畸变和灰度畸变，因此需要在此系统中引入系统变形的参数，通过求解变形参数，就构成了最小二乘影像匹配系统，有

$$g_1(x,y)+n_1(x,y)=h_0+h_1g_2(a_0+a_1x+a_2y,b_0+b_1x+b_2y)+n_2(x,y) \tag{7.16}$$

2）相位相关匹配

相位相关算法是一种利用傅里叶平移不变性来快速确定图像间平移量的区域匹配方法，它具有速度快、精度高以及对辐射变化不敏感的优点。

对于只存在平移关系的两幅图像，它们在频率域的表达只存在一个线性的相位角差。对于匹配影像块 $f(x,y)$ 和 $g(x,y)$，如果 $g(x,y)$ 相对于 $f(x,y)$ 的平移是 (a,b)，即

$$g(x,y)=f(x-a,y-b) \tag{7.17}$$

那么对式（7.17）进行傅里叶变换可得

$$G(u,v)=F(u,v)\mathrm{e}^{-\mathrm{i}(au+bv)} \tag{7.18}$$

对式（7.18）进行变形，可以得到影像对间的互功率谱函数 $Q(u,v)$，即

$$Q(u,v)=\mathrm{e}^{-\mathrm{i}(au+bv)}=\frac{F(u,v)\cdot\overline{G(u,v)}}{\left|F(u,v)\cdot\overline{G(u,v)}\right|} \tag{7.19}$$

对互功率谱函数做逆傅里叶变换，继而得到二维狄利克雷（Dirichlet）函数，该函数在 (a,b) 处具有明显峰值。由于数字图像是离散的，根据峰值点所在的整像素位置 (a,b) 可以快速定位匹配点的初始位置。

3）SIFT 特征点匹配

SIFT 特征点匹配算法由 Lowe 在 2004 年提出。该算法匹配能力强，能提取稳定的特征，可以处理两幅图像在平移、旋转、仿射变换、视角变换、光照变换等情况下的匹配问题，甚至对任意角度拍摄的图像都具备较为稳定的匹配能力。利用 SIFT 特征点匹配算法进行影像连接点自动提取，相邻影像重叠区域的连接点提取与匹配过程如图 7.4 所示。

基于 SIFT 的连接点匹配方法基本思路如下：首先，在待匹配的影像按照一定的间隔进行规则格网的划分，在每个网格内进行 SIFT 特征点的提取，使用 SIFT 特征向量描述此特征点；然后，根据影像的地理信息找到每个格网在

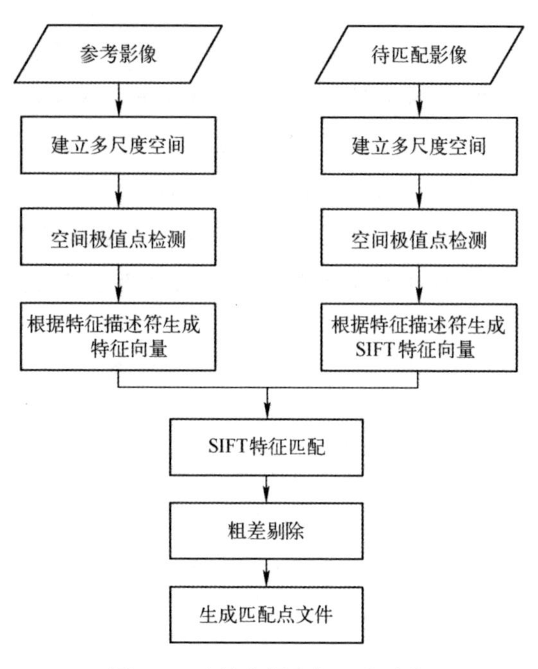

图 7.4　连接点提取与匹配过程

相邻影像上对应的大致区域范围，在此区域内再进行 SIFT 特征点的提取和特征向量描述；而后，以两特征点向量间的欧式距离作为两相邻重叠影像间特征点的相似性判断准则，进行特征点匹配；最后，根据影像“特征点匹配需一一对应”这一先验知识对利用 SIFT 匹配得到的特征点进行粗差剔除，删去“多对一”的匹配特征点。

7.3.2　附加高程约束的区域网稳健求解方法

在建立的误差方程基础上，采用最小二乘原理进行影像误差参数的估计，使得$[pvv]$最小。基于高分四号卫星处于地球静止轨道的独特几何特性，对其获取的卫星影像进行的区域网平差是平面平差，而不是立体平差。区域网内严重的弱交会几何需要引入额外的高程约束进行控制，平面区域网平差通常利用测区范围的 DEM 作为高程约束。

1）最小二乘优化

基于网内的所有连接点、真实控制点和虚拟控制点建立 5.4.2 节中的三类误差方程，合并三类误差方程式，可得

$$\boldsymbol{v}=\boldsymbol{A}\boldsymbol{x}+\boldsymbol{B}\boldsymbol{t}-\boldsymbol{L},\quad \boldsymbol{P} \tag{7.20}$$

式中

$$
\boldsymbol{v}=\begin{bmatrix} v_{gc} \\ v_{vc} \\ v_{tp} \end{bmatrix},\ \boldsymbol{A}=\begin{bmatrix} A_{gc} \\ A_{vc} \\ A_{tp} \end{bmatrix},\ \boldsymbol{B}=\begin{bmatrix} 0 \\ 0 \\ B_{tp} \end{bmatrix},\ \boldsymbol{L}=\begin{bmatrix} L_{gc} \\ L_{vc} \\ L_{tp} \end{bmatrix},\ \boldsymbol{P}=\begin{bmatrix} P_{gc} & & \\ & P_{vc} & \\ & & P_{tp} \end{bmatrix}
$$

根据最小二乘理论对其进行法化，有

$$
\begin{bmatrix} \boldsymbol{A}^{\mathrm{T}}\boldsymbol{PA} & \boldsymbol{A}^{\mathrm{T}}\boldsymbol{PB} \\ \boldsymbol{B}^{\mathrm{T}}\boldsymbol{PA} & \boldsymbol{B}^{\mathrm{T}}\boldsymbol{PB} \end{bmatrix} \begin{bmatrix} \boldsymbol{x} \\ \boldsymbol{t} \end{bmatrix} = \begin{bmatrix} \boldsymbol{A}^{\mathrm{T}}\boldsymbol{PL} \\ \boldsymbol{B}^{\mathrm{T}}\boldsymbol{PL} \end{bmatrix} \tag{7.21}
$$

对于区域网平差而言，连接点的物方坐标的个数 $3\times n$ 远大于像方附加参数的个数（仿射变换模型的个数为 $6\times m$），因此在解算的过程中可以消去式（7.21）中的未知数 $\boldsymbol{t}$，可得到像方附加误差改正参数的解为

$$
\boldsymbol{x}=\boldsymbol{M}^{-1}\boldsymbol{W} \tag{7.22}
$$

式中

$$
\boldsymbol{M}=\boldsymbol{A}^{\mathrm{T}}\boldsymbol{PA}-\boldsymbol{A}^{\mathrm{T}}\boldsymbol{PB}(\boldsymbol{B}^{\mathrm{T}}\boldsymbol{PB})^{-1}\boldsymbol{B}^{\mathrm{T}}\boldsymbol{PA}
$$
$$
\boldsymbol{W}=\boldsymbol{A}^{\mathrm{T}}\boldsymbol{PL}-\boldsymbol{A}^{\mathrm{T}}\boldsymbol{PB}(\boldsymbol{B}^{\mathrm{T}}\boldsymbol{PB})^{-1}\boldsymbol{B}^{\mathrm{T}}\boldsymbol{PL}
$$

区域网平差的解算是一个迭代的过程，当两次平差解算的结果小于限差时，迭代结束。

2）附加 DEM 的稳健求解

静止轨道卫星影像具有严重的弱交会几何特性，同名光线之间的基高比较小，同名光线近似平行。这种弱交会条件下，像方空间很小的扰动在高程方向都会造成很大的误差，在区域网平差中表现为高程方向的物方坐标难以收敛。针对该问题，常用的方法是在平差过程中引入物方 DEM 对物方点的高程坐标进行约束。基于物方 DEM 高程参考数据对各同名像点的高程坐标值进行约束时，根据中心投影几何成像原理可知，当交会角较小时，即使 DEM 数据存在一定的高程误差，也可忽略由其引起的同名光线相对定向误差。因此，在引入 DEM 高程数据作为同名像点的高程约束时，可直接将 DEM 数据中内插的高程值作为真值，如图 7.5 所示。

高程提取采用前方交会的方式：①根据一个初始的高程值 Z_0 采用前方交会的方法迭代计算平面坐标(X,Y)；②根据计算的平面坐标(X,Y)从 DEM 数据中内插高程 Z_1；③使用内插的高程 Z_1 作为真值参加区域网平差，在平差的过程中根据解算的物方平面坐标更新高程值，直到平差解算收敛。由于同名光线根据各自的定向参数解算的物方平面坐标可能不同，这里可使用其均值作为物方平面坐标的初值。

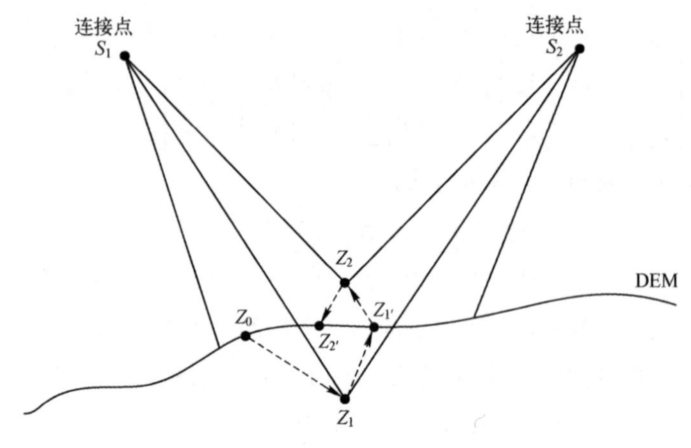

图 7.5　高程约束示意图

7.3.3　基于误差参数的 RPC 精化

区域网平差后，需要基于解算的影像的误差参数和初始 RPC 参数重新拟合新的 RPC。这里采用地形独立法解算 RPC[13] 用附加误差补偿模型的初始 RFM 生成足够数量的虚拟控制点，再通过最小二乘估计得到高精度的 RPC。

1）影像格网点确定

将影像按照一定的间隔划分为 $m\times n$ 个格网，则产生了 $(m+1)\times(n+1)$ 个均匀分布的格网点。根据一景影像的大小，m 和 n 的取值一般在 10~100 之间。

2）格网点空间三维坐标计算

在球面坐标（BLH）三维空间，根据影像对应的地面范围内的实际高程范围，划分若干个高程面，通过附加误差补偿模型的初始 RFM 模型，计算影像格网点对应高程面上的空间三维坐标，即可得到足够数量的虚拟控制点。空间高程面应覆盖整个影像范围内的地形起伏，为了防止设计矩阵秩亏，高程面数量应大于 3 层。虚拟格网示意图如图 7.6 所示。

3）RPC 解算

采用最小二乘法解算 RPC 参数，基于 RPC 模型建立误差方程为

$$\begin{cases}\boldsymbol{v}_l=[1\quad V\quad U\quad \cdots\quad U^2W\quad W^3\quad -l_nV\quad -l_nU\quad \cdots\quad -l_nU^2W\quad -l_nW^3]\cdot\boldsymbol{X}_l-l_n\\ \boldsymbol{v}_s=[1\quad V\quad U\quad \cdots\quad U^2W\quad W^3\quad -s_nV\quad -s_nU\quad \cdots\quad -s_nU^2W\quad -s_nW^3]\cdot\boldsymbol{X}_s-s_n\end{cases}\tag{7.23}$$

式中

$$\boldsymbol{X}_l=(a_1\quad a_2\quad a_3\quad \cdots\quad a_{19}\quad a_{20}\quad b_2\quad b_3\quad \cdots\quad b_{19}\quad b_{20})^{\mathrm{T}}$$

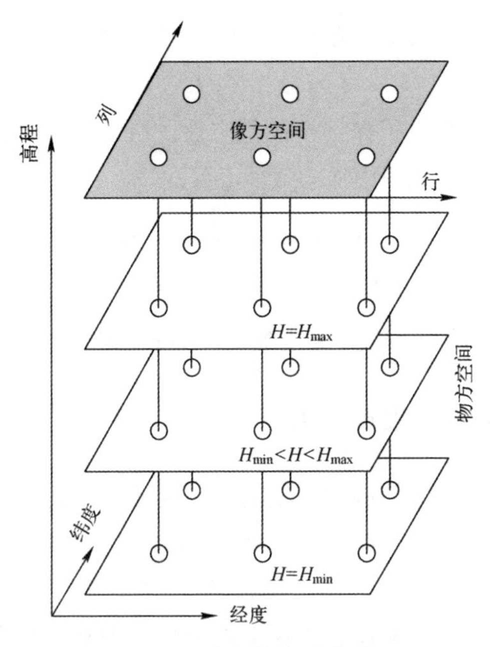

图 7.6　虚拟格网示意图

$$\boldsymbol{X}_s=(c_1\quad c_2\quad c_3\quad \cdots\quad c_{19}\quad c_{20}\quad d_2\quad d_3\quad \cdots\quad d_{19}\quad d_{20})^{\mathrm{T}}$$

待解系数 $\boldsymbol{X}_l$、$\boldsymbol{X}_s$ 为独立未知参数，可以单独进行求解。以第一个方程为例，若有 n 个虚拟控制点，观测方程的矩阵形式可以表达为

$$\boldsymbol{v}_l=\boldsymbol{A}_l\boldsymbol{X}_l+\boldsymbol{L}_l \tag{7.24}$$

式中

$$\boldsymbol{v}_l=\begin{bmatrix} v_{l1} \\ v_{l2} \\ \vdots \\ v_{ln} \end{bmatrix}$$

$$\boldsymbol{A}_l=\begin{bmatrix} 1 & V_1 & U_1 & \cdots & U_1^2W_1 & W_1^3 & -l_{n1}V_1 & -l_{n1}U_1 & \cdots & -l_{n1}U_1^2W_1 & -l_{n1}U_1^3 \\ 1 & V_2 & U_2 & \cdots & U_2^2W_2 & W_2^3 & -l_{n2}V_2 & -l_{n2}U_2 & \cdots & -l_{n2}U_2^2W_2 & -l_{n2}U_2^3 \\ \vdots & \vdots & \vdots & & \vdots & \vdots & \vdots & \vdots & & \vdots & \vdots \\ 1 & V_n & U_n & \cdots & U_n^2W_n & W_n^3 & -l_{nn}V_n & -l_{nn}U_n & \cdots & -l_{nn}U_n^2W_n & -l_{nn}U_n^3 \end{bmatrix}$$

$$\boldsymbol{L}_l=\begin{bmatrix} -l_{n1} \\ -l_{n2} \\ \vdots \\ -l_{nn} \end{bmatrix}$$

同理可得到第二个方程的平差方程，即

$$\boldsymbol{v}_s=\boldsymbol{A}_s\boldsymbol{X}_s+\boldsymbol{L}_s \tag{7.25}$$

在参数求解过程中为了保证解的稳定性，通常采用岭估计方法解决方程病态问题，即在法方程矩阵中加入微小正数 k，有

$$\begin{cases}\boldsymbol{X}_l=(\boldsymbol{A}_l^{\mathrm{T}}\boldsymbol{A}_l+k\boldsymbol{E})^{-1}\boldsymbol{A}_l^{\mathrm{T}}\boldsymbol{L}_l\\ \boldsymbol{X}_s=(\boldsymbol{A}_s^{\mathrm{T}}\boldsymbol{A}_s+k\boldsymbol{E})^{-1}\boldsymbol{A}_s^{\mathrm{T}}\boldsymbol{L}_s\end{cases} \tag{7.26}$$

式中：k 为岭参数；$\boldsymbol{E}$ 为 39×39 单位阵。k 值可采用岭迹法进行确定。

7.3.4 区域网平差精度评价方法

实际处理中通常采用区域网平差前后影像的绝对几何定位精度和网内影像间的相对几何定位精度，评价区域网平差的精度。

1）绝对几何定位精度

绝对几何定位精度是指遥感影像上点位的地理坐标与真实地理坐标之差的统计值，反映了卫星影像实际定位精度。目前，绝对定位精度的评价指标有两种：①中误差指标，通过统计检查点平面和高程误差的均方根（RMS）作为定位精度；②CE90（Circular Error 90%）和 LE90（Linear Error 90%）指标，即按照误差大小顺序统计 90%检查点平面误差和高程误差的误差范围。国外商业卫星的绝对定位精度多采用 CE90 和 LE90 指标，而国内商业卫星一般采用中误差指标。

对于 n 个检查点，物方三个方向的中误差计算公式为

$$\begin{cases}\mathrm{RMS}_X=\sqrt{\dfrac{\sum\limits_{i=1}^{n}(\hat{X}_i-X_i)^2}{n}}\\ \mathrm{RMS}_Y=\sqrt{\dfrac{\sum\limits_{i=1}^{n}(\hat{Y}_i-Y_i)^2}{n}}\\ \mathrm{RMS}_Z=\sqrt{\dfrac{\sum\limits_{i=1}^{n}(\hat{Z}_i-Z_i)^2}{n}}\end{cases} \tag{7.27}$$

式中：$(\hat{X}_i,\hat{Y}_i,\hat{Z}_i)$、$(X_i,Y_i,Z_i)(i=1,\cdots,n)$分别为检查点 i 的真实地理坐标和从待检测影像上获取的坐标。

2）相对几何定位精度

相对几何定位精度用于评价重叠影像间的拼接效果，是评价区域网质量的又一重要指标。相对几何定位精度评价包括定性评价和定量评价。定性评价是以目视判读的方式，通过图像查看器卷帘或者闪烁功能查看影像间是否准确的套合。定量评价则是在定性评价的基础上，通过自动匹配的方式，匹配同名点来统计精度。

相对几何定位精度评价是以匹配的同名点为基础的。当相邻影像的相对几何定位精度较好时，基于影像的成像模型转换后的像素坐标和影像匹配的像素坐标应该相近。通过统计二者之间的相对残差，即可统计出影像间的相对几何定位精度。

假设两景重叠影像匹配的第 i 对点的像素坐标为(x_i^1,y_i^1)、(x_i^2,y_i^2)，基于第一景影像成像参数与参考高程可确定(x_i^1,y_i^1)对应的物方三维坐标，再基于第二景重叠影像的成像参数则可进一步确定该点在第二景影像上的估计坐标($x_i^{2\prime},y_i^{2\prime}$)，则每个点的相对残差为

$$\begin{cases}\Delta x_i=x_i^2-x_i^{2\prime}\\ \Delta y_i=y_i^2-y_i^{2\prime}\end{cases}\tag{7.28}$$

进而得到统计的中误差为

$$\sigma_x=\sqrt{\frac{\sum_{i=1}^{n}(\Delta x_i)^2}{n}},\quad \sigma_y=\sqrt{\frac{\sum_{i=1}^{n}(\Delta y_i)^2}{n}}\tag{7.29}$$

式中：σ_x 为列方向的配准中误差；σ_y 为行方向配准中误差；n 为检查点数量。

7.4 基于平均高程面的高分四号卫星影像区域网平差实验

7.4.1 实验数据介绍

采用高分四号卫星 PMS 相机获取的 9 景影像作为区域网平差的数据，所有影像都提供了相应的 RPC 文件。基于上述介绍的构网方法，从影像的重叠区域均匀地匹配连接点，并利用影像的初始 RPC 文件，为每景影像生成虚拟控制点。图 7.7（a）示出了影像及连接点的分布，而图 7.7（b）示出了基于初始成像模型的连接点相对残差分布。对于每对连接点，右上点被用作基准来计算相对残差，如果点对具有超过两度重叠，则只显示最大

的相对残差。

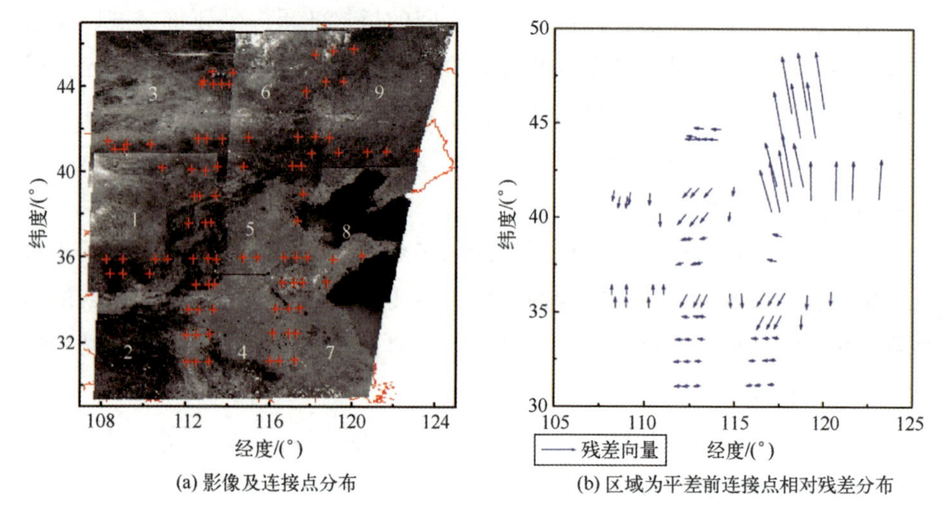

(a) 影像及连接点分布　(b) 区域为平差前连接点相对残差分布

图 7.7　影像及连接点分布

所选测区基本信息如表 7.1 所列。

表 7.1　测区基本信息

参　数	数　值
影像分辨率	50m×50m
影像数量	9
连接点数量	102
虚拟控制点数量	225
最大地形起伏	1019m

为了验证区域网平差精化后的影像 RPC 模型的几何精度，从而评价该方法的有效性，可采用从参考 DEM 和 DOM 自动提取的地面控制点作为检查点。使用的 DOM 数据分辨率为 15m，几何定位精度优于 20m（RMS）；DEM 数据分辨率为 30m，高程精度为 10m（RMS）。这些数据均由中国资源卫星数据应用中心提供，可用于 50m 分辨率的高分四号卫星影像的精度验证。

通过三组实验验证了该方法的有效性。第一组实验利用检查点验证了测区高分四号卫星影像的初始几何定位精度；由于无地面控制时，区域网平差的作用主要在于修正影像间的相对几何误差，因此，第二组实验重点对比了区域网平差前后网内影像间的相对几何定位精度，并将其作为评价本方法有效性的最主要指标；第三组实验则验证了不同高程约束条件下基于本方法优化后影像的相对几何定位精度。

7.4.2　初始绝对几何定位精度评价

为了更全面地验证这里的平面区域为平差方法的有效性，首先利用从参考 DOM 和 DEM 匹配的检查点验证网内影像的初始几何定位精度。所有检查点的像方残差的均方差 RMS、平均值 MEAN 和最大误差 MAX 的统计值如表 7.2 所列。

表 7.2　影像初始几何定位精度

单位：pixel

影像号	平面区域网平差前					
	X			*Y*		
	RMS	MEAN	MAX	RMS	MEAN	MAX
1	27. 65	27. 34	32. 30	15. 58	15. 03	20. 99
2	21. 59	21. 05	27. 70	15. 24	14. 48	21. 12
3	32. 97	32. 69	38. 62	22. 58	−22. 16	28. 16
4	18. 89	18. 30	25. 30	14. 12	16. 65	17. 29
5	29. 38	28. 98	33. 98	19. 21	18. 60	24. 60
6	31. 61	31. 43	35. 15	16. 39	−16. 03	20. 03
7	17. 48	−16. 57	23. 57	16. 17	14. 20	22. 17
8	21. 62	−20. 88	25. 88	23. 50	22. 81	28. 75
9	31. 20	−30. 69	35. 69	606. 90	606. 87	611. 80

从各景影像的均方差精度可以看出，测区内影像初始几何定位精度有很大的差异，尤其第 9 景影像存在较大的几何误差，*X* 方向上的定位误差超过 10pixel，而 *Y* 方向上的定位误差则高达数百个像素。考虑到高分四号卫星轨道高达 36000km，第 9 景影像较大的几何误差可能是由于姿态测量不稳定造成的。由于影像间较显著的定位精度差异，影像的初始几何精度无法满足无缝拼接的要求，因此对影像的相对误差进行补偿是非常必要的。

7.4.3　相对几何定位精度评价

相对几何定位精度是在无控制区域平差中评价平差效果的重要指标。在本实验中，针对高分四号卫星严重的弱交会几何特点，引入了一个高程为 0 的平面作为约束来保证平差解算的稳定性。通过计算量测的像点位置和估计的像点位置间的差异，得到每个连接点的像方残差，进而估计影像间的相对几何定位精度。平差前的精度是基于原始 RPC 参数统计的，而在区域网平差后则是基于平差参数精化后的 RPC 参数统计。根据 RPC 参数建立的地面三维坐标与二维影像坐标之间的关系，可以基于一景影像的 RPC 直接从对应的地面三维点计算出对应的像点坐标，而该地面三维点坐标则可根据另一景影像的 RPC 与高程面交会得到。表 7.3 列出了每景影像连接点相对残差的均方根 RMS、平均值 MEAN 和最大误差 MAX。

表 7.3　区域网平差前后影像的相对残差

单位：pixel

影像号	区域网平差前						区域网平差后					
	X			Y			X			Y		
	RMS	MEAN	MAX	RMS	MEAN	MAX	RMS	MEAN	MAX	RMS	MEAN	MAX
1	15.49	8.03	29.41	20.97	0.33	27.44	0.67	0.02	1.35	1.03	-0.09	3.17
2	15.31	4.13	26.67	9.55	5.08	22.29	0.35	-0.01	0.72	0.50	0.06	1.06
3	24.92	19.11	33.26	20.16	-16.37	28.35	0.67	-0.15	1.36	0.94	-0.09	2.49
4	20.73	-0.35	27.22	14.12	8.13	29.61	0.37	-0.01	0.74	0.67	-0.05	1.38
5	21.77	-0.43	33.09	79.20	-38.34	183.85	0.67	-0.02	1.62	0.69	-0.01	1.45
6	25.89	-3.33	30.58	178.54	-120.92	321.39	0.66	-0.03	1.39	0.78	0.03	1.42
7	15.28	-12.79	19.53	19.79	14.20	32.42	0.43	-0.05	1.11	0.55	-0.08	0.97
8	16.66	-13.27	26.98	141.49	-94.09	283.54	0.92	0.07	1.94	0.62	0.02	1.28
9	30.54	-25.49	44.89	349.17	344.66	439.93	1.19	0.27	2.07	0.68	0.13	1.27

根据区域网平差前每景影像上连接点相对残差的均方差，在 X 方向的相对误差普遍大于 15pixel，Y 方向的相对误差甚至高达 400pixel，影像间的相对误差差异显著，说明影像的初始几何精度是不稳定的。残差的平均值与最大值之间的巨大差异进一步说明了这一点。区域网平差后，两个方向的相对几何误差均优于 1pixel（RMS），相对残差的分布更为一致。实验结果表明，在修正影像的相对几何误差方面，这种方法在无地面控制点条件下可得到与有地面控制条件下大致相同的精度。此外，区域网平差后残差平均值和最大值之间的小偏差则进一步说明了区域网内的相对几何误差已被有效地抵消。

为了进一步评价区域网平差的相对几何定位精度，这里还验证了使用原始和精化后的 RPC 生成的相邻 DOM 影像对的拼接精度。正射校正采用与区域网平差相同的高程，以确保几何基准的统一。通过在 DOM 影像对重叠区域匹配同名点，来验证影像拼接的精度。由于部分相邻影像重叠区域有限，难以匹配有效的同名点，共选取12对影像进行拼接精度评估。使用相对残差的均方根值来描述每对图像的拼接精度，如图7.8所示。

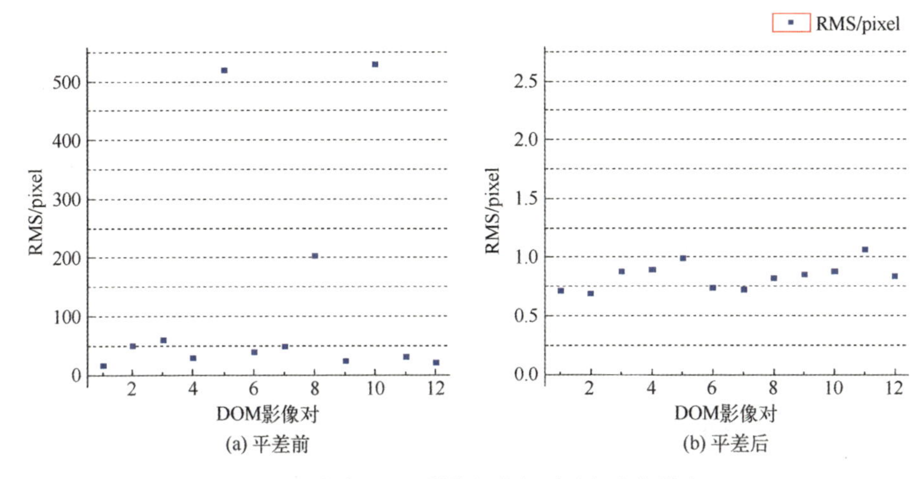

图7.8　相邻DOM影像间的相对几何定位精度

从图7.8中可以看出：区域网平差之前影像间的拼接误差的分布是无序的，部分影像对间的拼接误差高达500pixel，这表明区域网中的影像的几何精度是极其不一致的；区域网平差后，影像对的拼接精度大大提高，拼接精度的分布更加一致。此外，图7.9展示了区域网平差前后的影像拼接的目视比较，在两个方向上的拼接精度的提高是显而易见的。

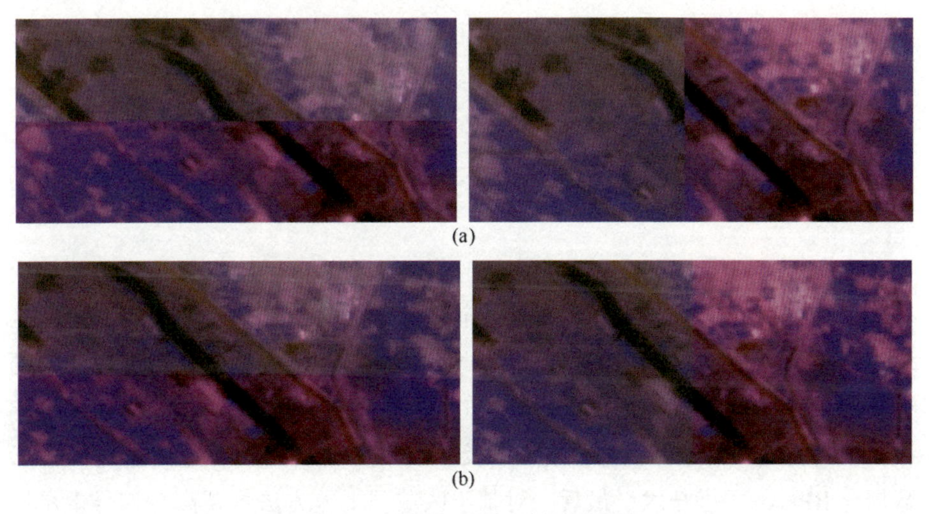

图7.9　平差前后影像拼接套合情况

7.4.4 基于不同高程约束的区域网平差精度验证

考虑到高分四号卫星独特的几何特性，地形起伏对区域网平差的相对精度影响不大，为了定量地验证这一假设，本节评价了基于不同高程的区域网平差的相对几何定位精度。同样，用连接点的像方残差来描述相对几何定位精度，选取的参考高程为-1000m、0m 和 9000m，覆盖整个地表的地形起伏范围。此外，以基于高程精度优于 10m 的 DEM 的区域网平差为标准，最后统计的影像相对精度如表 7.4 所列。

表 7.4 基于不同高程的影像相对精度

单位：pixel

高　程	*X*			*Y*		
	RMS	MEAN	MAX	RMS	MEAN	MAX
-1000m	0.6403	-0.0012	2.1162	0.7188	-0.0006	3.1726
0m	0.6403	-0.0012	2.1156	0.7188	-0.0006	3.1725
9000m	0.6400	-0.0012	2.1090	0.7195	-0.0006	3.1709
DEM	0.6338	-0.0012	2.0665	0.7180	-0.0006	3.1719

从表 7.4 中可以看出，对于高分四号卫星影像，基于不同高程的区域网平差与基于高精度 DEM 的区域网平差精度基本相同。此外，对应于不同参考高程，区域网内连接点相对残差的平均值和最大值也几乎完全相同，这表明区域网内影像重叠区域的相对误差的分布是一致的。实验结果表明，高程误差对地球静止轨道光学卫星影像相对几何定位精度的影响可以忽略不计，通过引入一个平均高程面来克服区域网的弱交会几何是合理的。

7.5 本章小结

本章主要围绕高分四号静止轨道卫星遥感影像区域网平差技术的相关内容展开。首先，介绍了高分四号卫星定点区域成像的几何特点，说明了在区域网平差中采用一个平均高程面作为高程约束来克服卫星影像弱交会几何的合理性。然后，重点介绍了高分四号卫星影像区域网平差的模型，详述了相关区域网构建、平差方程稳健解算以及基于附加误差补偿模型的初始 RPC 参数拟合 RPC 的关键技术。最后，对基于区域网平差方法修正高分四号卫星区域影像相对几何误差的实验进行了介绍。

参考文献

[1] TEO T A, CHEN L C, LIU C L, et al. DEM-aided block adjustment for satellite images with weak convergence geometry [J]. IEEE Transactions on Geoscience & Remote Sensing, 2010, 48 (4): 1907-1918.

[2] 王密, 杨博, 金淑英. 一种利用物方定位一致性的多光谱卫星影像自动精确配准方法 [J]. 武汉大学学报 (信息科学版), 2013, 38 (7): 765-769.

[3] 程春泉, 邓喀中, 孙钰珊, 等. 长条带卫星线阵影像区域网平差研究 [J]. 测绘学报, 2010, 39 (2): 162-168.

[4] 邵巨良, 王树根. 线阵列卫星传感器定向方法的研究 [J]. 武汉测绘科技大学学报, 2000, 25 (4): 329-333.

[5] POLI D. General model for airborne and spaceborne linear array sensors [J]. International Archives of Photogrammetry & Remote Sensing, 2012, 34 (1): 177-182.

[6] 王任享. 卫星摄影三线阵 CCD 影像的 EFP 法空中三角测量 (二) [J]. 测绘科学, 2002, 27 (1): 1-7.

[7] GRODECKI J, DIAL G. Block adjustment of high-resolution satellite images described by rational polynomials [J]. Photogrammetric Engineering & Remote Sensing, 2003, 69 (1): 59-68.

[8] 刘军, 张永生, 王冬红. 基于 RPC 模型的高分辨率卫星影像精确定位 [J]. 测绘学报, 2006, 35 (1): 30-34.

[9] 皮英冬, 杨博 , 李欣. 基于有理多项式模型的高分四号卫星区域影像平差处理方法及精度验证 [J]. 测绘学报, 2016, 45 (12): 1448-1454.

[10] 张力, 张继贤, 陈向阳, 等. 基于有理多项式模型 RFM 的稀少控制 SPOT-5 卫星影像区域网平差 [J]. 测绘学报, 2009, 38 (4): 302-310.

[11] MADANI M. Real-time sensor-independent positioning by rational functions [C]//Proceedings of ISPRS workshop on direct versus indirect methods of sensor orientation, 1999: 25-26.

[12] TOUTIN V T. Block bundle adjustment of Ikonos in-track images [J]. International Journal of Remote Sensing, 2003, 24 (4): 851-857.

[13] TAO C V, HU Y. A comprehensive study of the rational function model for photogrammetric processing [J]. Photogrammetric Engineering and Remote Sensing, 2001, 67 (12): 1347-1358.